普通高等教育艺术设计类
“十三五”规划教材

环境艺术设计专业

Shinei Zhuangshi Gongcheng Yusuan yu Toubiao Baojia

室内装饰工程预算与投标报价

（第三版）

主　编　郭洪武　刘　毅
副主编　张亚池　李延峰

中国水利水电出版社
www.waterpub.com.cn
·北京·

内 容 提 要

为了适应工程概预算与投标报价新技术的要求，本书增加了最新的北京市家庭居室装饰装修设计服务规范及取费参考标准和计算机软件辅助室内工程预算的内容，并在第二版的基础上更新了部分章节，现在第三版的内容更加紧凑，条理更加清晰。

本书详细介绍了装饰工程预算、装饰工程预算定额原理、工程量的计算原理与方法、装饰工程预算费用、工程量清单计价规范、工程量清单的编制、工程量清单计价的编制、装饰工程设计预算的编制、装饰工程招投标与合同价款、居室装饰工程报价及相关文件，以及计算机软件辅助室内工程预算。本书还列举了部分计算实例和工程案例，便于帮助读者理解该门课程的知识要点，并达到熟练运用的目的。

本书应用性突出、可操作性强，适合高等院校、高职高专、成人、函授、网络教育、自学考试专业培训等室内设计、环境艺术设计等专业的师生作为教材或教辅使用，也可供相关专业人士参考。本教材还配套提供了相关教学辅助材料，可在 http://www.waterpub.com.cn/softdown 下载。

图书在版编目（CIP）数据

室内装饰工程预算与投标报价 / 郭洪武，刘毅主编. -- 3版. -- 北京 : 中国水利水电出版社，2015.5(2023.8重印)
普通高等教育艺术设计类“十三五”规划教材. 环境艺术设计专业
ISBN 978-7-5170-3143-7

Ⅰ. ①室… Ⅱ. ①郭… ②刘… Ⅲ. ①室内装饰－建筑预算定额－高等学校－教材②室内装饰－投标－高等学校－教材 Ⅳ. ①TU723.3

中国版本图书馆CIP数据核字(2015)第089166号

书　名	普通高等教育艺术设计类“十三五”规划教材・环境艺术设计专业 **室内装饰工程预算与投标报价**（第三版）
作　者	主编　郭洪武　刘毅　副主编　张亚池　李延峰
出版发行	中国水利水电出版社 （北京市海淀区玉渊潭南路 1 号 D 座　100038） 网址：www.waterpub.com.cn E-mail：sales@mwr.gov.cn 电话：(010) 68545888（营销中心）
经　售	北京科水图书销售有限公司 电话：(010) 68545874、63202643 全国各地新华书店和相关出版物销售网点
排　版	中国水利水电出版社微机排版中心
印　刷	北京印匠彩色印刷有限公司
规　格	210mm×285mm　16 开本　15.5 印张　480 千字
版　次	2008 年 8 月第 1 版　2012 年 3 月第 5 次印刷 2012 年 9 月第 2 版　2015 年 1 月第 5 次印刷 2015 年 5 月第 3 版　2023 年 8 月第 10 次印刷
印　数	33001—36000 册
定　价	48.00 元

第三版前言

本教材自2008年出版以来，多次重印，也得到了来自全国各地多所院校师生的反馈，他们对本教材给予了充分的肯定，尤其是在室内装饰工程预算与投标报价的理论与实际操作相结合方面，本教材让学生感到好学好用；同时，热心的读者对本教材也提出了宝贵建议和意见，我们在这一版中将这些意见与目前室内装饰工程领域的新技术和新做法相结合，相信经过完善和修订后，本版教材会更加好用。

本教材的第三版着重增加了目前计算机软件辅助设计怎样与室内装饰工程预算相结合的内容，对室内装饰工程的报价相关内容也有所更新。为了适应工程概预算与投标报价新技术的要求，本书在上一版的基础上，对有关概念做了进一步的阐述和定位，对相关章节进行了调整和更新，同时增加了以下内容。

(1) 增加了最新的家庭居室装饰装修设计服务规范及取费参考标准，以方便读者在设计过程中查阅和参考。

(2) 增加了计算机软件辅助室内工程预算的内容。主要讲解图形算量软件GCL7.0的操作流程和构件的基本画法，施工图预算的编制，市场价文件的选取等。

(3) 重新整理了上一版中的部分章节，删减了部分内容，使教材的条理更加清晰、内容更加紧凑。

(4) 订正了一些不够准确的表述和词汇，使教材用词更加准确恰当。

全书共11章，由北京林业大学郭洪武、刘毅担任主编，北京林业大学张亚池、中国建筑标准设计研究院李延峰担任副主编。具体分工如下：第1章由郭洪武、张亚池、河南农业大学王超编写；第2～6章，由郭洪武编写；第7～9章及第11章，由郭洪武、刘毅编写；第10章，由郭洪武、李延峰编写。胡极航、林琳参与了资料的收集与整理工作，方琦、郭小欢、周海滨提供了部分资料和数据。全书由郭洪武统稿。

感谢使用本教材，也为本教材的修订、改版提供宝贵意见和建议的各位读者，正是你们的信任和激励促使本教材更为完善。希望读者对新版教材一如既往的肯定和支持，也欢迎读者朋友们对本教材的不足之处继续批评指正。本教材还配套提供了相关教学辅助材料，可在 http：//www.waterpub.com.cn/softdown 下载。

编　者

2015年3月

第二版前言

本书是在第一版的基础上，为适应《建设工程工程量清单计价规范》(GB 50500—2003）和建设装饰工程招投标要求而修订的全新教材。对有关概念做了进一步地阐述和定位，对个别章节进行了合并和调整，修正了有关数据；明确指出了工程量清单计价包含工程量清单和工程量清单报价两方面的内容。同时，增加了“装饰工程设计概算的编制”、“装饰工程招投标与合同价款”两章内容。

全书共分10章，由北京林业大学郭洪武担任主编，北京林业大学张亚池、河南农业大学王超担任副主编。具体分工如下：第1章和第2章，由郭洪武和张亚池编写；第3章和第9章，由郭洪武和王超编写；第4～8章及第10章，由郭洪武编写。方琪、郭小欢、周海滨提供了部分资料和数据；北京林业大学刘毅博士、付展硕士进行了资料的收集与整理。全书由郭洪武统稿，由北京林业大学李黎教授主审。

本书在编写过程中参考了大量的相关书籍和资料，在此一并表示感谢。由于编者学识及掌握的资料有限，书中错误在所难免，恳请广大读者批评指正。

编　者

2012年7月

目　录

第1章

装饰工程预算综述

【本章重点与难点】

1. 室内装饰工程预算的概念及预算种类（重点）。
2. 室内装饰工程项目种类的划分。
3. 室内装饰工程预算编制的分类（重点、难点）。

1.1 装饰工程预算的意义和内容

1.1.1 装饰工程预算的意义

室内装饰是近年来新兴的一门学科，具有多学科、内容交叉等特点。它将技术、科学与文化融合为一体，室内装饰工程预算随之应运而生。装饰工程预算理论充分体现了装饰工程技术的总体法律和法规准则，又体现了独立的经济法则运动规律。把室内装饰当做一个产品，那么室内装饰工程的内容学习就是如何高质量地生产这个产品，而本部分的学习内容则是如何用最低的成本生产出这个产品，从中获取最高的经济效益。因此，认真学习室内装饰工程预算，对提高室内装饰工程的管理水平和设计水平具有重要意义。

室内装饰工程预算是装饰设计文件的重要组成部分，是根据室内装饰工程的不同设计阶段设计图样的具体内容和国家规定的定额、指标及各项取费标准，在装饰工程建设施工开始之前预先计算其工程建设费用的经济性文件；由此所确定的每一个建设项目、单位工程或单位工程的建设费用，实质上就是相应工程计划价格。是企业进行经济核算、成本控制、技术经济分析、施工管理、制订计划以及竣工决算的重要依据；也是设计管理的重要内容和环节，是室内设计和室内装饰装修工程的重要文件，是设计企业进行装饰工程费用估算的重要内容，也是装饰企业进行成本核算的唯一依据，更是室内设计、室内装修技术人员、管理人员所必须掌握的一个融技术性和技巧性为一体的课程。因此，室内装饰工程预算是室内设计的一个组成部分，是装饰工程管理的一个重要内容，也是每一个室内设计人员、工程管理人员都必须掌握的专业内容。它是在学习室内装修工程和装饰材料等理论的基础上，进一步学习装饰工程中设计概算、施工图预算、施工预算及成本控制、费用管理、定额编制、工程结算等理论，为科学管理装饰工程、最大限度地提高企业经济效益打下良好的基础。

1.1.2 装饰工程预算的内容

室内装饰工程预算课程的主内容包括：装饰工程预算的基本概念、种类、编制分类；装饰工程预算定额的基本概念和基本内容；单位估价表的基本概念和内容；装饰工程的费用构成、施工图预算书编制的原则和方法；装饰工程预算定额项目的选套，定额的换算与应用；装饰工程招投标报价技术；装饰工程工程量清单计价方法及工程招投标的编制实例解析等。因此，要学好该课程必须应具备设计制图、室内设计、施工工艺和装饰构造，以及装饰材料等相关学科的知识。在熟悉装饰工程预算定额的基础上，掌握工程量计算的原则和方法，掌握预算的各个环节，能独立地编制预算。在熟悉装饰工程工程量清单计价方法和原则的基础上，掌握装饰工程招投标保价的程序和方法。同时，要适时了解装饰材料市场价格行情、政府的法令法规等方面内容。

总之，室内装饰工程预算是装饰行业一门极其重要的学科，必须认真、努力地学习，以便很好地掌握这门科学，并把它具体应用到工作实践中去。

1.2 装饰工程项目种类的划分

一项室内装饰工程，由施工准备开始到竣工交付使用，要经历若干工序和工种的配合。装饰工程的质量主要取决于每道工序和工种的操作与管理水平。为了便于工程质量的管理、检验及验收，便于合理、准确地预算出工程造价。因此，通常把室内装饰工程项目按其复杂程度，一般划分为若干个分项、分部、单位工程和单项工程。

1.2.1 装饰工程单项工程

单项工程也称工程项目，是指具有独立的设计文件，竣工后可以发挥生产能力或效益等功能的工程。具有独立存在意义的一个完整工程，是一个复杂的综合体，由若干个单位工程组成。例如，学校的教学楼、实验室、图书馆、体育馆、学生宿舍楼等室内装饰装修工程，均可称为一个单项工程。

1.2.2 装饰工程单位工程

单位工程是装饰工程项目的组成部分，具备独立设计，可以单独组织施工并能形成独立使用功能的建筑物或构筑物，但完工后不能独立发挥生产能力或效益的工程称为一个单位工程。一个单项工程一般都由若干个单位工程，有时也可由一个单位工程构成。通常单位工程是按照单位空间的分部和分项工程的总和来划分的。它涉及七个部分，即：顶棚工程、墙柱面工程、地面工程、门窗工程、隔断工程、门厅与过道工程、卫生间工程。

1.2.3 装饰工程分部工程

分部工程是单位工程的组成部分，按照工程部位、工种类别以及使用材料的不同，可将一个单位工程分解为若干个分部工程。通常分部工程按照不同的部位来划分，是多工种的综合作业工程。具体有饰面工程、配套陈设工程、电气工程、给排水及暖通工程、环境园林工程等五项。这五项包含的分项工程如下。

(1) 饰面工程。喷砂、喷涂和弹涂、刷（喷）浆、混色油漆、清漆与美术油漆、木地板和石材打蜡、涂料面装饰基层处理、裱糊、裱糊面装饰基层处理、饰面板（砖）安装镶贴、饰面砖镶贴基层处理、整体楼（地）面、板块楼（地）面、木质板楼（地）面、活动地板、地面（楼面）基层处理、吊顶龙骨安装、吊顶罩面板安装、铝合金门窗、塑钢门窗、不锈钢门窗、木门窗、石膏制品等。

(2) 配套陈设工程。家具、壁饰、锦缎软包、屏风、灯饰、隔断、隔断罩面板安装、花饰安装、细木制品、不锈钢制品、窗帘、地毯铺设、工艺品、音响系统、厨房用具等各种功能配套设备。

(3) 电气工程。金属配管及管内穿线、塑料配管及管内穿线、槽板配线、瓷夹、瓷柱及瓷瓶配线、护套线配线、低压电气安装、电气照明器具及其配电箱（盘）、电线接线、通信、集中控制等。

(4) 给排水及暖通工程。室内给水管道安装、管道附件安装、室内给水管道附属设备、室内排水管道安装、卫生器具安装、室内煤气工程、室内采暖和热水供应管道、散热器及太阳能热水器、室内采暖和热水供应工程附属设备安装、风管及部件、消声器制作与安装、通风机安装、防腐油漆、风管及设备保温、制冷设备安装、空调器安装等。

(5) 环境园林工程。植物、盆景、喷泉、假山、亭廊以及屋顶花园等。

1.2.4 装饰工程分项工程

分项工程是分部工程的组成部分，也就是组成分部工程的若干个施工过程成为分项工程。装饰工程项目中的分项工程一般按选用的施工方法、施工顺序、材料、结构构件和配件等不同来划分，也可按照不同的工种来划分，或者以单一工种为主体的作业工程。如：轻钢龙骨纸面石膏板吊顶、墙面涂料涂饰、墙面壁纸裱糊、墙面镶贴瓷砖、地面镶贴花岗石、油漆涂饰等工程。

由此可知，为了有利于国家对基本建设项目计划价格的统一管理，便于编制建设预算文件和计划文件等，国家将工程建设项目进行科学的分析与分解，在实际建设中，室内装饰装修工程可以是独立的单项工程、单位工程，也可以是单位工程中的分部或分项工程。也就是说，一个室内装饰工程项目是由一个或几个单项工程组成，一个单项工程是由几个单位工程组成的，一个单位工程又可划分为若干个分部工程，一个分部工程可划分为若干个分项工程，而装饰工程预算的编制就是从分项工程开始的。

1.3 装饰工程造价的形成

1.3.1 装饰工程产品的特点

室内装饰产品与一般工业产品不同，其价格也与一般工业产品的价格不同。装饰价格是由室内装饰的特点决定的，受装饰工程的各项费用的影响。

室内装饰的产品样式和规格千变万化，多数工业产品是标准化的。同时，室内装饰产品的生产没有固定地区，随装饰工程所在地而变换。而工业产品是在固定的地点进行不断重复的连续生产，生产条件很少发生显著性变化。所以室内装饰工程却因装饰时间、地点、施工条件、施工工艺以及装饰构造的不同，在工程预算造价上有较大的差异。例如，装饰面积相同的两个建筑室内，一个在冬季施工，一个在夏季施工，两者的预算造价不相同；一个在交通便利的地方施工，一个在偏僻的地方施工，两者的工程投资费用也不相同。即使在同一季节、同一地方的装饰工程，因装饰设计方案不同，装饰产品的价格也不同。即使采用同一标准设计的装饰物，也会因材料的来源、运输工具和运输距离、施工季节以及施工机械化程度的不同，也会造成所需的装饰工程费用上有很大的差别。正因如此，装饰工程的报价必须采用适合于装饰工程特点的方法，即按实际情况编制施工图预算的方法。

室内装饰产品的价格是由直接费、间接费、计划利润和税金等组成。从装饰工程造价编制的程序看，直接费中的材料预算价格与实际价格之间可以调整和换算，人工费按地区预算标准计算，其他直接费按规定的费率计算，而且可变；间接费根据工程的规模、施工企业的资质等级、工程所在的地点以及发生条件计算；计划利润不变。因此，室内装饰工程造价的可变性是必然的，其价格也就会受到影响。

1.3.2 装饰工程造价的含义

室内装饰工程造价是指室内装饰项目在装修过程中施工企业发生的生产和经营管理费用的总和。对装饰工程造价的理解，有两种：第一种是指室内装饰工程项目从立项决策到竣工验收交付使用所需的全部投入费用，也就是建设投资，是对投资者即建设单位而言；第二种是指在室内装修过程中施工企业发生的生产和经营管理的费用总和，是对室内装饰工程项目的建造者而言，即施工单位。因此，平时所说的工程造价是指施工企业在室内装饰装修过程中所发生的所有费用总和。比如装修某商业大楼，其装饰装修工程预算造价多少就是说装修这栋商业大楼要花多少钱。

通常把装饰工程价格作一个狭义的理解，即认为装饰工程价格指的是工程承包价格，工程承发包价格是在装饰市场通过招投标，由招标人和投标人共同认可的价格。

装饰工程造价的两种含义之间既存在联系又存在区别。首先，装饰工程投资是对于业主（投资者）和项目建设单位而言的。因此，在确保装饰工程质量和工期要求的基础上，为谋求以较低的投入获得较高的产出，装饰成本总是越低越好。这就必须对装饰成本实施从前期就开始的全过程的控制与管理。从本质上说，装饰成本的管理属于对具体装饰工程项目的投资者的范畴。其次，装饰工程价格是对应于承发包双方关系而言的。装饰工程承发包价格形成于发包方和承包方的承包关系中，即合同的买卖关系中，双方的利益是矛盾的。在具体工程实施过程中，双方都在通过市场谋求有利于自己利益的承发包价格，并保证价格的兑现和风险的补偿，所以双方都需要对具体工程项目进行管理，这种管理基本属于价格管理范畴。最后，装饰工程造价的两种含义关系密切。工程成本的外延是全方位的，即工程建设所有费用。承包价格的涵盖范围即使对“交钥匙”工程而言也不是全方位的，如建设项目的贷款利息、建设单位的管理费等都是不能纳入工程承发包范围的。在总体数额及内容组成等方面，建设成本总是大于工程承包价的总和。建设成本不含业主的利润和税金，它形成了投资者的固定资产；而装饰工程价格则包含了承包人的利润和税金。同时，装饰工程造价以“价格”的形式进行建设项目的建设成本，是建设成本费用的重要组成部分。但是，无论装饰工程造价是哪种含义，它强调的都只是装饰工程项目所消耗资金的数量标准。

1.3.3 装饰工程造价的计价特点与构成

1.3.3.1 装饰工程造价的计价特点

室内装饰工程造价同其他商品一样，作为一种商品也包括各种活劳动和物化劳动的消耗费用，以及这些费用消耗所创造的社会价值。但是，室内装饰工程造价又有自己的特殊性。

(1) 室内装饰工程造价由3个部分构成，即

$$\text{室内装饰工程理论费用} = C + V + M$$

式中 C——物质消耗支出，即价值转移的货币表现；

V——劳动报酬，即劳动者为自己的劳动所创造价值的货币表现；

M——盈利，即劳动者为社会的劳动所创造价值的货币表现。

(2) 工程造价的构成与一般的工业产品价格构成不同，具有一定的特殊性。

1) 室内装饰工程竣工后一般在空间上不发生物理运动，通常移交用户直接进入生产和生活的消费，所以价格中不包括一般商品具有的生产性流通费用，如商品的包装费、运输费和保管费等。

2) 室内装饰建设工程固定在一个地方与土地连成一片，因而价格中一般应包括土地价格或使用费。

3) 因建设工程地点与施工季节的不同，施工人员要围绕建设工程流动，因而有的装饰工程价格中还包括装饰施工企业远离基地的调迁费用或成品建造的转移所发生的费用。

4) 室内装饰建设工程的生产者中包括勘察设计单位、室内装饰施工企业，因而工程造价中包含的劳动报酬和盈利均是总体劳动者的劳动报酬和盈利。

1.3.3.2 装饰工程造价的构成

室内装饰工程项目由筹建至竣工验收、交付使用整个过程的投入费用称为工程造价，也称基本建设费。

(1) 按预算定额计价，室内装饰工程造价（基本建设费）为直接费、间接费、利润、税金等费用构成。

(2) 按工程量清单计价，室内装饰工程造价（基本建设费）为分部分项工程量清单费、措施项目清单费、其他措施项目清单费、利润及税金等费用构成。

1.3.4 工程量清单计价与传统定额计价的区别

工程量清单计价实质是由具有编制招标文件能力的招标人或受其委托的具有相应资质的中介机构，依据《建设工程工程量清单计价规范》(GB 50500—2003)、投标须知、工程技术规范、设计要求和图纸等，编制拟建工程的分部分项工程项目、措施项目、其他项目的名称和相应的明细清单，投标人按照招标文件所提供的工程量清单、施工现场实际情况及拟订的施工组织设计方案，按企业定额或建设行政主管部门发布的消耗定额以及工程造价管理机构发布的市场价格，结合市场竞争因素，充分考虑风险，自主报价，通过市场竞争形成价格的计价方式。两者的区别主要体现在以下几方面。

1.3.4.1 计价依据不同

(1) 依据定额不同。定额计价按照政府主管部门颁布的预算定额计算各项消耗量，而工程量清单计价按照企业定额计算各项消耗量，也可选择其他合适的消耗量定额计算工料机消耗量，选择哪种定额由投标人自主确定。

（2）采用的单价不同。定额计价的人工单价、材料单价、机械台班单价采用预算定额基价中的单价或政府指导价，而工程量清单计价的人工单价、材料单价、机械台班单价采用市场价，由投标人自主确定。

（3）费用项目不同。定额计价的费用计算，根据政府主管部门颁布的费用计算程序所规定的项目和费率计算，而工程量清单计价的费用按照工程量清单计价规范规定和根据拟建项目与本企业的具体情况自主确定实际的费用项目和费率。

1.3.4.2 费用构成不同

定额计价方式的装饰工程造价费用构成一般由直接费（包括工程直接费和措施费）、间接费（包括规费和企业管理费）、利润和税金构成；工程量清单计价的工程费用由分部分项工程项目费、措施项目费、其他项目费、规费和税金构成。

1.3.4.3 计价方法不同

定额计价方式常采用单位估价法和实物金额法计算直接费，然后再计算间接费、利润和税金。而工程量清单计价则采用综合单价的方法计算分部分项工程工程量清单项目费，然后再计算措施项目费、其他项目费、规费和税金。

1.3.4.4 本质特性不同

定额计价方式确定的装饰工程造价具有计划价格的特性；工程量清单计价确定的装饰工程造价具有市场价格的特性。两者有着本质的区别。

1.4 装饰工程造价的管理

1.4.1 传统装饰工程造价管理模式

1.4.1.1 量价合一的定额管理模式

在相当长的一段时期，工程预算定额都是我国建筑装饰工程承发包计价、定价的法定依据，到20世纪90年代，随着市场经济体制的建立，我国在工程施工发包与承包中开始初步实行招投标制度，但无论是业主编制标底，还是施工企业投标报价，在计价的规则上仍没有超出定额规定的范畴，并无竞争意识。

1.4.1.2 存在的问题

近年来，我国市场化经济体制已经基本形成，建设装饰工程投资多元化趋势已经出现。过去那种单一的、一成不变的定额计价方式已不再适应市场化经济发展的需要。

传统定额模式还不能完全适应招投标的要求，存在的主要问题有以下4个方面。

（1）定额的指令性过强、指导性不足。具体表现形式主要是施工手段消耗部分制定得过死，把企业的技术装备、施工手段、管理水平等本属于竞争内容的活跃因素固定化了，不利于竞争机制的发挥。

（2）量价合一的定额表现形式不适应市场经济对工程造价实施动态管理的要求，难以就人工、材料、机械等价格的变化适时调整工程造价。

（3）缺乏全国统一的基础定额和计价办法，各地区各部门自成体系，且地区间、部门间同样项目定额水平悬殊，不利于全国统一市场的形式。

（4）适应编制标底和报价要求的基础定额尚待制定。一直使用的概算指标和预算定额都有其自身的适用范围。概算指标项目划分比较粗，只适用初步设计阶段编制设计概算；预算定额子目和各种系数过多，用它来编制标底和报价反映出来的问题是工作量大、进步迟缓，各种取费计算繁琐，取费基础也不统一。

1.4.2 装饰工程造价改革的必然性

工程造价是指进行某种工程建设所花费的全部费用，即工程项目按照确定的工程内容、规模、标准、功能要求和使用要求等全部完成并验收合格、交付使用所需的全部费用。平时所说的建筑装饰工程费用是指某项单位工程的建筑工程和装饰装修工程费用。一般采用定额管理计价方式计算确定的费用就是建筑装饰工程费用。从本质上说，定额计价法是一种由政府有关部门颁发各种工程预算定额，实际工作中以定额为基础计算工程建筑装饰工程造价的方法。

我国加入世界贸易组织（WTO）之后，国内的建筑装饰企业也必然更多地走向世界，在这种形势下，我国的工程造价管理制度不仅要适应社会主义市场经济的需要，还必须与国际惯例接轨。因此，我国的工程造价计算方法为适应社会主义市场经济和全球经济一体化的需求，必须进行重大的改革，首先进行工程造价依据的改革，建立适合市场经济的计价模式。

1.4.3 工程量清单计价模式

1.4.3.1 工程量清单的实质

工程量清单是按照招标文件要求和施工设计图纸要求，将招标工程的全部项目和内容依据统一的工程量计算规则和子目分项要求，计算分部分项工程实物量，列在清单上作为招标文件的组成部分，供投标单位填写单价用于投标报价。工程量清单是编制招标工程标底和投标报价的依据，也是支付工程进度款和办理工程结算、调整工程量以及工程索赔的依据。

按我国《建设工程工程量清单计价规范》（GB 50500—2003）规定，工程量清单是表现拟建工程的分部分项工程项目、措施项目、其他项目名称及其相应工程数量的明细清单。

1.4.3.2 工程量清单计价的实质

工程量清单计价是由具有编制招标文件能力的招标人，或受其委托的具有相应资质的中介机构，依据《建设工程工程量清单计价规范》（GB 50500—2003）、投标须知、工程技术规范、设计要求和图纸等，编制拟建工程的分部分项工程项目、措施项目、其他项目的名称和相应的明细清单，投标人按照招标文件所提供的工程量清单、施工现场实际情况及拟定的施工组织设计方案，按企业定额或建设行政主管部门发布的消耗定额以及工程造价管理机构发布的市场价格，结合市场竞争因素，充分考虑风险，自主报价，通过市场竞争形成价格的计价方式。

1.4.3.3 我国部分城市的工程清单模式实践

深圳特区作为我国改革开放的前沿阵地和“试验场”，早在20世纪80年代末就实行按工程实物量计价的招投标方式，投标报价以综合单价方式的工程造价计价办法。1993年深圳市人大以立法的形式进一步明确，“标底和投标报价应按照招标书提供的工程实物量清单以综合单价形式编制”。

20世纪90年代初，在北京、上海等发达地区，外商投资企业进入房地产开发市场，带来了建筑师负责制的管理模式，工程量清单统一由境外聘请的工料测量师编制，出现工程量清单计价模式。香港地区的利比测量师行、威宁谢测量师行等，在上海等地已有10多年的承接业务历史。具有中资背景的香港上市公司——中国海外集团旗下的中海地产股份有限公司等一大批国内房地产开发企业，10多年来一直采用工程量清单计价模式进行房地产项目的招投标活动。

自2000年起，建设部在广东、吉林、天津等地进行了工程量清单计价的试点工作。广东顺德市由于企业改制比较好，改革的环境比较好，因而率先成为广东省的试点地区，推行工程量清单计价，使招投标活动的透明度增加，在充分竞争的基础上降低了造价，提高了投资效益，取得了很好的效果。从2001年开始，广东省范围内推广顺德经验，对原先的定价方式、计价模式等进行了改革，受到了招投标双方的普遍认可，即使是在经济相对落后的地方，也基本上得到了业主和承包商的肯定。

1.4.3.4 存在的问题

由于体制、机制、体系等方面原因，以工程量清单为平台的工程计价模式，若要全面普及，在具体操作上仍存在很多问题。

（1）国内各省（自治区、直辖市）的做法各有不同，其主要差异为：有的量价合一，有的量价分离。竞争性费用的范围不同，非竞争性费用的范围也不同。

（2）长期受高度集中的计划经济管理模式束缚，理论和观念上尚未纳入市场经济轨道，非市场化的烙印根深蒂固，一时难以摆脱传统观念惯性的冲击。

（3）建筑市场的发展缓慢，市场主体的合格程度低，施工企业依赖政府定价的思想顽固，绝大多数企业没有自己的成本指标或称企业定额。

可见，顺应市场经济的发展，逐步与国际惯例接轨，仍需从理论与实践的结合上进一步突破。

1.5 装饰工程预算的分类

室内装饰工程预算是指在执行基本建设程序过程中，根据不同设计阶段的装饰工程设计文件的内容和国家规定的装饰工程定额、各项费用取费率标准及材料预算价格等资料，预先计算和确定每项新建或改建装饰工程所需要的全部投资额的经济文件。它是室内装饰工程在不同建设阶段经济上的反映，是按照国家规定的特殊计划程序，预先计算和确定装饰工程价格的计划文件。在实际工作中，室内装饰工程预算所确定的投资额，实质上就是室内装饰工程的计划价格。这种计划价格在工程建设工作中，通常又称为“概算造价”或“预算造价”。因此，人们又对装饰工程设计预算和施工图预算统称为室内装饰工程预算。

根据我国现行的设计和预算文件编制及管理办法，对工业、民用建设工程项目预算做了规定：对于两阶段设计的建设项目，在扩大初步设计阶段必须编制设计概算；在施工图设计阶段必须编制施工图预算。对于三阶段设计建设项目，除了在初步设计和施工图设计的阶段必须编制相应的概算和施工图预算外，还必须在技术设计阶段编制修正概算。因此，不同阶段设计的室内装饰工程，也必须编制相应的概算和预算。

1.5.1 室内装饰工程预算的种类

为了对装饰工程进行全面而有效的经济管理，在工程项目的各个阶段都必须编制有关的经济文件，这些不同经济文件的投资额则要根据其主要内容要求，由不同测算工作来完成。因此，室内装饰工程投资额按照基本建设阶段和编制依据的不同，装饰工程投资文件可分为工程投资估算、设计概算、施工图预算、施工预算和竣工决算等5种形式。

1.5.1.1 投资估算

投资估算是装饰工程项目决策的重要依据之一。在整个投资决策过程中要对装饰工程造价进行估算，在此基础上研究是否建设。投资估算要保证必要的准确性，如果误差太大，必将导致决策的失误。因此，准确、全面地估算装饰工程项目的工程造价，是项目可行性研究乃至整个装饰工程项目投资决策阶段造价管理的重要任务。因此，投资估算是指在装饰工程项目投资前期，根据装饰设计任务书规划的工程项目，依照概算指标、初步设计方案和现场勘测资料所确定的工程投资额，以及主要材料用量等经济指标而编制的经济文件。

1.5.1.2 设计概算

设计概算是指在初步设计阶段，由设计单位根据工程的初步设计或扩大初步设计图纸、概算定额或指标、各项费用取费定额或取费标准、材料的预算价格以及建设地区的自然和技术经济条件等资料，预先计算和确定室内装饰工程费用的经济文件。包括建设项目总概算、单项工程综合概算、单位工程以及其他工程的费用概算。

1.5.1.3 施工图预算

施工图预算是确定室内装饰工程造价的基础文件。是指在施工图设计阶段，当装饰工程设计完成后，在单位工程开工之前，施工单位根据施工图纸计算的工程量、施工组织设计和国家规定的现行工程预算定额、单位估价表及各项费用的费率标准、材料的预算价格、建设地区自然和技术经济条件等资料，预先计算和确定的工程费用的文件。包括单位工程总预算、分部和分项工程预算、其他项目及费用等3部分。

1.5.1.4 施工预算

施工预算是施工单位内部编制的一种预算，是指施工阶段在施工图预算的控制下，施工队根据施工图计算的分项工程量、施工定额、施工组织设计或分部（项）工程施工过程设计等资料，通过工料分析，预先计算和确定完成一个单位工程或其中的分部工程所需的人工、材料、机械台班消耗量及相应费用的文件。其主要内容是工料分析、构件加工、材料消耗量、机械台班等分析计算资料，适用于劳动力组织、材料储备、加工订货、机具安排、成本核算、施工调度、作业计划、下达任务、经济包干、限额领料等项管理工作。

1.5.1.5 工程结算与竣工决算

工程结算是指室内装饰工程价款结算，一般以实际完成的工程项目的工程量、有关合同单价以及工程施工过程中现场实际情况的变化（工程变更、施工记录等）计算当月应付的工程价款。由于具体工程项目不同，工程价款的结算方法多种形式。通常分为按月结算、竣工后结算、分段结算、目标结算、双方约定的其他结算方式等。

竣工决算是指室内装饰工程竣工后，根据实际施工完成情况，按照施工图预算的规定和编制方法，所编制的工程实际造价以及各项费用的经济文书，称为“竣工决算”。它是由施工企业编制的最终结算凭据，经建设单位和建设银行审核无误后生效。竣工决算报表的表格详细内容和具体做法，按地方基建主管部门的规定填写。但不同规模的室内装饰工程报表的内容有所差异，大中型装饰工程项目其竣工决算报表包括竣工工程概况表、竣工财务决算表、交付使用财产明细表；小型装饰工程项目其竣工决算报表只包括竣工财务决算表、交付使用财产明细表。

总之，概预算与设计图纸一样，都是装饰工程项目设计文件不可缺少的组成部分，设计图纸决定工程对象的有关技术问题，而概预算则决定工程对象的有关财务问题。

1.5.2 室内装饰工程概算的作用

1.5.2.1 概算的作用

概算文件是设计文件的重要组成部分。国家规定：装饰工程项目在报审初步设计或扩大初步设计（简称扩充设计）的同时，必须附有设计概算。没有设计概算，就不能作为完整的设计文件。概算有以下作用。

（1）概算是国家制定和控制工程投资规模的依据。在我国，各项大中型工程必须按国家或主管部门批准的计划进行。只有当概算文件经主管部门批准后，才能列入年度建设计划，所批准的总费用就成为该工程项目投资的最高限额。国家或主管部门拨银行贷款及竣工决算，均不能突破这个限额。

（2）概算是编制工程实施计划的依据。按年度计划安排的装饰工程项目，其投资需要量的确定和工程施工计划等，都以主管部门批准的设计概算作为依据。

（3）概算是选择设计方案的重要依据，是考核设计经济合理性的依据。设计概算是设计方案的技术经济效果的反映，不同的设计方案具有设计概算就能进行比较，选出技术上先进和经济上合理的设计方案，达到节约投资的目的。

（4）概算是签订工程总承包合同的依据。对施工期限较长的大中型装饰工程项目，可以根据批准的工程实施计划，初步设计和总概算文件，确定工程项目的总承包价，作为建设单位和施工单位签订合同的依据。

（5）概算是办理拨款、贷款的依据。在施工图预算未编制之前，可先根据设计概算进行申请银行贷款和工程拨款。

（6）概算是控制施工图预算的依据。施工图预算决不能超过设计概算，否则要对施工图进行修改，使预算造价控制在概算之内，或报请主管部门批准后，扩大概算规模。

（7）概算是考核工程项目成本和投资效果的依据。工程项目的投资转化为建设项目法人单位的新增资产，可根据装饰工程项目的生产能力计算建设项目的成本、回收期以及投资效果系数等技术经济指标。

1.5.2.2 预算的作用

（1）预算是确定装饰工程造价的依据。可以作为建设单位招标的标底，也可以作为投标人投标报价的参考。

（2）预算是实行装饰工程预算包干的依据。通过发包人与承包人的协调，可在工程预算的基础上，增加一定系数（考虑设计或施工变更后可能发生的不可预见费用），然后由承包人将费用一次包死。

(3) 预算是承包人进行“两算”(施工图预算与施工预算)对比和考核工程财务成本的依据。

(4) 预算是装饰施工企业编制计划、统计和完成施工产值的依据。在装饰工程预算的控制下,装饰施工单位可以正确编制各种计划,进行装饰工程施工准备、组织施工力量、组织材料供应、统计上报完成的施工产值。

1.5.3 室内装饰工程概预算的区别

前面提到的装饰工程概预算文件中,前4种均是在工程开工之前进行的。而在装饰工程动工兴建过程中和竣工后,还需要分阶段编制工程结算和竣工决算,以确定装饰工程的实际建设费用。

1.5.3.1 不同阶段概预算之间的区别

各阶段概预算之间存在的差异,见表1-1。

表1-1 不同阶段的概预(决)算对比

编制阶段	编制内容	编制单位	编制依据	用途
投资估算	可行性研究	工程咨询机构	投资估算指标	投资决策
设计概算	初步设计或扩大初步设计	设计单位	概算定额	控制投资及造价
施工图预算	工程承发包	建设单位委托的工程咨询机构和施工单位	预算定额	编制标底、投标报价、确定工程合同价
施工预算	施工阶段	施工单位	施工定额	企业内部成本、施工进度控制
竣工结算	竣工验收前	施工单位	预算定额、设计及施工变更资料	确定工程项目建造价格
竣工决算	竣工验收后	建设单位	预算定额、工程建设其他费用定额、竣工决算资料	确定工程项目实际投资

1.5.3.2 施工图预算和施工预算的区别

室内装饰工程预算成本的施工图预算与室内装饰工程计划成本的施工预算之间,或者施工图预算与施工预算之间,以及工程计划成本与工程预算成本之间的比较称作“两算”对比。

室内装饰工程施工图预算为室内装饰工程造价,即为预算成本。其主要作用是组织施工管理,加强经济核算的基础;是签订施工承包合同、拨付工程进度款、甲乙双方办理竣工工程价款的依据。

室内装饰工程施工预算确定的是装饰企业内部的工程计划成本,是装饰施工企业为了防止工程预算成本超支而采取的一种防范措施。其主要作用是可以提供施工企业准确的施工量,是编制施工计划、材料需用计划、劳动力和机械台班使用计划、对外订货加工计划的依据。另外,是对班组实行经济核算、按定额下达任务单、限额领料、保证工程工期、考核施工图预算、降低工程成本的依据。

总之,施工图预算与施工预算两者编制的依据都是施工图,但两者编制的出发点、方法和深度等均不同,其作用也不相同,因此两者不能混淆。它们分别是从不同角度计算的两本经济账,通过二者之间的对比分析,可以预先找出节约的途径防止超支。若超支找出其原因,研究解决的办法。

1.6 装饰工程预算编制的分类

室内装饰工程是建筑工程的组成部分,所以室内装饰工程预算的作用和内容与建筑工程预算是一样的。

建筑工程预算由一般土建工程预算(建筑装饰工程预算),暖卫工程预算(包括室内洁具设施预算)、电气照明工程预算(包括室内外灯具预算),以及其他费用等组成。从总的建筑工程费用来看,室内装饰工程概预算一般占工程造价的25%~40%,如为高级装修,其费用可达工程总造价的50%~70%。

室内装饰工程预算的编制方法与一般土建工程预算的编制方法也基本相同，主要根据施工图设计和预算定额单价（或单位估价表）来编制工程造价。因此，室内装饰工程预算的编制方法主要有概算定额或概算指标编制法与类似工程预算编制法、单位估价法、实物造价法和工程量清单造价法等。其中，室内装饰工程设计概算通常采用概算定额、概算指标以及用类似工程预算编制的方法；室内装饰工程预算通常采用单位估价法来编制施工图预算，若遇到装饰工程采用新材料、新技术、新机械设备，采用实物造价法编制工程预算；室内装饰工程招投标时，多采用工程量清单造价法。

1.6.1 装饰工程设计概算的编制

1.6.1.1 概算定额编制法

概算定额编制法是根据各分部分项工程的工程量、概算定额基价、概算费用指标以及单位装饰工程的施工条件和施工方法计算工程造价。其计算程序如下。

（1）根据单位装饰工程初步或扩大初步设计图纸，确定各分部分项工程项目，计算出各分部分项工程项目的工程量。

（2）根据概算定额基价（单价），计算分部分项工程的直接费，再汇总各分项工程直接费，即可得该单位工程的直接费。

（3）根据概算费用指标的取费标准，计算其他直接费、间接费、计划利润、税金等，并与直接费汇总得出单位工程概算造价。

（4）将单位工程概算造价除以装饰面积，即得技术经济指标，即每平方米的价值。

1.6.1.2 概算指标编制法

概算指标编制法的计算程序与概算定编制法基本相同，但用概算指标编制装饰工程设计概算对设计图纸要求不高，只要反映出结构特征，能进行装饰面积的计算即可进行编制。因此，概算指标编制概算的关键是要选择合理的概算指标。其计算程序如下。

（1）依据设计图纸计算该装饰工程的装饰面积。

（2）选择适合的概算指标。

（3）计算单位装饰工程直接费（装饰面积乘以概算指标内的经济技术指标），单位装饰工程直接费乘以各种费率，得出其他直接费、现场经费，并汇与其他直接费和现场经费汇总为单位装饰工程直接费。

（4）单位装饰工程直接费乘以间接费率，得出间接费，然后计算利润、其他费用及税金。

（5）将单位工程直接费、间接费、利润、税金及其他费用相加，即可得出单位装饰工程概算造价。

（6）将单位工程概算造价除以装饰面积，即得技术经济指标，即每平方米的价值。

1.6.1.3 用类似工程预算编制法

类似工程预算是指已经编制好的并用于某装饰工程的施工图预算。这种编制法时间短，数据较为准确。其计算程序如下。

（1）根据设计图纸计算装饰面积。

（2）依据计算出的装饰面积、结构特征选用类似工程施工图预算。

（3）修正类似工程施工图预算，确定拟装饰工程概算价值。

1.6.2 装饰工程预算的编制

1.6.2.1 单位估价法

单位估价法是根据各分部分项工程的工程量、预算定额基价或地区单位估价表，计算工程造价的方法。其计算程序如下。

（1）根据施工图纸计算出分部分项工程量。

（2）根据预算定额基价（单价）或地区单位估价表，计算分部分项工程的定额直接费、其他直接费，并汇总为单位工程直接费。

（3）根据取费标准，计算间接费、计划利润、其他费用、税金等，并与直接费汇总得出单位工程预算造价。

(4) 进一步汇总得出工程的综合预算和总预算造价。

1.6.2.2 实物造价法

实物造价法就是以实际用工、料、机的数量来计算工程造价的方法。其计算程序如下。

(1) 利用施工图纸计算分部分项工程量，并计算出材料消耗量。

(2) 按照劳动定额计算人工工日。

(3) 按照室内装饰机械台班费用定额计算施工机械台班数量。

(4) 根据工人日工资标准、材料预算价格和机械台班定额单价等资料，来计算人工费、材料费、机械使用费，汇总为单位工程直接费。

(5) 根据取费标准，计算间接费、计划利润、其他费用和税金，并与直接费汇总得出单位工程预算造价。

(6) 进一步汇总得出工程的综合预算和总预算造价。

1.6.3 装饰工程投标报价的编制

工程量清单造价法主要用来编制室内装饰工程投标报价，是以招投标文件规定完成工程量清单来计算工程造价的。其计算程序如下。

(1) 编制分部分项工程量清单。

(2) 计算分部分项工程量清单费用。

(3) 计算措施项目及其他措施项目费。

(4) 计算规费和税金。

(5) 汇总计算工程造价。

本章小结

本章系统介绍了室内装饰工程预算的定义、种类及预算方法，室内装饰工程预算的编制。

室内装饰工程预算的编制主要根据施工图设计和预算定额单价（或单位估价表），其编制方法主要有单位估价法、实物造价法和工程量清单造价法等。一般的室内装饰工程预算，通常采用单位估价法来编制施工图预算，若遇到装饰工程采用新材料、新技术、新机械设备，采用实物造价法编制工程预算；而在工程招投标时，多采用工程量清单造价法。

思考题

1. 学习室内装饰工程预算的目的意义是什么？
2. 什么是预算？什么是室内装饰工程预算？
3. 装饰工程预算的主要种类以及预算方法有哪些？
4. 装饰工程预算编制的依据是什么？
5. 装饰工程投标报价编制的依据是什么？

【推荐阅读书目】

[1] 卜龙章．装饰工程定额与预算［M］．天津：东南大学出版社，2001.

[2] 张秋梅．室内装饰工程管理及概预算［M］．北京：中国林业出版社，2006.

[3] 顾期斌．建筑装饰工程概预算［M］．北京：化学工业出版社，2010.

[4] 本书编委会．全国一级建造师建设工程法规及相关知识重点内容解析［M］．北京：中国建筑工业出版社，2011.

【相关链接】

1. 中国工程预算网（http：//www.yusuan.com）
2. 建设部中国工程信息网（http：//www.cein.gov.cn）

第2章

装饰工程预算定额原理

【本章重点与难点】

1. 装饰工程预算定额的构成（重点）。
2. 预算基价的概念及组成（难点）。
3. 单位估价表的概念及编制。
4. 补充单位估价表的概念及编制（重点、难点）。

随着经济的迅速发展，室内装饰工程已成为建筑工程中的一个独立的单位工程，装饰企业可以单独施工也可以单独地进行招标投标。这样，现有的室内装饰工程定额就难以满足室内装饰工程的需要，为了准确地编制室内装饰工程预算，确定标底和投标报价，以及进行设计方案技术经济评价、施工企业内部经济核算和考核工程成本等，各省（自治区、直辖市）都分别编制适合本地区室内装饰工程市场需要的室内装饰工程预算定额或室内装饰工程补充预算定额，与现行的室内装饰工程预算定额配套使用。

2.1 概　　述

2.1.1 定额的基本概念及特性

2.1.1.1 定额的基本概念

在社会生产中，为了生产某一种合格产品，需要消耗一定数量的人工、材料、机械设备、台班和资金。根据一定时期的生产力水平和产品的质量标准、安全生产要求，对这种消耗制定出一个合理的消耗标准，这种消耗标准即是定额，是一个规定的数量额度或限额。

由于这种消耗定额受各种生产条件的影响，因不同地区、不同企业而各不相同。消耗越大产品成本越高。在产品的社会价格一定时，企业的盈利就越低，对社会的贡献就越小。因此，不断降低产品生产过程的消耗有着非常重要的意义。当然，这种消耗不可能无休止地降低，只能降低到与生产条件相适应的合理水平，在一定时期内是相对稳定的。

因此，所谓定，就是规定：所谓额，就是额度。定额就是规定的额度。也可理解为限度或标准和尺度。是指在正常的施工条件下，完成一定计量单位的合格产品一般所需消耗的劳动力、材料、机械设备及其资金的数量标准。正常的施工条件，是指在生产过程中，按生产工艺、施工验收规范操作、施工条件完善、劳动组织严密、机械运转正常、材料储备合理、组织管理科学。单位合格产品的单位是指定额子目的单位，由于不同的定额子目，这个单位可以是指某一个单位的分项工程、分部工程。但单位产品必须是合格的，符合国家施工及验收规范和质量评定标准的要求。

2.1.1.2 定额的特性

(1) 定额的法令性。定额是由国家或其授权机关组织编制和颁发的一种法令性指标，在执行范围内，任何单位都必须严格遵守和执行，未经原编制单位批准，不能任意改变其内容和水平，如需进行调整、修改和补充，必须经授权部门批准。同时，在相当大的范围内和相当长的时间里，仍将具有很大的权威性。

(2) 定额的科学性与群众性。定额是在当时实际生产力水平条件下，在实际生产中大量测绘、综合分析研究、广泛搜集资料的基础上，经科学的方法制定出来的。因此，具有严密科学性和广泛的群众性。

(3) 定额的综合性。定额是一种综合性的指标，是人工、材料、机械台班消耗量限额的体现。

(4) 定额的灵活性。装饰材料的多样化、复杂性以及众多的客观因素决定了统一的定额不能机械地执行，在一定的范围内，可以按实际设计进行调整换算。

(5) 定额的时效性与相对稳定性。定额中所规定的各种物化劳动和活劳动消耗量的多少，是由一定时期的社会生产力水平所确定的随着科学技术和管理水平的提高，社会生产力的水平也必然提高。因此，定额不是固定不变的，但也绝不是朝定夕改，它有一个相对稳定的执行期。

2.1.2 定额的分类及水平

2.1.2.1 定额的分类

在工程项目建设活动中，所使用的定额种类较多，已经形成工程建设定额管理体系。而室内装饰工程定额是工程建设定额体系的重要组成部分。就室内装饰工程定额而言，根据不同的分类方法又有不同的分类名称。为了对室内装饰工程定额从概念上有一个全面的了解，按定额适用范围、生产要素、用途和费用性质，大致可分为以下几类。

(1) 按生产要素可分为劳动定额（人工定额）、材料消耗定额、机械台班使用定额，这三种定额是编制其他定额的基础。

(2) 按编制程序和用途可分为施工定额、预算定额、概算定额、概算指标和估算指标等。

(3) 按定额费用性质可分为直接工程费定额、间接工程费定额、工器具定额、工程建设其他费用定额等。

(4) 按主编单位及执行范围可分为全国统一定额、地区统一定额、企业定额等。

(5) 按适用专业可分为建筑工程定额（也称土建定额）、装饰工程定额、设备安装定额、仿古建筑和园林定额、市政工程定额等。

2.1.2.2 定额水平

定额水平是规定完成单位合格产品所需各种资源消耗数量水平。确定定额水平是编制定额的核心，定额水平是一定时期生产技术发展水平的体现，与该行业的劳动生产率成正比，与资源消耗数量的多少成反比。不同用途、不同单位使用的定额有不同的定额水平。

2.2 预算定额的概念与作用

2.2.1 预算定额的概念

装饰工程预算定额，是指在正常合理的施工技术与建筑艺术综合创作下，采用科学的方法和群众智慧相结合，制订出生产质量合格的分项工程所必须人工、材料、机械台班以价值货币表现的消耗数量标准。在装饰工程预算定额中，除了规定上述各项资源和资金消耗的数量以外，还规定了应完成的工程内容和相应的质量标准及安全要求等内容。

根据上述概念，装饰工程预算定额包含 3 个方面的含义。

(1) 标定对象明确。装饰工程预算定额的标定的对象是分项工程或装饰结构件、装饰配件等。

(2) 标定的内容有人工、材料、机械台班等消耗量的数量。

（3）按标定对象的不同特点有不同的计量单位，如 m、m^2、m^3、t 等。

2.2.2 预算定额的作用

室内装饰工程预算定额在装饰工程的预算管理中，体现出以下几方面的作用。

2.2.2.1 编制施工图预算造价，确定招标标底和投标报价的基础

装饰工程的造价是通过编制装饰工程施工图预算的方法来实现。在施工图设计阶段，装饰施工项目可以根据施工设计图样、装饰工程预算定额及当地的取费标准，准确地编制出室内装饰工程施工图预算。另外，在市场价格机制运行中，室内装饰工程招标标底的编制和投标报价，都要以室内装饰工程预算定额为基础。因此，装饰工程预算定额在招投标中，起着控制劳动消耗和装饰工程价格水平的作用。

2.2.2.2 施工企业编制施工组织设计，工程成本分析的依据

装饰工程要进行施工必须编制施工组织设计方案，确定拟施工的工程所采用的施工方法和相应的技术措施，确定现场平面布置和施工进度安排，确定人工、机械、材料、水和电力资源需要量以及物料运输方案，才能保证装饰工程施工得以顺利进行。根据装饰工程定额规定的各种消耗量指标，才能够比较精确地计算出拟装饰工程所需要的人工、机械、材料，以及水、电力资源需要量，确定出相应的施工方法和技术组织措施，有计划地组织装饰材料供应，平衡劳动力与机械调配，安排合理的施工进度等。

此外，装饰工程还必须进行工程成本的核算分析。因为在市场经济体制中，室内装饰产品价格的形成是以市场为导向的。所以加强装饰企业经济核算，进行成本的分析、控制和管理是作为独立的经济实体的装饰企业自主定价、自负盈亏的重要前提。因此，装饰企业必须按照室内装饰工程预算定额所提供的各种人工、材料、机械台班等的消耗量指标，结合市场现状，来确定装饰工程项目的社会平均成本及生产价格，并结合企业装饰成本的现状，作出比较客观的分析，找出企业中活劳动与物化劳动的薄弱环节及其造成的原因，以便于装饰预算成本与实际成本对照比较分析，从而改进施工管理，提高劳动生产效率和降低成本。只有这样，装饰企业才能在日趋激烈的市场价格竞争中具有较大的竞争优势和较强的应变能力，进而促使装饰企业以最少的耗费取得最佳的经济效益。

2.2.2.3 对装饰结构方案进行技术经济比较和对新结构、新材料进行技术经济分析的依据

装饰设计在建筑设计中占有重要的地位。装饰工程设计在注重装饰美观、舒适、安全和便利的同时，也要符合经济合理的要求。通过室内装饰工程预算定额对装饰工程项目设计方案进行经济分析和比较，选择经济合理的设计方案。

对装饰设计方案的比较，主要是针对不同的装饰设计方案的人工、材料、机械台班的消耗量、材料重量等进行比较。而对于新材料、新工艺在装饰工程中的应用，也要借助室内装饰工程预算定额进行技术经济分析和比较。因此，依据室内装饰工程预算定额对装饰设计方案进行经济对比，从经济角度考虑装饰设计效果是否最佳和经济合理，是优化选择装饰设计方案的最佳途径。

2.2.2.4 签订工程施工合同和工程竣工结算的依据

装饰工程结算是建设单位和施工单位按照工程进度对已经完成的工程实行货币支付的行为，是商品交换中结算的一种形式。一般工程工期长，不可能采用竣工后一次性结算的方式。而是采用分期付款，分期付款的依据通常根据完成的分项工程量和装饰工程定额来计算应结算的工程价款。此外，装饰工程承包双方，在商品交易中按照程序签订工程施工合同时，为了明确双方的权利和义务，其合同条款的主要内容、结算方式和当事人的法律行为，也必须以装饰工程定额的有关规定，作为合同执行的依据。

2.2.2.5 编制概算定额和概算指标的基础

利用预算定额编制概算定额和概算指标，可以节省编制工作中的大量人力、物力和时间，也可以使概算定额和概算指标在水平上与预算定额一致，以免造成计划工作和实行定额的困难。

总之，室内装饰工程预算定额在现行装饰工程预算制度中具有重要的作用。特别在全球化的市场经济发展的形式下，室内装饰工程预算定额的作用将显得更加重要。

2.3 预算定额的编制

2.3.1 预算定额编制的原则与依据

2.3.1.1 预算定额的编制原则

1. 定额水平以社会平均水平为准的原则

按照价值规律的客观要求，商品的价值是按照在现有社会正常生产条件下，社会平均的劳动熟练程度和劳动强度下，制造某种使用价值所需要的劳动时间来确定的。因此作为确定和控制装饰工程造价的主要依据，装饰工程预算定额水平必须遵循以社会平均水平为准的原则。

2. 简明适用的原则

依据此条原则，预算定额中对于主要的、常用的、价值量大的分项工程的划分宜细；对于次要的、不常用的、价值量小的分项工程的宜粗。

3. 统一性和差别性相结合的原则

统一性是指由国家建设行政主管部门负责全国统一基础定额、计价规范的制定和修订，这样有利于实现装饰工程价格的宏观控制与管理。

差别性是指在全国统一基础定额、计价规范的基础上，各省、自治区、直辖市建设行政主管部门根据本地区的具体情况，制定地区性定额，以适应我国地区间自然条件差异大、发展不平衡的实际情况。

2.3.1.2 预算定额的编制依据

（1）现行的设计规范、施工及验收规范、质量评定标准、安全操作规程、国家工程建设标准强制性条文。

（2）通用的设计图纸、图集，有代表性的设计图纸和图集。

（3）国家有关的法律、法规。

（4）有关的实验、技术测定、统计分析及经验数据等资料。

（5）新结构、新工艺、新材料用于工程实践的资料。

（6）现有的定额资料。

2.3.2 预算定额编制的步骤

预算定额的编制步骤，大致可分为5个阶段：准备工作阶段、收集资料阶段、编制定额阶段、定额报批阶段、修改定稿整理资料阶段，见图2-1。但各阶段工作有时相互交叉，有时工作会有多次反复性。

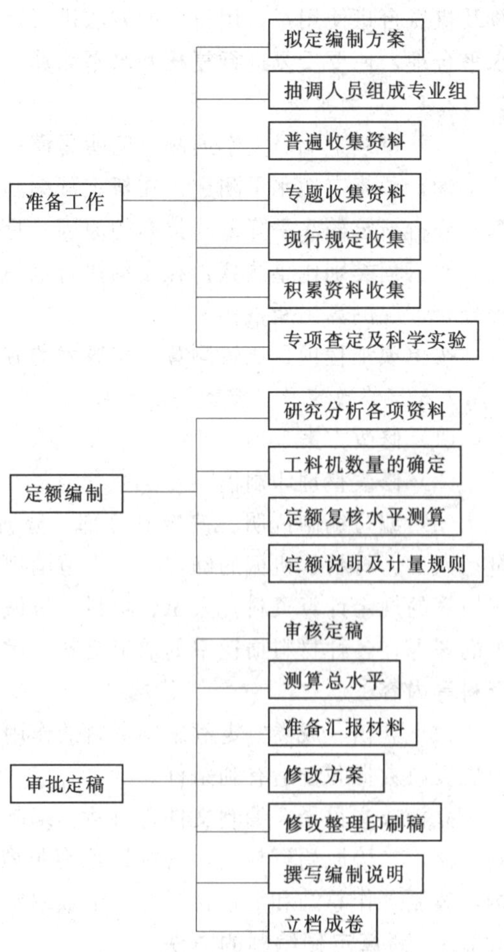

图2-1 预算定额编制程序图

2.3.2.1 准备工作阶段

（1）拟定编制方案。编制定额的目的和任务；确定定额编制范围及编制内容；明确定额的编制原则、水平要求、项目划分和表现形式；定额的编制依据；拟定参加编制定额的单位及人员；确定编制地点及编制定额的经费来源；提出编制工作的规划及时间安排。

（2）抽调人员。根据专业需要划分为多个编制小组和综合组。

2.3.2.2 收集资料阶段

（1）普遍收集资料。在已确定的编制范围内，以统计资料为主，采用表格化方法，注明所需的资料内容、填表要求和时间范围。

(2) 专题收集资料。邀请各执行单位如建设单位、装饰设计单位、装饰施工单位及管理单位相关部门有一定经验的专业人员座谈，从不同角度谈各自的看法和观点，从中收集一些具有代表性的意见，供编制定额时参考。

(3) 收集现行规定资料。现行定额及有关规定；现行建筑安装工程施工及验收暂行技术规范；安全技术操作规程和现行有关劳动保护政策法令；国家通用的标准设计及设计规定；编制定额必须依据的其他有关规定。

(4) 收集定额管理专业部门积累的资料。日常定额解释资料；补充缺项定额资料；现行定额需要修订问题资料；当前推行的新结构、新工艺、新材料、新机械及新技术发展的资料。

(5) 专项测定及科学实验。对于装饰工程施工中使用的配合比材料，在编制装饰工程预算定额时，材料配合比试验材料是不可缺少的重要资料，是定额附录的主要内容。在收集这部分资料时，必须选择具有代表性的施工企业进行完成试验的任务。因此，配合比材料用量是否科学，除去直接影响定额的编制水平和质量外，还能影响装饰工程造价的合理确定，所以做好专项测定及科学实验是很重要的。

2.3.2.3 编制定额阶段

(1) 确定编制细则。统一编制表格及编制方法；统一计算口径、计算单位和小数点位数要求；文字要求名称统一、用字统一、专业用语统一，简化字要规范化，文字要简练明确；定额各部分工程的人工工资、材料价格、机械台班单位等基价要统一。

(2) 调整定额的项目划分。

(3) 定额人工、材料、机械台班耗用量的计算、复核和测算。只有对人工工日消耗量、材料消耗量及机械台班使用量，用科学的方法进行计算，才能正确反映定额的实际水平。为了保证计算正确和水平合理，还要反复进行复核和水平测算。

2.3.2.4 定额报批阶段

(1) 审核定稿。文字通顺、简明易懂；整体性、逻辑性强；数字准确无误。

(2) 预算定额水平测定。在新定额编制成稿向上级机关汇报以前，必须与原定额水平进行对比测算，分析新定额水平降低与提高的原因，是否符合编制原则的要求。

按工程类别比重测算：在定额执行范围内，选具有代表性的工程，按要求测算的年限，以全市工程分布情况测算出所占比例。

按单项工程项目比较测算：用算术的方法计算对比，测算出增减系数。

2.3.2.5 修改定稿与整理资料阶段

(1) 修改方案。

(2) 修改整理印刷稿。

(3) 编写编制说明。按定额分部、分册的顺序，以分册为单位撰写，其主要包括项目、子目数量；人工、材料、机械的确定，内容范围规定；资料的依据和综合取定情况。定额中允许换算和不允许换算的规定计算资料；人工、材料、机械单位的计算公式和资料；施工方法、工艺的选择及材料运距的考虑；各种材料损耗率的取定资料；增减系数的考虑因素；其他应说明的事项与其他计算数据、资料等内容。

(4) 立档、成卷。定额编制资料的作用是执行定额查对资料的唯一依据，是为下届修编定额提供历史资料数据和创造有利条件。

立档成文目录：编制文件资料档，编制依据资料档，编制计算资料档，编制方案准则资料档，编制一稿、二稿原始资料档，编制讨论意见资料档，编制修改方案汇总资料档，新定额水平测算资料档，编制工作总结和汇报材料档，定额编制工作简报资料档，定额编制工作会议纪要、记录资料。

2.3.3 预算定额编制的方法

在定额基础资料完全可靠的条件下，编制人员充分掌握各项资料的基础上，按照划分的定额项目和典型设计图纸、计算工程量、计算各个分部工程的人工、机械和材料消耗量。确定分部工程的人工、机械和材料的消耗指标，包括以下几部分工作。

2.3.3.1 确定预算定额的计量单位

预算定额的计量单位按公制或自然计量单位确定。具体单位的确定如下。

(1) 结构的3个度量都经常发生变化时，选用立方米作为计量单位比较合适。

(2) 结构的3个度量中有两个度量经常发生变化，选用平方米为计量单位比较合适，如地面、墙面工程等。

(3) 当物体截面形状基本固定或呈规律性变化，采用延长米作为计量单位比较合适，如扶手、窗帘盒、栏板等。

(4) 若工程量取决于设备或材料的重量，还可以按吨、千克作为计量单位。

(5) 在装饰工程预算定额中使用平方米和延长米为计量单位是最常用。

(6) 预算定额中各项人工、机械、材料的计量单位选择，比较简单和固定。人工和机械按照"工日""台班"计量；各种材料的计量单位，或按体积、面积和长度，或按块、根、个，或按吨、千克、升不等。总之，要达到准确地计量。

(7) 预算定额中小数点位数的取定，主要决定于定额的计量单位和精确度的要求，以及材料的贵重程度。精确度要求高，材料贵重，多取三位小数。如钢材和木材。一般材料，多取两位小数。

2.3.3.2 按典型设计图纸和资料计算工程数量

计算工程量的目的，是为了通过分别计算出该典型设计图纸所包括的施工过程的工程量，以便在编制预算定额时，有可能利用施工定额的人工、机械、材料消耗的指标。计算工程量需要利用工程量计算表，表中需填写的内容主要有资料或图纸的来源和名称，工程结构的性质，计算表的编制说明、选择图例和计算公式等。

1. 人工耗用量指标的确定

预算定额中人工消耗量水平和技工、普工比例，应以劳动定额为基础，通过有关图纸及规定，计算定额人工的工日数。

(1) 基本用工。指完成分项工程的主要用工量。如墙体基层抹灰、调制水泥砂浆等。

(2) 其他用工。是辅助基本用工消耗的工日，具体分为超运距用工、辅助用工及人工幅度差用工三类。

1) 超运距用工：指超过劳动定额规定的材料、半成品运距的用工。

2) 辅助用工：指材料需在现场加工的用工。如筛砂子、淋石灰膏等增加的用工量。

3) 人工幅度差用工：主要是指预算定额和劳动定额由于定额水平不同而引起的水平差，另外还包括劳动定额中未包括，而在一般正常施工情况下的一些零星用工中的因素，如工种交叉与工序搭接的停歇时间、工程质量检查和隐蔽工程验收影响工人操作的时间，以及施工中难以测算的不可避免的少数用工等。一般规定，预算定额的人工幅度差系数为10%～15%。

人工幅度差=(基本用工+超运距用工+辅助用工)×(10%～15%)。根据不同情况，人工幅度系数可以自定。等级系数为该项工程平均等级系数。

2. 材料耗用指标的确定

材料耗用指标是在节约和合理使用材料的条件下，生产单位合格产品所必须消耗的一定品种规格的材料、燃料、半成品或配件数量标准。

(1) 预算定额材料的组成：按其实用性质、用途和用量大小，分为主要材料、辅助材料、周转性材料、次要材料四类。

1) 主要材料：指直接构成工程实体的材料。

2) 辅助材料：也是构成工程实体的，但比重较小的材料。

3) 周转性材料：又称工具性材料。施工中多次使用但并不构成工程实体材料，如模板、脚手架等。

4）次要材料：指用量小，价值不大，不便计算的零星材料，可用估算法计算。

（2）主要材料用量确定：单位合格产品所必须消耗的主要材料数量由两部分组成。一部分是直接用于工程的材料称为材料净用量；另一部分是操作过程中不可避免的损耗称为材料损耗量。

主要材料损耗量包括：施工操作中不可避免的废料和损耗；不可避免的场内运输损耗量、装卸损耗量；不可避免的堆放损耗量；没有考虑到的场外运输损耗量。

材料损耗率＝材料损耗量/材料净用量×100％

材料消耗量＝材料净用量＋材料损耗量

材料消耗定额的制定方法主要有：观测法、试验法、换算法、计算法（统计法、理论计算法）。

（3）周转性材料用量的确定：周转性材料指标分别用一次使用量和摊销量两个指标表示。

不考虑补损和回收时：摊销量＝一次使用量/周转次数

考虑补损和回收时：模板摊销量＝周转使用量－回收量

脚手架使用量＝一次使用量×(1－残值率)×使用期限/耐用期限

3. 机械台班使用量的确定

预算定额的机械化水平，应以多数施工企业采用的已推广的先进施工方法为标准。预算定额中的机械台班消耗量按合理的施工方法取定并考虑增加了机械幅度差。机械幅度差是指在劳动定额（机械台班量）中未包括的，而机械在合理的施工组织条件下所必需的停歇时间。机械台班消耗指标的计算分为小组产量和台班产量计算法。

（1）小组产量计算法：按小组日产量大小计算耗用机械台班多少，即

分项定额机械台班使用量＝分项定额计量单位值/小组产量

（2）台班产量计算法：按台班产量的大小计算定额内机械消耗量多少，即

定额台班用量＝定额单位/台班产量×机械幅度差系数

2.4 预算定额的构成

2.4.1 预算定额的组成

预算定额一般以单位工程为编制对象，按分部工程分章。在发布了全国统一基础定额后，分章应与基础定额一致。章以下为节，节以下为定额子目，每一个定额子目代表着一个与之对应的分项工程，所以分项工程是构成预算定额的最小单位。

装饰工程预算定额，规定单位工程量的装饰工程预算单价和单位工程量的装饰工程中的人工、材料、机械台班的消耗量和价格数量标准。为了使用查找方便，装饰工程预算定额还给每一个子目录赋予定额编号。因此，在定额的实际应用中，为了使用方便，通常将预算定额与单位估价表汇编成一册或一套，既包含预算定额的内容，又有单位估价表的内容，还有工程量计算规则、附录及相关的资料如材料库，故称为“预算定额手册”。“预算定额手册”中准确地规定了以定额计量单位的分部分项工程或者结构构件所需消耗的人工、材料、机械台班等的消耗量指标及相应的价值货币表现的标准。

2.4.2 预算定额手册的组成内容

装饰工程预算定额是在实际应用过程中发挥着作用的，要正确应用预算定额，必须全面了解预算定额的组成。装饰工程预算定额组成和基本内容一般包括以下6个部分。

2.4.2.1 定额总说明

（1）预算定额的适用范围、指导思想及目的、作用。

（2）预算定额的编制原则、主要依据及上级下达的有关定额修改文件精神。

（3）使用本定额必须遵守的规则及本定额的适用范围。

（4）定额所采用的材料规格、材质标准、允许换算的原则。

（5）定额在编制过程中已经考虑的因素及未包括的内容。

（6）各分部工程定额的共性问题和有关统一规定及使用方法。

2.4.2.2 建筑面积的计算规则

建筑面积是核算平方米取费或工程造价的基础，是分析装饰工程技术经济指标的重要数据，是计划和统计工作指标的依据。必须根据国家有关规定，对建筑面积的计算作出统一规定。

2.4.2.3 分部（分册）工程定额说明

（1）说明分部（分册）工程所包括的定额项目内容和子项目数量。

（2）分部工程各定额项目工程量的计算方法。

（3）分部工程定额内综合的内容及允许换算和不得换算的界限及特殊规定。

（4）使用本分部工程允许增减系数范围规定。

2.4.2.4 分部（分册）工程各章节定额说明

（1）在定额项目表表头上方说明各章节工程工作内容及施工工艺标准。

（2）说明本章节工程项目包括的主要工序和操作方法。

2.4.2.5 定额项目表

定额项目表是由分项定额所组成，是预算定额的主要构成部分，主要包括以下内容。

（1）分项工程定额编号（子目号）：一般采用“两符号”和“三符号”编号法。

（2）分项工程定额名称：分项工程项目名称。

（3）预算价值（基价）包括：人工费、材料费、机械费、综合费、利润、劳动保险费、规费和税金。其中，人工工资单价、材料价格、机械台班单价均以计算价格为准。一般表现形式有两种：一种是对号入座的单项单价；另一种是按定额内容和各自用量比例加权所得的综合单价。

（4）人工表现形式：包括工种和数量、其他工数量、工资等级（平均等级）。

（5）材料（含构、配件）表现形式：材料栏内一般系列主要材料和周转使用材料名称及消耗数量。次要材料一般都以其他材料形式以金额“元”表示。

（6）施工机械表现形式：机械栏内有两种列法：一种是列主要机械名称和数量，次要机械以其他机械费形式以金额“元”表示；另一种是以综合机械名义列出，只列数量，不列机械名称。

（7）有的定额表下面还列有与本章节定额有关的说明和附录。说明设计与本定额规定不符合时如何进行调整，以及说明其他应说明的但在定额总说明和分部（分册）说明不包括的问题。

（8）表格版面设计一般有两种：一种是竖排版；另一种是横排版，各地区根据习惯选用，其表格内容基本相同。

2.4.2.6 定额附录（附表）

预算定额内容最后一部分是附录或称为附表，是配合定额使用不可缺少的一个重要组成部分，不同地区的情况不同、定额不同、编制不同，附录表中的定额数值也不同。一般包括以下内容。

（1）各种不同标号或不同体积比的砂浆、装饰油漆涂料等有多种原材料组成的单方配合比材料用量表。

（2）各种材料成品或半成品场内运输及操作损耗系数表。

（3）常用的材料名称及规格容重换算表。

（4）建筑物超高增价系数表。

（5）定额人工、材料、机械综合取定价格表。

2.4.3 预算定额中基价的确定

预算定额中的基价就是定额分项工程预算单价，是以装饰工程预算定额或基础定额规定的人工、材料、机械台班消耗量为依据，以货币形式表示的每一个定额分项工程的单位产品价格。一般是以各省会城市（也称为基价区）的工人日工资标准、材料和机械台班的预算价格为基准综合取定的，是编制装饰工程预算造价的基本依据。

预算定额中的基价是预算定额中的主要指标，它以实物量表现，是由人工费、材料费、机械台班费组成。而人工费、材料费、机械台班费是以人工工日、材料和机械台班消耗量为基础编制的。

预算基价＝定额人工费＋定额材料费＋定额机械台班费

其中

$$人工费=\sum(定额人工工日数量\times当地人工工资单价)$$

$$材料费=\sum(定额材料消耗数量\times相应材料预算价格)$$

$$机械台班费=\sum(定额机械台班消耗数量\times相应的施工机械台班预算价格)$$

2.4.3.1 定额人工费的计算

也就是定额中使用的人工工日单价，人工工日单价是指一个生产工人一个工作日在预算中应记入的全部人工费用。目前，预算定额中的人工单价采用综合人工单价。

人工工日单价包括基本工资、工资性补贴、生产工人辅助工资、职工福利费、生产工人劳动保护费。

(1) 工资。是指发放给生产工人的基本工资。

$$基本工资=生产工人平均月工资/年平均每月法定工作日$$

(2) 工资性补贴。是指按规定标准发放的物价补贴和煤、燃气补贴，以及交通补贴、住房补贴、流动施工津贴等。

$$工资性补贴=\sum年发放标准/(全年日历日-法定假日)+\sum月发放标准/年平均月法定工作日+每工作日发放标准$$

(3) 生产工人辅助工资。生产工人年有效施工天数以外非工作天数的工资，包括职工学习、培训期间的工资，调动工作、探亲、休假期间的工资，因气候影响的停工工资，如哺乳时间的工资、病假在6个月内的工资及产、婚、丧假期间工资。

$$生产工人辅助工资=全年无效工作日\times(基本工资+工资性津贴)/(全年日历日-法定假日)$$

(4) 职工福利费。按规定标准计取的职工福利费。

$$职工福利费=(基本工资+工资性津贴+生产工人辅助工资)\times福利费计取标准$$

(5) 生产工人劳动保护费。按规定标准发放的劳动保护用品的购置费及修理费、徒工服装补贴、防暑降温费，以及在有碍身体健康环境中施工的保健费用等。

2.4.3.2 材料预算价格的编制

一般工程造价中，材料费占70%左右。材料预算价格是否正确，直接影响工程造价的高低。在整个定额编制工作中，材料预算价格的编制工作占很重要地位，主要程序如下。

1. 编制原则

掌握材料价值平衡规律，保证按需要比重供应，缩短包干运费平均运距、计量单位应与定额计量单位一致，材料品种规格要满足定额的需要。

2. 编制依据

按照国家有关规定及管理办法。如运输费价格及计费标准、材料价格及调价系数等。

3. 资料的收集

收集各种材料的价格目录及年月产量、各种材料全年使用量、实际平均运距以及运输超运距的距离等资料。

4. 各项数据的确定

(1) 新编材料预算价格的类别和子目划分的确定。

(2) 各种材料历年来使用品种数量和各种不同的运距比重。

(3) 正确确定各种材料合理的平均运距。

(4) 根据实际情况确定各种材料的运价损耗率。

(5) 确定材料包装回收值。

5. 材料预算价格组成

由材料原价、材料供应部门手续费、包装费、运输费、采购及保管费、运输损耗等构成。

6. 材料预算价格的确定

(1) 材料原价：是指材料出厂价或供应价。根据调查的各种商品、各种价格、各种用量的不同，采取加权平均的办法。

(2) 材料供应部门手续费：是原价乘以费率。

(3) 材料包装费：为包装费原价减去回收值。

(4) 材料运输费：运输范围是自产地或供应点至工地仓库的运输距离。首先以实际用料发生的运距，用加权平均法计算平均运距。运费标准一律按运输主管部门的现行规定计算，外地采购的材料自火车站至工地的运杂费、火车运费另计，不包括在价格内。

(5) 采购及保管费为：

(材料原价＋供应部门手续费＋运输损耗＋包装费＋运费)×采购及保管费率

2.4.3.3 机械费的确定

机械台班使用费是指施工机械在一个台班中，为使机械正常运转所支出和分摊的各种费用之和。机械台班费由两大类、七项费用组成。具体内容如下。

第一类费用，又称不变费用。是根据机械的年工作制度决定的费用，特点是不因施工地区和施工条件变化，也不管机械开动与否，均需支出的一种较为固定的费用。包括台班折旧费、大修理费、经常维修费、安装拆卸费和场外运输费。

第二类费用，又称可变费用。特点是受地区施工技术经济条件制约，费用高低随地区变化，只有机械运转时才发生。包括机上工作人员工资和动力、燃料费，以及养路费车船使用费。

施工机械台班费是按施工机械不同型号、规格分别编制的。对繁多的规格型号，定额取定时必须如同编制材料取定价格一样，编制施工机械综合台班费。

机械综合台班费，是将同种用途机械的不同台班使用费，根据工程上经常选用的型号数量，并结合目前大多数施工企业所拥有的机械情况，按一定比例加权平均，综合取定的价格，如同材料取定价格编制，机械综合台班费根据实际情况，可单一取定，也可加权平均综合取定。因此，预算定额手册中的机械费单价是指机械综合台班费。

机械费调整从理论上讲也有系数调整法和按实调整法两种，但由于机械费仅占直接费的5%左右，且机械型号、规格繁多，因此一般采用系数调整法为宜。

2.5 单位估价表的编制

单位估价表也叫工程预算单价，是确定定额单位装饰工程直接费的文件。是将预算定额的人工、材料及机械台班数量按当地人工工资标准、材料预算价格及机械台班费，计算出以货币形式表现的分部分项工程和各种结构构件的单位价值，即称单位估价表。

2.5.1 单位估价表的作用与内容

2.5.1.1 单位估价表的作用

1. 单位估价表是确定装饰工程造价的基本依据之一

按设计施工图纸计算出分项工程量后，分别乘以相应单位估价，得出分项直接费，汇总各分部分项直接费，再按规定计取各项费用，即得出单位工程全部预算造价。

2. 单位估价表是对装饰设计方案进行技术经济分析的基础资料

每个分项工程，如各种墙面装饰、顶棚、地面、灯饰等，同部位选择什么样的设计方案，除考虑生产、功能、坚固、美观等条件外，还要考虑经济条件。这就需要采用单位估价表进行衡量、比较，在相同条件下，当然选择经济合理的方案。

3. 单位估价表是装饰施工企业进行工程经济核算的依据

装饰施工企业为了考核成本执行情况，必须按照单位估价表中规定的单价进行比较。如某工程地面铺贴天然花岗石，从单位估价表中查到天然花岗石预算单价为590.76元/m^2，其中，人工费为

18.46 元/m^2，材料费 472.30 元/m^2，以上数字表明预算价格，而实际耗用的工料费即为实际价格，对二者作一比较，即可算出降低成本的多少并找出原因。

4. 单位估价表是进行已竣工工程结算的依据之一

建设单位和装饰施工单位按单位估价表核对已完工程的单价是否正确，以便进行分部分项工程结算。

总之，单位估价表的作用很大，合理地确定装饰工程项目预算单价，正确使用单位估价表是准确确定装饰工程造价，促进装饰施工企业加强经济核算，提高投资效益的重要环节。

2.5.1.2 单位估价表的内容

单位估价表由预算定额计量单位和预算价格两部分组成。

(1) 计量单位。如延长米 (m)、平方米 (m^2)、立方米 (m^3)、个、组、根、条等定额作计量单位。单位估价表中的计量单位，均以个位表示。即定额中以 100m^2 (或 m^3)、10m^3 (或 m) 表示的，除个别外，均改用 1m^2 或 1m^3 表示，以免在计算工程量与定额的计量单位换算中出现差错。

单位估价表包括人工、材料及机械台班数量，即合计工日数量、平均工资等级、各种材料消耗数量、装饰机械种类和台班使用量。

(2) 预算价格。即同人工、材料及机械台班的消耗量相对应的价格，是由地区工资等级标准、地区材料预算价格、机械台班预算价格所决定的。

编制单位估价表，就是以确定 3 种（人工、材料、机械）消耗量与相应的 3 种价格的乘积组成的，其公式如下。

$$预算单价=人工费+材料费+机械费$$

其中

$$人工费=\sum(工日数量\times工资等级标准)$$
$$材料费=\sum(材料数量\times材料预算价格)$$
$$机械费=\sum(机械台班数量\times机械台班价格)$$

2.5.2 单位估价表的组成与种类

2.5.2.1 单位估价表的组成

单位估价表是在编制预算时，用以确定每一个工程（单位工程）单价的。内墙贴砖 1m^2、裱糊壁纸 1m^2 等的单价。它是按照预算定额的编号和项目编制的，并根据预算定额规定的人工、材料及机械台班数量、地区的工人工资标准和材料预算价格计算出来的。在表内详细列出每一个工程项目所需的人工、材料和机械台班数量与其单价合价。

单位估价汇总表（也称价目表），是把单位估价表每一个工程项目的总值排列汇总编制的，所以不再详细列出其计算明细表，因此内容简明，查用比较方便。

单位估价表及其汇总表是编制预算的基本依据。为了简化预算工作，全国各主要省市已编制了统一的地区单位估价表和汇总表。如在这以外的地区施工时，还需要由编制预算的单位自编单位估价表，并经过一定的批准手续，才能作为编制预算的依据。

2.5.2.2 单位估价表的种类

单位估价表基本分为两大类：一是地区单位估价表，按地区编制分部分项工程各种构配件的单位估价；二是通用单位估价表，适用于各地区各部门的建筑及设备安装工程的单位估价。单位估价表是在预算定额的基础上编制的，按工程定额性质、使用范围及编制依据不同，可分为如下种类。

1. 按定额性质划分

(1) 按建筑工程预算定额编制的单位估价表，适用于一般工业与民用建筑的新建、扩建、改建工程。

(2) 装饰工程预算定额编制的单位估价表，适用于各种建筑室内装饰装修工程。

(3) 按设备安装工程预算定额编制的单位估价表，适用于机械设备、电气设备安装工程、给排水工程、采暖工程、煤气工程、通风工程、电气照明工程等。

(4) 按园林工程预算定额编制的单位估价表，适用园林、绿化工程、园林小品及花卉等。

(5) 按市政工程预算定额编制的单位估价表，适用市政土方工程、道路工程、给排水等。

(6) 按房屋修缮工程预算定额编制的单位估价表，适用于房屋的大修、维修以及建筑面积不超过 $200m^2$ 的翻修工程，不适用于新建、改建工程。

2. 按使用范围划分

(1) 按全国统一定额编制的单位估价表，适用各地区、各部门的建筑及设备安装工程。

(2) 按地区统一定额编制的单位估价表，仅限于本地区范围内使用。

(3) 按专业工程编制的单位估价表，仅适用专业工程的建筑及设备安装工程。

(4) 按地区统一定额或全国统一定额，结合工程建设项目的特点，编制工程项目估价表，仅适用于本工程项目范围。

3. 按编制依据划分

(1) 按全国统一或地区统一定额编制的单位估价表，具有法令性文件，可在规定的时间内和地区内多次使用。

(2) 补充单位估价表是指定额缺项，没有相应项目使用时，按照设计图纸资料，根据定额、单位估价表的编制原则，编制补充单位估价表。由于新结构、新工艺、新材料以及高级装修的产生，现有的定额单价已不能满足工程项目的需要，必须补充一些定额单价，即称为补充单位估价表。它的作用、内容、编制依据及表式与定额单位估价表完全相同，仅适用于编制补充单位估价表的工程（即一次性使用）。

2.5.3 单位估价表的编制要求与依据

2.5.3.1 编制单位估价表的要求

(1) 熟悉图纸和设计资料，了解单位估价表项目的工作内容和要求。

(2) 了解施工组织设计对项目的质量标准及技术措施。

(3) 了解安全操作规程及该项目所采取的安全生产措施。

(4) 了解该项目施工方法、工艺流程，并列出全部施工工序。

(5) 了解该项目所消耗的材料名称、品种、规格、数量。

(6) 了解一些特殊材料的产地、原价、运距、运输方法等，以便确定这些材料预算价格。

(7) 确定材料在施工现场堆放地点、运距。

(8) 计算该项目所需人工的劳动组织和配备情况，按人工的品种、等级、工资标准计算人工费。

(9) 计算该项目所需要的施工机械种类、台班数量、确定机械费。

(10) 最后以人工费、材料费、机械费汇总为单位估价表。

2.5.3.2 单位估价表的编制依据

单位估价表是确定单位价格和装饰装修产品直接费用的文件。建筑装饰工程单位估价表，一般按地区进行编制，其编制主要依据如下。

(1) 现行国家统一基础定额、地区建筑装饰工程预算定额及其相关资料。

(2) 地区现行工人工资标准。

(3) 地区装饰材料预算价格。

(4) 地区机械台班费用定额。

(5) 国家和地区对编制单位估价表的有关规定等资料。

2.5.4 单位估价表的编制方法与步骤

2.5.4.1 单位估价表的编制方法

编制单位估价表实际上就是将人工、材料、机械台班的消耗量和人工、材料、机械台班的预算价格相结合，形成若干分项工程或装饰构件、装饰配件的单价。

分项工程预算单价(定额基价)＝人工费＋材料费＋机械费

其中

$$人工费=分项工程定额用工\times地区相应人工预算价格$$

$$材料费=\sum(分项工程定额材料消耗量\times地区相应材料预算价格)$$

$$机械费=\sum(分项工程定额机械台班消耗量\times地区相应机械台班预算价格)$$

2.5.4.2 单位估价表的编制步骤

(1) 选定预算定额项目。单位估价表是针对地区而编制的，所以在编制单位估价表时应选用本地区适用的预算定额项目，包括名称、定额消耗量和定额计量单位等。本地区不适用的预算定额项目不必选用，本地区常用而预算定额中没有的项目可补充列入，以满足使用。

(2) 抄录定额的人工、材料、机械台班的消耗量。将预算定额中所规定项目的人工、材料、机械台班消耗量抄录到单位估价表的分项工程单价计算表的各栏目中。

(3) 选择和填写单价。将地区工日单价、材料预算价格、施工机械台班预算价格分别填入工程单价计算表的相应单价中。

(4) 进行基价计算。可直接在单位估价表中进行，也可通过工程单价计算表计算出各项费用后，再把结果填入单位估价表。

(5) 复核、审批。经复核校正后汇总成册，由主管部门审批后出版发行，颁发执行。

2.5.5 补充单位估价表的编制要点与方法

凡国家、省（自治区、直辖市）颁发的统一定额和专业部门主编的专业性定额中缺少的项目，可编制补充单位估价表。补充单位估价表的编制原则、使用范围及编制方法等均与预算定额编制相同。

2.5.5.1 编制基本要点

(1) 补充单位估价表是由人工费、材料费和机械费组成。

(2) 补充单位估价表的分部工程范围划分（即属于哪个分部）、计量单位、编制内容及工程说明，应与相应定额一致。

(3) 编制一般补充单位估价表时，其人工、材料及机械台班数量的确定，可根据设计图纸施工定额或现场测定资料情况以及类似工程项目进行计算。

(4) 补充单位估价表编好后，应随同预算文件一并报送审批定额部门进行审定。

(5) 批准后的补充单位估价表，仅适用于同一建设单位的各项工程。

2.5.5.2 编制步骤与方法

1. 确定工程项目名称、计量单位及工作内容

根据施工图，对拟编制补充单位估价表的构配件、编制范围及计量单位，与计算的工程量取得一致，以便在编制预算时配合起来。

2. 计算材料数量

以地面拼花花岗石为例，主要材料如花岗石按理论计算法，次要材料如水泥、中砂、硬蜡等按参照类似定额用量按比例计算。

3. 计算人工数量

有两种计算方法：一是根据劳动定额计算方法。此方法较复杂，工作量也较大。先分别列出编制补充单位估价表的范围所应操作的工序及内容，然后按劳动定额找出每一道工序所需工种、工数、等级、计算出所需的人工数量。二是比照类似定额计算方法。此方法比较简单，实践中也有运用，优点是工作量小，且不会因工序不熟悉而漏项和少算人工数量；缺点是准确性差，特别是比照类似定额不恰当时，则更不准确。

4. 计算台班数量

有两种计算方法：一种是以劳动定额的装饰施工机械台班来确定所需的台班数量；另一种是以类似预算定额项目中的机械台班数量对比确定。

按上述的步骤与方法，确定了人工、材料、机械台班数量后，将其结果填入单位估价表中有关各栏内，其价值计算与一般单位估价表相同。

本章小结

装饰工程预算定额是编制装饰工程预算的主要依据，是由定额总说明、建筑面积的计算规则、分部（分册）工程定额说明、分部（分册）工程各章节定额说明、定额项目表以及定额附录等六部分构成。装饰工程预算定额中的预算定额基价也称预算单价是由人工费、材料费、机械使用费组成。

单位估价表的编制原则、编制方法及构成与装饰工程预算定额相同，它反映了本地区的自然条件和经济状况，只适用于本地区，在编制装饰工程预算时经常采用。而补充单位估价表是装饰工程专业性定额中缺少的项目，其编制的原则、使用范围及编制方法等也与预算定额编制相同。

思考题

1. 装饰工程预算定额的概念是什么？
2. 装饰工程预算定额由哪些部分构成？
3. 装饰工程预算定额的作用及特性是什么？
4. 什么是装饰工程预算定额基价？是如何确定的？
5. 单位估价表的定义及适用范围？
6. 什么是补充单位估价表？意义是什么？
7. 单位估价表与装饰工程预算定额有何不同？

【推荐阅读书目】

[1] 朱志杰．建筑装饰工程参考定额与报价［M］．北京：中国计划出版社，1997.

[2] 卜龙章．装饰工程定额与预算［M］．天津：东南大学出版社，2001.

[3] 北京市建委．北京市建筑装饰工程预算定额［M］．北京：中国计划出版社，2001.

[4] 郭东兴，林崇刚．建筑装饰工程概预算与招投标［M］．广州：华南理工大学出版社，2010.

[5] 李宏扬．建筑与装饰工程量清单计价——识图、工程量计算与定额应［M］．北京：中国建材工业出版社，2010.

【相关链接】

1. 中国工程预算网（http：//www. yusuan. com）
2. 建设部中国工程信息网（http：//www. cein. gov. cn）

第3章

工程量的计算原理与方法

【本章重点与难点】

1. 工程量的概念和单位。
2. 工程量计算注意事项（重点）。
3. 建筑面积的计算方法（难点）。
4. 工程量计算的方法与规则（重点）。

装饰工程预算中，工程量的计算是非常重要的环节，工程量计算的是否科学、合理准确，关系到工程的造价和经济效益。因此，在计算时必须按照所套用的装饰工程预算定额和有关规定进行。

3.1 工程量计算的依据和意义

3.1.1 工程量的基本概念

工程量是指以物理计量单位或自然计量单位所表示室内装饰工程中的各个具体分部分项工程和构配件的数量。工程量的计量单位必须与定额规定的计量单位一致，它包括物理计量单位和自然计量单位。

物理计量单位是指需要通过度量工具来衡量物体量的性质的单位，一般以法定计量单位表示工程完成的数量。如窗帘盒、木压条等的工程量以米（m）为计量单位；墙柱面工程、门窗工程等工程量以平方米（m^2）为计量单位；砌砖、水泥砂浆等工程量以立方米（m^3）为计量单位等。

自然计量单位是以物体自身为计量单位来表示工程完成的数量。如灯具安装以“套”为计量单位；卫生洁具安装以“组”为计量单位；送（回）风口以“个”为计量单位等。

3.1.2 工程量计算的依据

室内装饰工程工程量计算类似建筑工程工程量计算一样，计算时必须依据下列内容。

（1）工程量计算必须依据国家标准《建设工程工程量清单计价规范》（GB 50500—2003）“附录B装饰装修工程工程量清单项目及计算规则”或所在地区政府部门或指定的“工程量计算规则（或原则）”规定计算。

（2）依据所采用的定额分部分项的计算。

（3）计算工程量应依据的文件。

1）经审定的施工设计图纸及施工说明。

2）经审定的施工组织设计或施工措施技术方案。

3）经审定的其他有关技术经济文件。

4）经双方同意的定额单价及其他有关文件。

（4）依据有关计算规则规定的工程量计算的计量单位。

3.1.3 工程量计算的意义

工程量计算就是根据施工图、预算定额划分的项目，以及定额规定的工程量计算规则列出分项工程名称和计算式，并计算出结果。因此，正确计算装饰工程量是编制室内装饰工程施工图预算的一个重要环节，其意义主要表现在以下几方面。

（1）装饰工程量计算的准确与否直接影响到各个分项工程定额直接费计算的准确性，从而影响整个装饰工程预算造价。

（2）装饰工程量计算的准确和快慢，直接影响预算编制的质量和速度，影响装饰行业的管理计划以及统计工作。

（3）装饰工程量指标是装饰施工企业编制施工作业计划、合理安排施工速度、组织劳动力、材料、构配件等资源供应的不可缺少的重要依据。

（4）装饰工程量是装饰行业财务管理和经济核算的重要指标。

总之，工程量计算的工作在整个预算编制过程中是最繁重的一道工序，在整个预算编制工作中所花的时间最长，它直接影响到工程预算的准确性与及时性。因此，要求预算人员具有高度的责任感，耐心细致地进行计算。

3.1.4 工程量计算注意事项

工程量计算是根据已会审的施工图所规定的各分项工程的尺寸、数量，以及设备、构件、门窗等明细表和预算定额各分部工程量计算规则进行计算。在计算工程中，应注意以下几个问题。

（1）必须在熟悉和审查施工图的基础上进行，要严格按照定额规定和工程量计算规则执行，不得任意加大或缩小各部位的尺寸。在装饰装修工程量计算中，较多的使用净尺寸，不得直接按图纸轴线尺寸，更不得按外包尺寸取代之，以免增大工程量，一般来说，净尺寸要按图示尺寸经简单计算决定。如，楼地面整体面层、块料面层按饰面的净面积计算，而楼梯按水平投影面积计算；墙、柱面镶贴（挂）块料面层按实贴（挂）面积计算等。

（2）为了便于核对和检查，避免重算或漏算，在计算工程量时，一定要注明层次、部位、轴线编号、断面符号。

（3）工程量计算公式中的各项应按一定顺序排列，以方便校核。计算面积时，一般按长、宽、高顺序排列，数字精确度一般计算到小数点后三位；在汇总列项时，其准确度取值要达到：立方米（m^3）、平方米（m^2）及米（m）下取两位小数；吨（t）以下取三位小数；千克（kg）、件等取整数。

（4）为了减少重复劳动，提高编制预算工作效率，应尽量利用图样上已注明的数据表和各种附表，如门窗、灯具、卫生洁具等明细表。

（5）计算工程量时，为了防止重算或漏算，应按照一定的计算顺序和方法进行，而且尽量采用表格方式以利审核。

（6）工程量汇总时，计量单位必须和预算定额或单位估价表一致。如《建设工程工程量清单计价规范》（GB 50500—2003）工程量计算规则中的分项以“　　”做单位时，所计算的工程量也必须以“　　”做单位。在《全国统一建筑装饰装修工程量清单计量规则》中，主要计量单位采用以下规定。

1）以体积计算的为立方米（m^3）。

2）以面积计算的为平方米（m^2）。

3）以长度计算的为米（m）。

4）以重量计算的为吨或千克（t或kg）。

5）以件（个或组）计算的为件（个或组）。

6）各分部分项工程工程量计算完毕后，各分项工程子项应标明：子项目名称、定额编号、项目编号，以便检查和审核。

3.2 工程量计算的原则与方法

3.2.1 工程量计算的要求与原则

3.2.1.1 工程量计算要求

1. 工程量计算的项目内容口径一致

计算工程量所列的分项工程项目必须同计算规则（原则）及定额单价中相应项目的工程内容一致，以便准确应用定额单价。如轻钢龙骨隔墙，定额项目有包括石膏板封面和不包括石膏板封面两种，套用定额包括面层封板内容，不另行计算封板。这就要求预算人员必须熟悉定额的组成和所包括的工作内容。

2. 计算的项目单位一致

计算工程量的单位必须与定额套用的项目计量单位或《建设工程工程量清单计价规范》（GB 50500—2003）中的计量单位相一致，否则无法套用定额。

3. 计算项目与规则一致

计算工程量必须遵循工程量计算规则，因为工程量计算规则与定额的内容是相呼应的。如内墙面抹灰工程量计算规定，“计算抹灰工程量时，其面积应扣除门窗洞口和空圈所占的面积，不扣除踢脚板、挂镜线及 $0.3m^2$ 以内的孔洞”。

3.2.1.2 工程量计算原则

工程量计算原则归纳为8个字：“准确、清楚、明了、详细”。

（1）准确。表示工程量计算的质量，没有准确的工程量计算，就难以得到准确的装饰工程预算报价，加大装饰施工企业投标的风险。

（2）清楚。使工程量计算减少错误，易让他人了解。

（3）明了。使他人看懂明白你的意思，免去解释和发生误解。

（4）详细。使他人全面了解工程量计算数字的来源，易于复核。

工程量计算是根据图纸、定额和计算规则列项计算，最后得出的计算数量结果。

3.2.2 工程量计算的顺序与方法

为了便于计算和审核工程量，防止遗漏或重复计算，根据工程项目的不同性质，要按一定的顺序和方法计算。

3.2.2.1 工程量计算顺序

（1）计算工程量时，应依照施工图纸顺序分部、分项计算，并尽可能利用计算表格。

（2）在列式计算给予尺寸时，其次序应保持统一，一般按长、宽、高为次序列项。

3.2.2.2 工程量计算方法

（1）顺时针计算法。是从图纸左上角开始，从左向右逐项进行，循环一周后又回到左上角开始点为止。一般计算楼地面、天棚等部分。

（2）横竖分割计算法。是按照先横后竖、先上后下、先左后右的顺序进行工程量的计算。

（3）轴线计算法。是按照图纸上轴线的编号进行工程量计算的方法。如大厅、舞池、酒吧等造型较复杂的工程多采用此方法。

3.2.2.3 工程量计算技巧

（1）将计算规则用数学语言表达成计算式，然后再按计算公式的要求从图纸上获取数据代入计算，数据的量纲要换算成与定额计量单位一致，不得将图纸上的尺寸单位毫米代入，以免在换算时搞错。

（2）采用推广计算机软件计算工程量，它可使工程量计算又快又准，减少手工操作，提高工作效率。

（3）采用表格法计算，其顺序及定额编号与所列子项一致，避免漏项或重项，以便检查复核。

3.2.3　工程量计算采用的表格

装饰工程工程量计算所应用的表格有两种，即现行的工程量计算表称为“老表格”；现在推荐的工程量计算表称为“新表格”。下面进行二者的对比。

3.2.3.1　现行国内工程量计算表格

现行国内工程量计算表数量不能直接用于材料订购、计划编制和签发施工任务单等，见表3-1。

表3-1　　**工程量计算表**

工程名称：

序号	定额编号	轴线部位	分部分项工程项目名称	单位	数量	计　算　公　式

复核人：　　　　　　　　　　　　　　　　　　　　　　　　计算人：

3.2.3.2　现推荐的新表格

新格式是国外一些国家应用的工程量计算表格格式见表3-2。其优点如下。

（1）直观清楚，一目了然；表格灵活，使用方便；易于查找，便于核对；书写规范，减少错误；一次计算，多方使用。而且能直接用于材料订购、计划编制和签发施工任务单等。

（2）解决了工程量计算不清楚、预算工程量应用问题。

（3）解决审核预算工程量的困难。

（4）解决工程量计算漏项问题。

（5）便于预算人员内部交流。

（6）解决工程成本控制核算的依据问题。

表3-2　　**工程量计算清单表**

<table>
<tr><td colspan="2">负责人：</td><td colspan="8">工程量计算清单</td><td>日期：　年　月　日</td></tr>
<tr><td colspan="2">计算人：</td><td colspan="8">工程项目：</td><td>页数：</td></tr>
<tr><td colspan="2">复核人：</td><td colspan="8">设计单位：</td><td>编号：</td></tr>
<tr><td rowspan="2">图号</td><td rowspan="2">分部分项名称</td><td rowspan="2">数量</td><td colspan="3">尺寸（m、m^2）</td><td colspan="2">小计</td><td colspan="2">总计</td><td rowspan="2">备注</td></tr>
<tr><td>长</td><td>宽</td><td>高</td><td>工程量</td><td>单位</td><td>工程量</td><td>单位</td></tr>
<tr><td></td><td></td><td></td><td></td><td></td><td></td><td></td><td></td><td></td><td></td><td></td></tr>
<tr><td></td><td></td><td></td><td></td><td></td><td></td><td></td><td></td><td></td><td></td><td></td></tr>
<tr><td></td><td></td><td></td><td></td><td></td><td></td><td></td><td></td><td></td><td></td><td></td></tr>
<tr><td></td><td></td><td></td><td></td><td></td><td></td><td></td><td></td><td></td><td></td><td></td></tr>
<tr><td></td><td></td><td></td><td></td><td></td><td></td><td></td><td></td><td></td><td></td><td></td></tr>
<tr><td colspan="6">前页累计</td><td></td><td rowspan="2"></td><td></td><td rowspan="2"></td><td rowspan="2"></td></tr>
<tr><td colspan="6">总计</td><td></td><td></td></tr>
</table>

3.3 建筑面积的计算

工程量必须按照工程量计算规则和现行定额规定进行正确计算，计算工程量时，要熟悉定额中每个分项工程所包括的内容、范围以及定额计量单位。工程量计算式力求简单明了，按一定的顺序排列，并注明层次、部位、断面、图号等。工程量计算式一般按长、宽、厚的顺序排列。在工程量计算的过程中，一般要求保留三位小数，而计算结果则采用四舍五入的原则后保留两位小数。但是，对于钢材、木材的用量计算结果要求保留三位小数；建筑面积计算结果一般取整数，若有小数时按四舍五入原则取整数。

3.3.1 建筑面积计算的意义

建筑面积是指建筑物外墙结构所围合的水平投影面积之和，是根据建筑平面图在统一计算规则下计算出来的一项重要经济数据。根据建筑的不同建设阶段分，有基本建设计划面积、房屋竣工面积、在建房屋建筑面积等；根据建筑的功能分，有结构面积、交通面积、使用面积。建筑面积是衡量建筑或室内的经济性能指标，也是计算某些分项工程工程量的基本数据，如综合脚手架、建筑物超高施工增加费、垂直运输等工程量都是以建筑面积为基数计算的。

建筑面积的计算是否正确不仅关系到工程量计算的准确性，而且对于控制基建投资规模，搞好设计、施工管理都具有重要意义。所以，在计算建筑面积时，要认真遵守定额中的计算规则，弄清楚该计算和不该计算的部位，以及如何计算。

3.3.2 建筑面积计算规则

3.3.2.1 建筑面积计算的范围

（1）单层建筑物不论其高度如何，均按一层计算建筑面积。其建筑面积按建筑物外墙勒脚以上结构的外围水平面积计算。单层建筑物内设有部分楼层者，首层建筑面积已包括在单层建筑物内，首层以上应计算建筑面积。高低联跨的单层建筑物，需分别计算建筑面积时，应以结构外边线为界分别计算。

（2）多层建筑物建筑面积，按各层建筑面积之和计算，其首层建筑面积按外墙勒脚以上结构的外围水平面积计算，首层以上按外墙结构的外围水平面积计算。

（3）同一建筑物的结构、层数不同时，应分别计算建筑面积。

（4）地下室、半地下室、地下车间、仓库、商店、车站、地下指挥部等建筑物及相应的出入口的建筑面积，按其上口外墙（不包括采光井、防潮层及其保护墙）外围水平面积计算。

（5）建于坡地的建筑物利用吊脚空间设置架空层和深基础地下架空层设计加以利用时，其层高在2.2m以上时，按围护结构外围水平面积计算建筑面积。

（6）穿过建筑物的通道，建筑物内的门厅、大厅，不论其高度如何均按一层建筑面积计算。门厅、大厅内设有回廊时，按其自然层的水平投影面积计算建筑面积。

（7）室内楼梯间、电梯井、提物井、垃圾道、管道井等均按建筑物的自然层计算建筑面积。

（8）书库、立体仓库有结构层的，按结构层计算建筑面积。没有结构层的，按承重书架层或2架层计算建筑面积。

（9）有围护结构的舞台灯光控制室，按其围护结构外围水平面积乘以层数计算建筑面积。

（10）建筑物内设备管道层、贮藏室等层高在2.2m以上时，应计算建筑面积。

（11）有柱的雨篷、车棚、货棚、站台等，按柱外围水平面积计算建筑面积；独立柱的雨篷、单排柱的车棚、货棚、站台等，按其顶盖水平投影面积的一半计算建筑面积。

（12）屋面上部有围护结构的楼梯间、水箱间、电梯机房等，按围护结构外围水平面积计算建筑面积。

（13）建筑物外有围护结构的门斗、眺望间、观望电梯间、阳台、橱窗、挑廊、走廊等，按其围护结构外围水平面积计算建筑面积。

(14) 建筑物外有支柱和顶盖走廊、檐廊，按往外围水平面积计算建筑面积；有盖天柱的走廊、檐廊挑出墙外宽度在1m以上时，按其顶盖投影面积一半计算建筑面积。无围护结构的凹阳台、挑阳台，按其水平面积一半计算建筑面积。建筑物间有顶盖的架空走廊，按其顶盖水平投影面积计算建筑面积。

(15) 室外楼梯，按自然层投影面积之和计算建筑面积。

(16) 建筑物内变形缝、沉降缝等，凡缝宽在300mm以内者，均依其缝宽按自然层计算建筑面积，并入建筑物建筑面积之内计算。

3.3.2.2 不予计算建筑面积的范围

(1) 突出外墙的构件、配件、附墙柱、垛、勒脚、台阶、悬挑雨篷、墙面抹灰、镶贴块材、装饰面等。

(2) 用于检修、消防等用途的室外爬梯。

(3) 层高2.2m以内的技术层，如设备管道层、贮藏室、设计不利用的深基础架空层及吊脚架空层。

(4) 建筑物内操作平台、上料平台、安装箱或罐体平台；没有围护结构的屋顶水箱、花架、凉棚等。

(5) 独立烟囱、烟道、地沟、油（水）罐、气柜、水塔、储油（水）池、储仓、栈桥、地下人防通道等构筑物。

(6) 单层建筑物内分隔单层房间，舞台及后台悬挂的幕布、布景天桥、挑台。

(7) 建筑物内宽度在300mm以上的变形缝、沉降缝。

3.4 分部分项工程量的计算

任何一项室内装饰工程，其工程项目是由一个或几个单项工程组成，一个单项工程是由几个单位工程组成，一个单位工程又可划分为若干个分部工程，一个分部工程可划分为若干个分项工程，而装饰工程预算的编制就是从分项工程开始的。因此，室内装饰工程中的各分部分项工程的工程量计算准确与否，直接影响着室内装饰工程预算的准确性。本节在参考有关《建筑装饰工程预算定额（装饰工程部分)》和《建设工程工程量清单计价规范》(GB 50500—2003) 及《2008版建筑装饰工程参考定额与报价》等资料的基础上，分别介绍室内顶棚、墙柱面、楼地面、门窗及木结构、涂饰、裱糊，以及装饰陈设等各分部分项工程的工程量计算规则。

3.4.1 顶棚装饰工程

3.4.1.1 基本内容

天棚工程包括抹灰面层、顶棚龙骨、顶棚面层、龙骨及饰面等部分。

吊顶天棚包括顶棚龙骨与顶棚面层两个部分，预算中应分别列项计算工程量。

吊顶龙骨按其吊挂方式的不同，分单、双层龙骨。造型顶棚分一级和多级，顶棚面层不在同一标高且高差在200mm以上者，称为二级或三级顶棚。

顶棚木龙骨，对剖圆木楞、方木楞，按主楞跨度3m以内、4m以内划分。

顶棚轻钢龙骨和铝合金龙骨按一级和多级天棚分别列项，同时，按面层分格规格300mm、450mm、600mm和600mm以上划分。

定额龙骨是按常用材料及规格组合编制的，若与设计规定的不同，可以换算，人工费不变。但二级或三级以上的造型天棚，套用其面层定额时，面层人工费乘以系数1.3。

顶棚装饰工程项目已经包括了3.6m以下简易脚手架的搭设及拆除。

3.4.1.2 计算规则

1. 平面、跌级顶棚

(1) 顶棚龙骨。顶棚木龙骨工程量按不同龙骨的搁置或吊设方法、龙骨层数、面层规格划分，金属龙骨工程量按是否上人、面层规格、平面或跌级划分，格栅龙骨的工程量按不同龙骨材质和间距划分，其工程量均以顶棚龙骨的外围面积计算。

弧形轻钢、铝合金方板顶棚龙骨工程量，按是否上人，以顶棚龙骨的外围面积计算。

铝合金条板顶棚龙骨的工程量，要区别中型或轻型，按条板顶棚龙骨的外围面积计算。

(2) 顶棚基层工程量。按不同的基层材料厚度，以基层的展开面积计算。

(3) 顶棚面层工程量。按不同的面层材料、安装位置、面层形式、接缝等，以主墙间实钉（胶）面积计算，不扣除间壁墙、检查口、附墙烟囱、垛和管道所占面积，但应扣除 $0.3m^2$ 以上的孔洞、独立柱、灯槽以及与顶棚相连的窗帘盒所占的面积。

(4) 顶棚灯槽工程量。按不同形式、面板材料，以悬挑式灯槽的长度计算。附加式顶棚灯槽的工程量，按其长度计算。

2. 艺术造型顶棚

(1) 顶棚龙骨。方木顶棚龙骨工程量，按不同顶棚形式，以方木龙骨的外围面积计算。藻井式、吊挂式、阶梯形以及锯齿形顶棚轻钢龙骨的工程量，均按不同顶棚形式，以顶棚轻钢龙骨的外围面积计算。

(2) 顶棚基层。藻井式、吊挂式、阶梯形以及锯齿形顶棚基层的工程量，均按不同顶棚形式、基层板材料，以顶棚基层的展开面积计算。

(3) 顶棚面层。藻井式、吊挂式、阶梯形以及锯齿形顶棚面层的工程量，均按不同顶棚形式、面层板材料，以顶棚面层的展开面积计算。不扣除间壁墙、检查口、附墙烟囱、垛和管道所占面积，但应扣除 $0.3m^2$ 以上的孔洞、独立柱、灯槽以及与顶棚相连的窗帘盒所占面积。

3. 其他顶棚（龙骨和面层）

复合式烤漆 T 形龙骨顶棚、矿棉吸声板 H 形轻钢龙骨顶棚工程量，均按主墙间净空面积计算，不扣除间壁墙、检查洞、附墙烟囱、柱、垛和管道所占面积。

铝合金格栅吊顶顶棚工程量，按不同铝格栅规格，以主墙间净空面积计算。

实木格栅、胶合板格栅顶棚工程量，按不同井格规格，以主墙间净空面积计算。

藤条造型悬挂吊顶、雨篷底部吊铝骨架铝条顶棚工程量，均按主墙间净空面积计算。

钢网架顶棚、不锈钢钢管网架顶棚、织物软吊顶的工程量，均按主墙间净空面积计算。

玻璃采光顶棚工程量，按不同玻璃品种、骨架材料，以玻璃采光顶棚的净面积计算。

4. 其他

顶棚板面上铺放吸声材料工程量，按不同吸声材料、铺放厚度，以吸声材料实铺面积计算。

嵌石膏板缝工程量，按嵌缝的长度计算。送（回）风口安装工程量，按不同送（回）风口材料、送风口或回风口，以送（回）风口安装的个数计算。

3.4.2 墙柱面装饰工程

3.4.2.1 基本内容

墙柱面工程包括一般抹灰、装饰抹灰、镶贴块料面层及墙柱面装饰等内容。

一般抹灰指使用石灰砂浆、水泥砂浆、混合砂浆和其他砂浆的内、柱面粉刷，根据抹灰材料、抹灰部位、抹灰遍数和基层等分项。

装饰性抹灰和镶贴块料按面层材料、基层、粘贴材料等分项。

墙柱面装饰适用于隔墙、隔断、墙柱面的龙骨、面层、饰面、木作等工程。

墙柱面装饰内容包括单列的龙骨基层和面层，综合龙骨及饰面的墙柱装饰项目。龙骨材料有木龙骨、轻钢龙骨、铝合金龙骨等。

墙柱面抹灰和各项装饰项目均包括了 3.6m 以下简易脚手架的搭设，一些独立承包的墙面“二次装修”，如果施工高度在 3.6m 以下时，不应再计脚手架。

3.4.2.2 计算规则

1. 内墙面一般抹灰

无墙裙的，其高度按室内地面或楼面至天棚底面之间的垂直距离计算。有墙裙的，其高度按墙裙顶至天棚底面之间的垂直距离计算。

有吊顶的天棚，其高度按室内地面或楼面至天棚底面的垂直距离另加100mm计算。

内墙抹灰面积，应扣除门窗及空圈所占面积，不扣除踢脚板、0.3m^2以内的孔洞和墙与构件交接处的面积。洞口侧壁和顶面亦不增加，墙垛和附墙烟囱侧壁面积并入内墙抹灰工程量。

窗台线、门窗套、腰线等展开宽度在300mm以内者，按装饰线以延长米计算。

2. 装饰抹灰

装饰抹灰工程量，按不同抹灰浆料、抹灰物面、抹灰层厚度，以装饰抹灰的面积计算。

柱面装饰抹灰面积按柱结构断面周长乘以柱高计算。

零星项目（腰线、窗台线、门窗套、扶手等）装饰抹灰面积，按其展开面积计算。

装饰抹灰分格嵌缝工程量，要区别分格或玻璃嵌缝，按对应的装饰抹灰面积计算。

3. 镶贴块料面层

干挂、挂贴大理石、花岗岩的工程量，按不同材质墙柱面，以干挂和挂贴的面积计算。

粘贴大理石、花岗岩的工程量，按不同粘贴材料、墙面材质，以粘贴大理石、花岗岩的面积计算。拼碎大理石、花岗岩的工程量，按不同材质墙柱面，以拼碎大理石、花岗岩的面积计算。

大理石、花岗岩包圆柱饰面工程量，区别包圆柱或方柱包圆柱，以大理石、花岗岩饰面的面积计算。

钢骨架上干挂石板工程量，按不同石材、挂设面以干挂石板的面积计算。钢骨架及不锈钢骨架工程量，均按其质量计算。

零星项目工程量，如镶贴圆柱腰线、阴角线、柱墩、柱帽等，均按其镶贴长度计算。

凹凸假麻石块镶贴工程量，按不同粘贴材料、镶贴物面，以镶贴的面积计算。

文化石、瓷板、陶瓷锦砖、玻璃陶瓷锦砖镶贴工程量，按不同粘贴材料、镶贴物面，以镶贴的面积计算。

全瓷墙面砖、面砖镶贴工程量，按不同面砖规格、粘贴材料、灰缝宽度，以面砖镶贴的面积计算。

4. 墙、柱面装饰

金属龙骨基层工程量，按不同龙骨材料、龙骨中距，以金属龙骨基层的外围面积计算。石膏龙骨基层与金属龙骨基层的工程量计算方法相同。

胶合板基层（按不同厚度）、玻璃棉毡隔离层、石膏板基层、细木工板基层、油毡隔离层工程量，均按其铺钉面积计算。

面层铺设工程量，按不同面层材料、墙柱面、基层材质，以面层铺设的面积计算。

不锈钢柱嵌防弹玻璃、铝合金玻璃隔断、铝合金板条隔断工程量，均按其单面净面积计算。

塑钢隔断工程量，应区别全玻、半玻、全塑钢板，按塑钢隔断单面净面积计算。

玻璃砖隔断工程量，应区别分格嵌缝、全砖，按玻璃砖隔断的单面净面积计算。

花式木隔断工程量，应区别直栅镂空、井格尺寸，按花式木隔断单面净面积计算。

浴厕隔断工程量，按不同隔断材质，以浴厕隔断单面净面积计算。

包圆柱、包方柱工程量，按不同衬里材质、面板材质，以包面板的面积计算。

圆、方柱包铜工程量，按不同龙骨材质，以包铜板的面积计算。圆、方柱镶条工程量，按不同夹板材质、镶条材质，以包夹板的面积计算。

5. 幕墙

玻璃幕墙工程量，应区别全隐框、半隐框、明框，按玻璃幕墙的框外围面积计算。

铝板幕墙工程量，应区别铝塑板、铝单板，按铝板幕墙的外围面积计算。

全玻璃幕墙工程量，应区别挂式、点式，按全玻璃幕墙的外围面积计算。

3.4.3 楼地面装饰工程

3.4.3.1 基本内容

楼地面是楼面和地面的总称，是构成楼地层的组成部分。一般来说，地层（又称地坪）主要由垫层、找平层和面层所组成，构成地层的项目都能在楼地面工程项目中找到。楼层主要由结构层、找平层、保温隔热层和面层组成。

楼地面工程包括天然石材、人造石材、水磨石、地砖（镭射玻璃地砖、陶瓷地砖、缸砖、玻璃地砖、幻影玻璃地砖和水泥花砖或郊区砖）、塑料地板、地毯、竹木地板、防静电地板等内容。

3.4.3.2 计算规则

(1) 垫层按室内房间净面积乘以厚度以立方米计算。应扣除沟道、设备基础等所占的体积；不扣除柱垛、间壁墙和附墙烟囱、风道及面积在 $0.3m^2$ 以内孔洞所占体积，但门洞口、暖气槽和壁笼的开口部分所占的垫层体积也不增加。

(2) 找平层、整体面层按房间净面积以平方米计算，不扣除墙垛、柱、间壁墙及面积在 $0.3m^2$ 以内孔洞所占面积，但门洞口、暖气槽的面积也不增加。地龚墙上的找平层按地垄墙长度乘以地垄墙宽度以 m^2 计算。

(3) 块料面层、木地板、活动地板，按图示尺寸以 m^2 计算，不扣除 $0.3m^2$ 以内的孔洞所占面积。拼花部分按实际面积计算。点缀（镶拼面积小于 $0.015m^2$）工程量，按点缀个数计算。在计算主体铺贴地面面积时，不扣除点缀所占面积。

(4) 塑胶地面、塑胶球场按图示尺寸以 m^2 计算。

(5) 铝合金道牙按图示尺寸以 m 计算。

(6) 楼梯工程量，按不同楼梯所用材料、铺贴材料，以楼梯的水平投影面积计算（包括踏步、休息平台以及小于 500mm 宽的楼梯井）。若超过 500mm 宽的楼梯井，应扣除其面积。

(7) 台阶工程量，按不同台阶所用面层材料、铺贴材料，以台阶水平投影面积计算（包括踏步及上一层踏步沿 300mm）。弧形台阶工程量，按不同台阶所用材料，以台阶水平投影面积计算。

(8) 块料踢脚、木踢脚按图示长度以 m 计算。

(9) 零星项目。按不同面层材料、铺贴材料，以实铺面积计算。零星项目是指楼梯侧面、台阶的牵边、小便池、蹲台、池槽，以及面积在 $1m^2$ 以内镶贴面层。

(10) 石材养护。石材底面刷养护液工程量，按不同石材及其表面光平程度、颜色深浅，以石材底面面积加 4 个侧面面积计算。石材表面刷保护液工程量，按保护液涂刷的表面面积计算。

(11) 地毯及附件。楼地面满铺地毯的工程量，按不同的地毯材质、地毯固定与否、带垫与否，以地毯的铺设面积计算。不满铺地毯按实铺地毯的展开面积计算。

楼梯地毯压棍的工程量，按不同压棍材质，以安装的套数计算。楼梯地毯压板的工程量，按不同压板材质，以安装的长度计算。

(12) 分隔嵌条、防滑条。楼地面嵌金属分隔条工程量，按不同楼地面材质、嵌条规格，以嵌分隔条的长度计算。

楼梯、台阶踏步防滑条工程量，按不同防滑条的材质、规格，以防滑条的长度计算。

酸洗打蜡工程量，根据不同酸洗打蜡的物体表面，以酸洗打蜡的面积计算。

(13) 栏杆、栏板及扶手。栏杆、栏板的工程量，按不同栏杆和栏板的材质、规格、栏杆形式、栏板形状，以栏杆、栏板的中心线长度计算。

扶手（含靠墙扶手）工程量，按不同扶手的材质、规格、形状，以扶手的中心线长度计算，不扣除弯头所占长度。

弯头工程量，按不同弯头材质、规格、形状，以弯头的个数计算。

3.4.4 门窗装饰工程

3.4.4.1 基本内容

(1) 普通木门。分为镶板、胶合板、半截玻璃、自由门和连窗门 5 类；每一类又按带纱或不带纱、单扇或双扇、带亮或不带亮等来划分，将门框制作、门框安装、门扇制作、门扇安装分别列项，即可单独计算又可合并计算。

(2) 普通木窗。分单层玻璃窗、一玻一纱窗、双层玻璃窗、双层带纱窗、百叶窗、天窗、推拉传递窗、圆形玻璃窗、半圆形玻璃窗、门窗扇包镀锌铁皮、门窗框包镀锌铁皮等11个部分。每一部分又按单扇无亮，双扇、三扇和四扇带亮、带木百叶片等分别列项。

(3) 厂库房大门、特种门。分木板、平推拉钢木大门、防火门、保温门、折叠门等9种。按平开或推拉、带采光窗或不带采光窗、一面板或二面板（防风型和防严寒）、保温层厚100mm或150mm、实拼式或框架式等方法划分；将门扇制作和门扇安装、门樘制作安装和衬石棉板（单、双）、不衬石棉板分别列项。

(4) 铝合金门窗制作、安装。分为单扇、双扇、四扇、全玻的地弹门，以及单扇平开门、单扇平开窗、推拉窗、固定窗、不锈钢片包门框等9种，每一种又按无上亮或带上亮、无侧亮或带侧亮或带顶窗等方法划分项目，铝合金、不锈钢门窗安装分为地弹门、不锈钢地弹门、平开门、推拉窗、固定窗、平开窗、防盗窗、百叶窗、卷闸门9种。

铝合金踢脚板及门锁安装分为门扇铝合金踢脚板安装和门扇安装等3个项目。

3.4.4.2 计算规则

1. 装饰木门框、门扇制作安装

实木门框制作安装工程量，按门框各组成部件的总长计算；实木镶板门扇、实木镶板半玻门扇、实木全玻门扇制作安装工程量，均按门扇外围面积计算。

装饰板门制作工程量，区分木骨架、基层、装饰面层，以门扇外围面积计算；安装工程量，按门扇安装的扇数计算。

门扇双面包不锈钢板工程量，按门扇单面外围面积计算。

2. 金属门窗制作安装

铝合金门窗制作、安装工程量，按不同门窗类型、门窗扇数、有无亮子，以门窗洞口面积计算。纱扇制作安装工程量，按纱扇外围面积计算。

防火门、防盗门、不锈钢防盗窗、不锈钢格栅门安装工程量，均按框外围面积计算。防火卷帘门安装工程量，按从地面至端板顶点的长度乘以设计宽度计算。

不锈钢电动伸缩门、全玻转门、电子感应自动玻璃门制作安装工程量，按自动门制作的樘数计算。

铝合金门窗（成品）、彩板组角钢门窗安装工程量，按不同类型，以门窗洞口面积计算。

铝合金卷闸门安装工程量，按其安装的高度乘以门的实际宽度计算。安装高度以滚筒顶点为准，带卷筒罩的按展开面积增加。在卷闸门安装工程量中不扣除小门面积。

不锈钢板包门框安装工程量，按不同龙骨材质，以包门框的不锈钢板展开面积计算。无框全玻门、固定无框玻璃窗安装工程量，按门窗洞口面积计算。

电动装置安装工程量，按电动装置安装的套数计算。

小门安装工程量，按小门安装的个数计算。

3. 塑钢门窗安装

塑钢门窗安装工程量，按是否带亮、是否带纱，以门窗洞口面积计算。

4. 门窗附件

滑动门轨工程量，按门轨的长度计算；窗帘轨道工程量，按不同窗帘轨道材质，以长度计算。

闭门器安装工程量，要区别明装或暗装，以安装的“副”数计算。

执手杆锁、执手锁、地锁、门轧头、防盗门扣、门眼、门碰珠、高档门拉手、电子锁安装工程量，均按其安装只（副、把）数计算。

3.4.5　木结构装饰工程

3.4.5.1　基本内容

室内装饰工程中常见的木结构工程项目有木楼梯、木柱、木梁分为木楼梯、圆木柱、方木柱、圆木梁、方木梁等5个项目。门窗木贴脸、披水板、盖口条、明式暖气罩、木隔板、木格踏板共6个项目。

3.4.5.2　计算规则

1. 门窗套和门窗贴脸

门窗套安装工程量，按是否带木筋，以门窗套的展开面积计算；不锈钢窗套安装工程量，按展开面积计算；大理石花岗石门套（成品）工程量，按展开面积计算。

门窗贴脸工程量，按不同贴脸宽度，以长度计算。

2. 门窗筒子板和窗帘盒

门窗筒子板安装工程量，按不同木质、是否带木筋，以展开面积计算。

窗帘盒安装工程量，按不同窗帘盒的材质，以窗帘盒的长度计算。

3. 窗台板

窗台板安装工程量，按不同窗台板材质，以窗台板的实铺面积计算。

3.4.6　油漆、涂料、裱糊装饰工程

3.4.6.1　基本内容

油漆工程按不同基层、漆种、刷漆部位，分为木质表面、金属表面和抹灰面的油漆。

涂料工程按涂刷和装饰部位分项，有木质表面、金属面、抹灰面的喷（刷）涂料和喷塑等。

裱糊工程有天棚面、墙面、梁柱面的墙纸、金属墙纸、织锦缎等的裱糊。

3.4.6.2　计算规则

1. 油漆

（1）木质表面油漆。油漆面积：顶棚、墙裙、窗台板、筒子板、门窗套、踢脚线、暖气罩等均按其外围面积计算；间壁、隔断、玻璃间壁露明墙筋、栅栏样杆（带扶手）均按其单面外围面积计算，衣柜、壁柜、零星木装修、梁柱饰面均按其实刷展开面积计算。

木门窗油漆工程量：按不同木门类型、漆种和工序以及遍数，以木门窗洞口单面面积乘以木门工程量系数计算（执行单层木门窗定额）。常见木门窗工程量系数见表3-3和表3-4。

表3-3　木门工程量系数

项目	单层木门	双层（一玻一纱）	双层（单裁口）	单层全玻	单层半玻	木百叶、木格门	厂库大门
系数	1.00	1.36	2.00	0.83	0.91	1.25	1.10

注　双层（单裁口）木门是指双层框厨。

表3-4　木窗工程量系数

项目	单层玻璃	双层（一玻一纱）	双层框扇（单裁口）	双层框三层（二玻一纱）	单层组合	双层组合	木百叶
系数	1.00	1.36	2.00	2.60	0.83	1.13	1.50

木扶手、窗帘盒、挂衣板、单独木线条、挂镜线等油漆工程量：按不同类型、漆种和工序以及遍数，以其长度乘以木扶手工程量系数计算[执行木扶手（不带托板）定额]。木扶手工程量系数见表3-5。

表3-5　木扶手工程量系数

项目	木扶手		窗帘盒	挂衣板	挂镜线	单独木线条	
	不带托板	带托板				100mm以外	100mm以内
系数	1.00	2.60	2.04	0.52	0.35	0.52	0.35

其他木材面油漆工程量：按不同类型、漆种和工序以及遍数，以其油漆计算面积乘以其他木材面工程量系数计算（执行其他木材面定额）。常见其他木材面工程量系数见表3-6。

表3-6　其他木材面工程量系数

项　目	其他木材面工程量系数	计　算　方　法
木板、纤维板、胶合板顶棚	1.00	按实际面积
窗台板、筒子板	0.82	
木方格吊顶顶棚	1.20	
吸音板墙面、顶棚面	0.87	
暖气罩	1.28	
鱼鳞板墙	2.48	
木间壁、木隔断	1.90	按单面外围面积
玻璃间壁露明墙筋	1.65	
木栅栏、木栏杆（带扶手）	1.82	
木制家具	1.00	按实际面积或延长米
零星木装修	0.87	按展开面积

竹木地板油漆工程量：按不同漆种、遍数、工序，以木地板油漆实刷面积计算。

（2）金属面油漆。金属面油漆工程量，按不同漆种、遍数，以金属构件的重量计算。

顶棚金属龙骨刷防火涂料工程量，按不同龙骨间距，以涂刷的面积计算。

（3）抹灰面油漆。油漆面积计算：楼地面、顶棚、墙、柱、梁面刷油漆，按油漆展开面积计算。混凝土花格窗、栏杆花饰刷油漆，按其单面外围面积计算。

工程量计算：抹灰面刷油漆工程量，按不同油漆品种、油漆遍数、油漆部位、施工方法，以油漆计算面积乘以抹灰面工程量系数计算。常见抹灰面工程量系数见表3-7。

表3-7　抹灰面工程量系数

项　目	抹灰面工程量系数	计　算　方　法
楼地面、顶棚、墙、柱梁面	1.00	按水平投影面积
混凝土楼梯底（板式）	1.18	
混凝土楼梯底（梁式）	1.42	
混凝土花格窗、栏杆花饰	2.00	按外围面积

2. 涂料、裱糊

喷塑工程量：按不同压花、喷点，以喷塑计算面积乘以抹灰面工程量系数计算。

喷（刷）刮涂料工程量：按不同涂料品种、喷（刷）刮遍数、喷（刷）刮物面，以涂料计算面积乘以抹灰面工程量系数计算。

裱糊工程量：按不同裱糊材料、基面、是否对花，以裱糊计算面积乘以抹灰面工程量系数计算。

涂料、裱糊面积的计算方法与抹灰面油漆计算面积的计算方法相同。

3.4.7　装饰陈设工程

3.4.7.1　基本内容

包括家具、装饰画、挂画、绿色植物和盆栽等。

3.4.7.2　计算规则

1. 家具

活动的家具按台或套计算；嵌入式木壁柜、附墙矮柜、隔断木衣柜、附墙书柜、附墙衣柜、附墙酒柜以及货架工程量，均按柜的正立面高度（包括脚的高度）乘以宽度计算。

厨房矮橱工程量，按不同台面材质，以矮橱的正立面高度乘以宽度计算；吊橱、壁橱工程量，均按其正立面高度乘以宽度计算。

酒吧台、酒吧吊柜、吧台背柜工程量，均按其长度计算；吧台大理石台板工程量，按大理石台板面积计算。

展台工程量，按其长度计算。试衣间工程量，按其个数计算。

不锈钢骨架、木骨架柜台工程量，按不同型号，以柜台的长度计算。

收银台工程量，按不同形式，以收银台的个数计算。

2. 装饰画

挂画的工程量一般以幅面尺寸的大小按面积或以“幅”计算；固定在墙上的装饰画的工程量按实际所占的面积计算。

3. 植物

盆栽的植物和盆景以盆计算；线状的装饰植物的工程量，按植物的种类不同和难易程度，以长度 m 计算；室内绿化带和组景的绿色植物的工程量一般按面积计算。

3.4.8 其他装饰工程

3.4.8.1 基本内容

内容包括招牌、美术字安装、灯箱制作、压条和装饰线条、暖气罩、镜面玻璃以及拆除清理等装饰工程。

3.4.8.2 计算规则

1. 招牌、灯箱安装

(1) 骨架。平面招牌基层工程量，按不同结构材料、造型或制作安装的工艺复杂程度，以招牌基层正立面面积计算。

箱式、竖式标箱招牌基层工程量，按不同箱体厚度、形状，以基层的外围面积计算。突出箱外的灯饰、店徽及其他艺术装潢等另行计算。

沿雨篷、檐口或阳台走向的立式招牌基层，按平面招牌复杂造型执行，按展开面积计算。

广告牌钢骨架工程量，按钢骨架的重量计算。

(2) 面层。招牌、灯箱面层工程量，按不同面层材料，以面层的展开面积计算。

2. 美术字安装

其工程量，按不同美术字材质、最大外围面积、安装墙面材质，以安装的个数计算。

3. 压条、装饰线条

金属、木质装饰条安装工程量，按不同的装饰条材料和宽度，以装饰条安装长度计算。

石材装饰线安装工程量，按不同的宽度、安装方法，以安装的长度计算；现场磨边工程量，按不同边线形状，以石材装饰线磨边的长度计算。

石膏条（含顶角线）、铝塑线条、镜面玻璃条安装工程量，均按其安装的长度计算。

石膏艺术浮雕安装工程量，要区别角花或灯盘，以安装的只数计算。

4. 暖气罩

其工程量，按不同面板材质、暖气罩形式，以暖气罩边框外围尺寸垂直投影面积计算（包括脚的高度）。

5. 镜面玻璃

其工程量，按不同镜面玻璃面积，带框与否，以镜面玻璃的正立面面积计算。

6. 拆除清理

顶棚、墙面（含间壁墙）拆除工程量，按不同龙骨材质、面层材质，以拆除的面积计算。

楼地面拆除工程量，按不同楼地面面层材料，以楼地面拆除的面积计算。门窗拆除工程量，按不同门窗材质，以门窗拆除的面积计算。窗台板、门窗套、窗帘盒（带轨）拆除工程量，均按其拆除的长度计算。

木地板拆除工程量，按是否带龙骨，以木地板拆除的面积计算。木楼梯拆除工程量，按木楼梯水平投影面积计算。扶手及栏杆拆除工程量，按不同栏杆材质，以拆除的长度计算。

顶棚、墙面铲灰壳工程量，按不同面层材质，以铲灰壳的面积计算。

清除油皮工程量，按不同油皮所在物面，以清除油皮的面积计算。

封洞工程量，按不同封洞材料，以封洞的面积计算。凿槽工程量，按凿槽的长度计算。

垃圾外运工程量，按不同运输距离，以垃圾外运的体积计算。

7. 其他

毛巾环、卫生纸盒、肥皂盒工程量，按其固定的只数计算。毛巾杆、金属帘子杆、浴缸拉手安装工程量，按其固定的副数计算。

大理石洗漱台安装工程量，按不同台面面积，以台面的水平投影面积计算。不扣除孔洞面积。

不锈钢旗杆安装工程量，按旗杆的重量计算。

3.4.9 脚手架工程

3.4.9.1 基本内容

脚手架工程包括内外墙面粉饰的脚手架、顶棚的满堂脚手架以及其他项目的成品保护工程。

3.4.9.2 计算规则

1. 脚手架

满堂脚手架工程量，按实际搭设的水平投影面积计算，不扣除附墙垛、柱所占的面积。其基本层高以 3.6～5.2m 为准。凡超过 3.6m 且在 5.2m 以内的顶棚抹灰及装饰装修，应计算脚手架基本层；层高超过 5.2m，每增加 1.2m 计算一个增加层，增加层的层数：（层高－5.2）m÷1.2m，按四舍五入取整数。

封闭式安全脚手架工程量，按实际封闭的垂直投影面积计算；安全过道的脚手架工程量，按实际搭设的水平投影面积（架宽乘架长）计算；斜挑式安全脚手架工程量，按实际搭设的斜面面积计算。

满挂安全网工程量，按实际满挂的垂直投影面积计算。

2. 成品保护

内墙面保护工程量，按内墙面面积计算；独立柱保护工程量，按独立柱外周面积计算。

楼地面保护工程量，按楼地面的面积计算；楼梯、台阶保护工程量，按楼梯、台阶的水平投影面积计算。

本章小结

工程量是指以物理计量单位或自然计量单位所表示的各个具体分项工程和构配件的实物量，计量单位必须与定额规定的计量单位一致。因此，室内装饰工程分部分项工程量是衡量室内装饰工程项目的量，是计算室内装饰工程造价的依据。工程量的计算原则关系到室内装饰工程造价的准确性、科学性。

思考题

1. 什么叫工程量？工程量的单位有哪些？
2. 工程量计算意义和注意事项有哪些？
3. 为什么要计算建筑面积？
4. 工程量的基本内容和计算规则有哪些？

【推荐阅读书目】

[1] 中华人民共和国建设部．《建设工程工程量清单计价规范》（GB 50500—2003）[M]．北京：中国计划出版社，2003.

[2] 福建省建委．福建省建筑装饰工程预算定额（2001）．北京：中国计划出版社，2001.

[3] 朱志杰．2008 版建筑装饰工程参考定额与报价 [M]．北京：中国计划出版社，2008.

[4] 张秋梅．室内装饰工程管理及概预算［M］．北京：中国林业出版社，2006.
[5] 翟丽旻．建筑与装饰装修工程工程量清单［M］．北京：北京大学出版社，2010.
[6] 李宏扬．建筑与装饰工程量清单计价——识图、工程量计算与定额应用［M］．北京：中国建材工业出版社，2010.

【相关链接】

1. 中国工程预算网（http：//www. yusuan. com）
2. 建设部中国工程信息网（http：//www. cein. gov. cn）

第4章

装饰工程预算费用

【本章重点与难点】

1. 装饰工程的费用组成（重点）。
2. 工程预算定额项目的选套。
3. 工程预算定额的换算与应用（难点）。
4. 施工图预算书的组成内容与编制方法（重点）。

建筑装饰装修工程与建筑工程一样，都需要投入大量人力、材料、机械和资金，即包含各种材料、机械使用的转移消耗价值，又包含工人在施工中新创造的价值，这些价值都应该在工程费用中体现出来。

4.1 装饰工程费用的构成

装饰工程费用包含的项目繁多，计算复杂。由于装饰工程及生产的技术经济特点，使得装饰工程的费用构成、费用计算基础和取费标准等，必须按工程类别、标准、等级、地区、企业级别等不同而变化，而且装饰工程费用要随着时间的推移及生产力和科学技术水平的提高，其费用构成、取费标准等也将发生变化，以便适应相应时期装饰工程产品的价值变化。

4.1.1 装饰工程费用的组成内容

目前装饰工程的预算费用有三种组合：①由直接费、间接费（管理费）、利润和税金四部分组成，见表4－1；②由工程费、公共综合费（施工服务费）和税金三部分组成，见表4－2；③由工程费、企业管理费、利润和税金四部分组成，见表4－3。此三种费用组合，其计算结果差不多，只是归纳费用项目和表现方式不同，选用哪种方式计价，应根据所在地区规定或甲方（业主）的要求而定，如上海市装饰工程费用改革之后，其工程费用组成内容发生了重大调整，详细内容，见4.1.3小节。

4.1.2 装饰工程各项费用包含的内容

1. 基本直接费

基本直接费是指直接消耗在装饰工程施工中并能形成工程实体的人工、材料、机械使用费的总称。其中人工费、材料费、机械使用费均可由装饰工程预算定额（或地区单位估价表）直接计算得出，故也称为定额直接费。

装饰工程直接费用一般根据设计图纸、装饰工程预算定额基价或地区单位估价表，按装饰工程分项工程计算。将各分项工程的定额直接费汇总，再加上其他直接费，即得到装饰工程直接费。可用下式表示：

$$基本(定额)直接费=\sum(分项工程工程量\times 相应预算基价)$$

表 4-1　　装饰工程的费用组成内容（一）

装饰工程费用组成	工程直接费	（一）基本直接费（定额直接费）	人工费	基本工资	工程预算成本
				工资性补贴	
				生产工人辅助工资	
				职工福利费	
				生产工人劳动保护费	
			材料费		
			施工机械使用费		
		（二）其他直接费	冬雨季施工增加费		
			夜间施工增加费		
			材料设备二次搬运费		
			仪器仪表使用费		
			生产工具用具使用费		
			检验实验费		
			特殊工种培训费		
			工程定位复测、工程点交场地清理等费用		
			特殊地区施工增加费		
		（三）现场经费	临时设施费		
			现场管理费		
	间接费	（一）企业管理费	（1）管理人员的基本工资；（2）差旅交通费；（3）办公费；（4）固定资产折旧费；（5）工具用具使用费；（6）工会经费；（7）职工教育经费；（8）劳动保险费；（9）职工养老保险费及待业保险费；（10）保险费；（11）税金；（12）其他		开办费
		（二）财务费			
		（三）其他费			
	利润				利润
	税金	（1）营业税；（2）城市建设维护税；（3）教育费附加			税金

注　《建设工程工程量清单计价规范》（GB 50500—2003）规定，分部分项工程量清单综合单价的组成包括人工费、材料费、机械使用费、管理费和利润。将装饰工程直接费、间接费（管理费）和利润综合在一起为综合单价。具体如何预算报价目前尚无统一规定和做法，根据各地区定额单价（基价）说明办理。

表 4-2　　装饰工程的费用组成内容（二）

内容和做法				依据
图纸工程量计算				依据政府统一规定工程量计算原则
装饰工程费用组成	工程费	（1）人工费		依据政府统一规定预算定额或参考定额单价及企业自己制定的定额单价
		（2）材料费		
		（3）机械费		依据公司自身管理水平确定
		（4）施工管理费	归纳为费用（包括各项规费）及利润，施工管理费包括公司上级管理费和项目地盘管理费	
		（5）利润		
		（6）其他		
	公共综合费或施工服务费	（1）履约担保手续费		依据公司自身管理水平确定
		（2）工程保险费		
		（3）工程临时设施费		
		（4）脚手架工程费		
		（5）施工机械使用费		
		（6）施工组织措施费		
		（7）施工垃圾外运清洁费		
		（8）其他		
		1）预算（报价）编制费		
		2）定额外行政收费		
		3）不可预见费		
		4）风险包干费		
		5）其他		
	税金	（1）营业税；（2）城市建设维护税；（3）教育费附加		依据政府规定的统一取费标准

表 4-3　　装饰工程的费用组成内容（三）

<table>
<tr><td rowspan="9">装饰工程费用组成</td><td rowspan="4">工程费</td><td>直接费
（定额单价直接费）</td><td>人工费
材料费
机械费</td><td rowspan="2">工程成本费</td></tr>
<tr><td>其他直接费</td><td>其他直接费</td></tr>
<tr><td rowspan="2">现场管理费</td><td>临时设施费</td><td rowspan="4">开办费</td></tr>
<tr><td>现场管理费</td></tr>
<tr><td>企业管理费</td><td>企业管理费</td><td>企业管理费</td></tr>
<tr><td>利润</td><td>利润</td><td>利润</td></tr>
<tr><td rowspan="3">税金</td><td rowspan="3">税金</td><td>营业税</td><td rowspan="3">税金</td></tr>
<tr><td>城市建设维护税</td></tr>
<tr><td>教育费附加</td></tr>
</table>

（1）人工费。人工费是指从事室内装饰工程施工的工人（包括现场运输等辅助工人）和附属生产工人的基本工资、附加工资、工资性津贴、辅助工资和劳动保护费。

人工费＝∑[分项工程工程量×相应预算定额基价中的人工费（或地区单位估价表中的人工费）]

（2）材料费。材料费是指完成室内装饰工程所消耗的材料、零件、成品和半成品的费用，以及周转性材料的摊销费累加总和。

材料费＝∑[分项工程工程量×相应预算定额基价中的材料费（或地区单位估价表中的人工费）]

（3）机械使用费。机械使用费是指室内装饰工程施工中所使用各种机械费用的总和。

机械使用费＝∑[分项工程工程量×相应预算定额基价中机械使用费（或地区单位估价表中的机械使用费）]

2. 临时设施费

临时设施费是指施工企业为进行室内装饰工程所必需的生活和生产用的临时建筑物、构筑物和其他临时设施费用等。临时设施包括：临时宿舍、文化福利及公用事业房屋与构筑物，现场必需的仓库、加工厂、操作台等；现场以内的临时围墙、水、电力管线及其他动力管线等设施。

3. 现场管理费

现场管理费是指施工企业为完成室内装饰工程施工，花费在室内装饰施工项目现场的各项费用等。主要包括：现场管理人员的工资费、办公费、差旅交通费、固定资产和工具用具使用费、保险费、排污费等。其中，固定资产使用费是指现场管理及试验部门使用的属于固定资产的设备、仪器等的折旧、大修理、维修费和租赁费等；工具用具使用费是指现场管理使用的工具、器具、家具、交通工具和检验、试验、测绘、消防用具等购置、维修和摊销费等；保险费是指施工管理用的财产、车辆保险费用；排污费是指施工现场按规定缴纳的排污费用。

4. 企业管理费

企业管理费是指装饰施工企业为组织施工所发生的管理费用，具体包括：管理人员的工资、差旅费、交通工具费、办公费、固定资产折旧与修理费、工具用具使用费、工会和职工教育的经费、劳动保险费、待业保险费、工程定额的编制管理与测定费以及其他费用等。其中具体内容包括以下几项。

（1）交通工具费，是指油料、燃料、养路费、牌照费等。

（2）固定资产折旧、修理费，指企业属于固定资产的房屋、设备、仪器等的折旧及维修费用。

（3）工具用具使用费，指企业管理使用的不属于固定资产的工具、用具、家具、交通工具和检验、试验、消防用具等的维修和摊销费用。

(4) 工会和职工教育的经费，分别按职工工资总额的2%、1.5%计提的工会和职工教育的费用。

(5) 待业保险费，指企业按规定缴纳的待业保险基金。

(6) 工程定额编制管理、定额测定费，指按规定支付工程造价（定额）管理部门的定额编制管理费及劳动管理部门的定额测定费。

(7) 其他费用，包括技术开发费、业务招待费、排污费、广告费、公证费、法律顾问费、审计费、咨询费、合同审查及按规定支付的上级管理费用等。

5. 财务费

财务费是指企业为筹集资金而发生的各项费用。包括企业经营期间发生的利息净支出、汇兑净损失、调剂外汇手续费、金融机构手续费，以及企业筹集资金发生的其他财务费用。

6. 施工组织措施费

装饰工程施工组织措施费是指装饰施工企业为组织装饰工程顺利施工而支出的材料二次搬运费、工程远征费和缩短工期措施费。

(1) 材料二次搬运费。根据现场总面积与室内装饰工程首层建筑面积的比例，以预算基价中材料费合计为基数乘以相应的二次搬运费费率计算，见表4-4。

表4-4　材料二次搬运费率表

序号	施工现场总面积与装饰工程首层建筑面积之比	费率(%)
1	>4.5	0
2	3.5～4.5	1.3
3	2.5～3.5	2.2
4	1.5～2.5	3.1
5	<1.5	4

表4-5　工程远征费率

序号	法人办公地点至工地距离	费率(%)
1	25km以外至45km	2.4
2	45km以外至75km	2.9
3	75km以外	3.4

注　外地企业及包工不包料工程不计算本项费用。

(2) 工程远征费。根据承包企业法定代表人办公地点至所承包工程的地点距离，以预算基价合计为基数乘以工程的远征费费率计算工程远征费。距离为25km以内（含25km）者，不得计算，如表4-5所示。

(3) 缩短工期措施费。当合同工期小于定额工期规定时，应计算因缩短工期所发生的费用。

1) 夜间施工费。根据合同工期与定额工期的比例，以预算基价中的人工费合计为基数乘以相应夜间施工费费率计算夜间施工费，见表4-6。

表4-6　夜间施工费费率

序号	合同工期与定额工期之比	费率(%)
1	0.9～1.0	1.5
2	0.8～0.9	4.5
3	0.7～0.8	7.5

表4-7　增加的场外运费费率

序号	合同工期/定额工期	费率(%)
1	0.9～1.0	0.06
2	0.8～0.9	0.18
3	0.7～0.8	0.30

2) 场外运费。因周转材料及中小型机具一次性投入量大而增加场外运费。根据合同工期与定额工期比例，以预算基价合计为基数乘以表4-7所列系数计算所增加的场外运费。

7. 规费

规费是指按规定必须计入工程造价的行政事业性收费。综合基价中的规费包括工程测定费，其中土建项目按人工费、材料费、机械费、综合费、劳动保险费、利润之和的1.14%计算；安装项目按人工费的1.3%计算。

8. 利润

利润是指施工企业为完成所承包工程而合理收取的酬金。施工企业承包建设工程应计取的利润是工程价格的组成部分。同现行财务成本制度中的营业利润相对应，利润中仍包括所得税，一种商品的利润大小，反映了企业劳动者对社会的贡献，同时也对企业的发展和职工福利都有着重大的影响。按规定利润可计入工程造价的利润，不分工程类别而以人工费、材料费、机械台班费、综合费之和的7%计算。

9. 税金

税金是指按国家税法规定的应计入工程造价内的营业税、城市维护建设税及教育附加费和社会事业发展费。按工程所在地区的税率标准进行计算。

4.1.3 上海市装饰工程费用的组成内容

上海市室内装饰工程费用经改革之后，装饰工程费用主要是由定额直接费、次要材料差价费、施工准备费和施工管理费、利润、税金、其他费用等组成，具体内容如下。

1. 定额直接费

定额直接费是人工、材料、机械的数量与市场价乘积的总和。定额直接费与次要材料差价组成的直接费是占装饰工程总造价比例最高的一项。定额直接费包括人工费、材料费、机械台班费、其他材料费与零件费。有如下两种计算方法。

（1）直接计算法，是用工料机的数量乘以工料机的市场价，计算方法见表4-8。

表4-8　直接计算法

序号	费用名称	计算式
(一)	人工费	Σ（人工数量×人工市场价）
(二)	材料费	Σ（材料数量×材料市场价）
(三)	机械台班费	Σ（机械台班数量×机械台班市场价）
(四)	其他材料与零件费	Σ（其他材料与零件费）
(五)	定额直接费	(一)＋(二)＋(三)＋(四)

（2）价差计算法，是将定额直接费分为两部分即定额总价和价差，计算方法见表4-9。

表4-9　价差法

序号	费用名称	计算式
(一)	定额总价	Σ(子目的工程量×子目的定额总价)
(二)	价差	Σ[人工数量×(人工市场价－人工定额价)] Σ[材料数量×(材料市场价－材料定额价)] Σ[机械台班数量×(机械台班市场价－机械台班定额价)]
(三)	定额直接费	(一)+(二)

2. 次要材料差价

次要材料差价是定额直接费中其他材料费、零件费或零件费与其他材料费之和的市场差价。但该差价可由当前市场的具体价格决定，而是由定额总站根据对次要材料市场价格综合取定，每隔一定时期发布的次要材料调整系数决定。

3. 施工准备费和施工管理费

施工准备费是指为保证施工所需要进行的准备工作的费用，施工管理费是指为组织施工生产和管理所需的费用。

4. 利润

通过市场竞争确认的利润。目前上海市规定应小于等于直接费的7%。

5. 其他费用（规费）

其他费用包括定额编制管理费、工程质量监督费、上级（行业）管理费。

6. 税金

税金是指施工单位所需交纳的国家规定的营业税、城市维护建设税及教育费附加。装饰工程造价中的税率以施工单位的纳税所在地分为：市区、县镇、其他（指县镇以下的施工单位）纳税所在地。市区的税率为3.41%，县镇税率为3.35%，其他税率为3.22%。

4.2 装饰工程造价取费费率

随着建筑市场的放开，装饰装修行业的发展和变化，建筑装饰装修工程取费较原来以直接费为基数取费有了很大的变化。目前，全国多数省（自治区、直辖市）对建筑装饰装修工程改为以人工费为基数取费。北京市自2002年4月1日起改变装饰工程以人工费为基数取费，其他省（自治区、直辖市）正在修改，有些省（直辖市）已改为以人工费为基数计算费率，如河北、天津等地，但仍有一些省（直辖市）以直接费为基数取费。

4.2.1 装饰工程造价取费费率参考

根据全国各省（自治区、直辖市）建筑装饰工程取费（包括间接费、利润和税金）费率水平，依据定额和市场价格，装饰工程取费费率表4-10，仅供编制概算、预算、标底、投标报价参考，具体费率多少，要根据装饰施工单位资质等级、所在地区和国家及地方政府规定，由甲乙双方协商确定。一般装饰工程按直接费取费费率约在14.40%～24.20%（不包括总包服务费和工程保险费）；按人工费取费费率约在98.50%～172.80%（不包括税金和总包服务费及工程保险费）。

表4-10　装饰工程费率计算参考表

序号	费用项目	费率（%） （直接费为基数）	费率（%） （人工费为基数）	备注
1	直接费 其中：人工费 材料费 机械费	100 20～26 60～70 2～4	100	1. 有关贷款利息支付、风险金、保险及措施费等按文件规定办理。 2. 按人工费为基数计算费率，未包括税金。 3. 总承包服务费一般按专业承包合同价款的1%～4%计取。在列取费用未包括总包服务费
2	其他直接费	2～3	8～12	
3	工程直接费	100		
4	现场管理费	3.00～5.00	28.00～48.00	
5	企业管理费	2.50～4.00	20.00～35.00	
6	临时设施费	0.80～1.60	7.00～12.00	
7	劳保支出	1.60～2.60	16.00～25.00	
8	利润	3.00～6.00	22.00～44.00	
9	利息支出（财务费）	5.00～8.00	0.5～0.80	
10	其他费	0.40～0.80	5.00～8.00	
11	税金	3.00～4.00	（3.00～4.00）×直接费	
12	费率总计	14.40～24.20	98.50～172.80（未包括税金）	

4.2.2 北京市装饰工程取费费率

北京市装饰工程取费费率参见表4-11。

表4-11中，需要说明的几种情况。

（1）计算规则。

1）临时设施费、现场经费、企业管理费均直接费中的人工费为基数计算。

2）利润以直接费与企业管理费之和为基数计算。

3）税金以直接费、企业管理费与利润三者之和为基数计算。

表 4-11　　北京市装饰工程取费费率

<table>
<tr><th>序号</th><th colspan="2">项　目</th><th colspan="2">装饰工程费率
（人工费为基数）</th></tr>
<tr><td>1</td><td colspan="2">直接费
其中：人工费
材料费
机械费</td><td colspan="2">直接费
其中：人工费
材料费
机械费</td></tr>
<tr><td rowspan="2">2</td><td rowspan="2">现场管理费</td><td>临时设施费</td><td>四环路以内，17%</td><td>四环路以外，15%</td></tr>
<tr><td>现场经费</td><td colspan="2">26%</td></tr>
<tr><td>3</td><td>企业管理费</td><td>企业管理费</td><td colspan="2">44.6%</td></tr>
<tr><td>4</td><td rowspan="2">其他费用</td><td>利润</td><td colspan="2">（直接费＋企业管理费）×7%</td></tr>
<tr><td>5</td><td>税金</td><td colspan="2">（直接费＋企业管理费＋利润）×3.4%</td></tr>
<tr><td>6</td><td colspan="2" rowspan="2">分包工程管理费</td><td colspan="2">按直接费</td></tr>
<tr><td>7</td><td colspan="2">按人工费</td></tr>
</table>

（2）分包工程管理费。

1）分包工程管理费是指施工总承包单位将承包装饰工程中的部分工程自行分包给专业施工单位或劳务施工单位，以及专业施工单位自行将所承包工程的一部分分包给劳务施工单位时，应付给分包单位的工程管理费。

2）分包工程管理费按工程分包形式分为包工包料和包工不包料两种标准。

3）分包工程管理费中包括了分包单位的现场经费和企业管理费。

4）分包单位的临时设施费，由总包单位负责。

4.2.3 上海市装饰工程取费费率

上海市装饰工程取费费率参见表 4-12。

表 4-12　　上海市装饰工程取费费率

<table>
<tr><th>序号</th><th colspan="2">项 目 名 称</th><th>计 费 基 数</th><th>装饰工程费率</th></tr>
<tr><td>一</td><td colspan="2">定额直接费</td><td>按规定计算</td><td rowspan="2">按《上海市建筑装饰工程造价管理试行办法》的通知确定，27.6%</td></tr>
<tr><td>二</td><td colspan="2">次要材料差价</td><td>定额直接费中其他材料费、零件费或零件费与其他材料费之和</td></tr>
<tr><td>三</td><td colspan="2">直接费小计</td><td>（一）＋（二）</td><td></td></tr>
<tr><td>四</td><td colspan="2">施工准备费和施工管理费</td><td>（三）</td><td>6%～10%</td></tr>
<tr><td>五</td><td colspan="2">利润</td><td>（三）</td><td>≤7%</td></tr>
<tr><td>六</td><td colspan="2">费用合计</td><td>（三）＋（四）＋（五）</td><td></td></tr>
<tr><td rowspan="3">七</td><td rowspan="3">其他费用</td><td>定额编制管理费</td><td>（三）</td><td>0.5‰</td></tr>
<tr><td>工程质量监督费</td><td>（六）</td><td>1.5‰</td></tr>
<tr><td>上级（行业）管理费</td><td>（六）×</td><td>1.5‰</td></tr>
<tr><td>八</td><td colspan="2">税金</td><td>[（六）＋（七）]×税率</td><td>按市、县镇定3.4%、3.34%、3.22%</td></tr>
<tr><td>九</td><td colspan="2">总造价</td><td>（六）＋（七）＋（八）</td><td></td></tr>
</table>

4.2.4 河北省装饰工程取费费率

河北省装饰工程取费费率参见表 4-13。

4.2.5 四川省装饰工程取费费率

1. 规费

四川省装饰工程取费规费一览表见表 4-14。

表 4-13 河北省装饰工程取费费率

序号	费用项目		计费基数	费率（%）
1	工程直接、措施性成本		直接措施性成本中人工费	
2	现场管理费			14
3	企业管理费			22
4	财务费			4
5	社会劳保	职工养老失业保险费		10
6		职工基本医疗保险费		3
7	利润			20
8	费率小计：2+3+4+5+6+7			73
9	造价调整	按合同确认的方式、方法计算		
10	规费	（1+8+9）×0.22%		
11	税金	（1+8+9+10）×3.43%，3.36%，3.24%		

表 4-14 规费一览表

序号	规费名称	计算基础	费率
1	社会保障费		
1.1	养老保险费	分部分项清单人工费+措施项目清单人工费	8%~14%
1.2	失业保险费	分部分项清单人工费+措施项目清单人工费	1%~2%
1.3	医疗保险费	分部分项清单人工费+措施项目清单人工费	4%~6%
2	住房公积金	分部分项清单人工费+措施项目清单人工费	3%~6%
3	危险作业意外伤害保险	分部分项清单人工费+措施项目清单人工费	0.5%
4	工程排污费	按工程所在地环保部门规定按实际计算	
5	工程定额测定费	税前工程造价	成都市 1.3‰
			中等城市 1.4‰
			县级城市 1.5‰

2. 税金

四川省装饰工程取费税金计算表见表 4-15。

表 4-15 税金计算表

项目名称	计算基础	费率
税金（营业税、城市维护建设税、教育费附加）	分部分项工程量清单合价+措施项目清单合价+其他项目清单合价+规费	市区 3.4% 县城、镇 3.34% 镇以下 3.22%

3. 其他取费费率按本省文件规定计取

总之，从装饰工程费用构成来看，各项费用计算时根据装饰工程实际发生的费用按规定进行计算，不得漏项或重项，做到计算造价科学、合理、准确。但是，由于各个地区的自然和技术经济状况不同，构成装饰工程的费用项目、内容可能发生变化，而且费用的归类也有可能存在差异。因此，在进行装饰工程费用取费计算时，必须严格按照本地区规定的装饰工程费用项目构成、各项费用计算程序和计算方法，各项费用取费标准等资料进行计算。

4.3 装饰工程预算定额的应用

室内装饰工程预算定额是确定室内装饰工程预算造价、办理工程价款、处理承发包方工程经济关系的主要依据之一。定额应用正确与否，直接影响装饰工程造价。因此，装饰工程预算时必须熟练而准确地使用预算定额或单位估价表。

4.3.1 选套定额应注意的事项

（1）查阅定额之前，应认真阅读定额总说明，分部工程说明和有关附注的内容；熟悉和掌握定额的使用范围及有关规定。

（2）明确定额中的用语和符号的含义。如定额中凡注明“某某以内”，“某某以下”者均不包括本身在内，凡带有“( )”的均未计算价格。

（3）要正确理解和熟悉各分部工程工程量的计算规则和计算方法，以及装饰面积的计算规则和计算方法，使其符合预算规定的计算原则。

（4）各分部工程工程量的计量单位一定要和套用的定额计量单位一致。

（5）要熟练掌握常用分项工程定额所包括的工程内容。如人工、材料、机械台班消耗量和计量单位以及有关规定。

（6）要明确定额换算范围，能够应用定额附录资料，熟练地进行定额项目换算和调整。

（7）由于装饰工程材料消耗大、品种多、更新快。在实际中，一定要根据情况套用，若定额中有缺项，可做相应的补充。

4.3.2 预算定额项目编号的确定

为了便于查阅、核对和审核定额项目选套是否准确合理，提高室内装饰工程施工图预算的编制质量，在编制施工图预算时必须填写定额编号。其编号有以下两种。

1.“三符号”编号法

“三符号”编号法，是以预算定额中的分部工程序号—分项工程序号（或工程项目所在的定额页数）—分项工程的子项目序号等3个号码进行定额编号。其表达式如下。

（1）分部工程序号—分项工程序号—分项工程的子项目序号。

（2）分部工程序号—子项目所在的定额页数—分项工程的子项目序号。

即

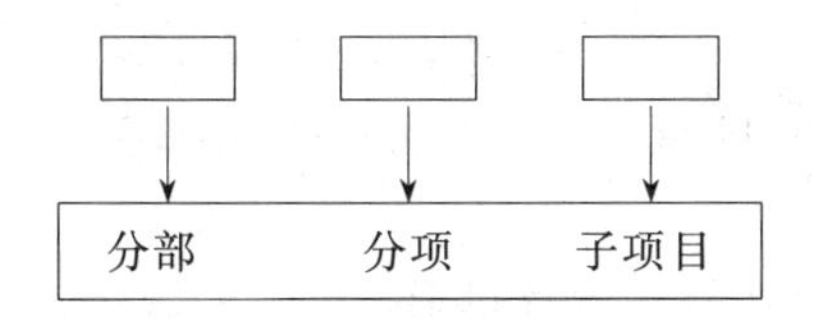

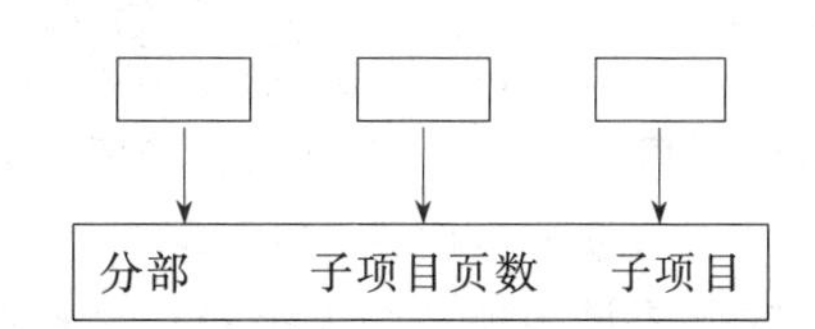

例如，某室内墙面挂贴大理石（勾缝），该工程项目在建筑装饰工程预算定额中被排在第2部分，墙柱面装饰工程排在第2分项内；墙面挂贴大理石项目在定额中第173页第104个子项目。

定额编号为：2-2-104或2-173-104。

2.“二符号”编号法

“二符号”编号法，是在“三符号”编号法的基础上，去掉一个符号（分部工程或分项工程的序号），采用定额中分部工程序号（或子项目所在的定额页数）—子项目序号进行编号。

表达式如下：分部工程序号—子项目序号 或 子项目所在的定额页数—子项目序号

即

例如，上题中的墙面挂贴大理石项目的定额编号也可记为：2-104或173-104。

4.3.3 定额项目的选套方法

4.3.3.1 直接套用定额

直接套用定额是指施工图设计的工程项目内容与所选套的相应定额项目一致时，必须按定额规定直接套用定额。但是，当施工图设计的工程项目内容与所选套的相应定额项目不一致时，而定额规定不允许换算和调整，则必须直接套用相应的定额项目。直接套用定额项目的方法步骤如下。

（1）根据图纸设计的工程项目内容，从定额目录中查出该工程项目所在的页数和部位。

（2）判断施工图设计的工程项目内容与所选套的相应定额项目是否相一致。当完全一致或虽然不一致，但定额规定不允许换算和调整时，即可直接套用定额基价。

（3）在套用定额前，必须注意分项工程的名称、规格、计量单位与定额规定的名称、规格、计量单位相一致。

（4）将定额编号和定额基价，如人工费、材料费、机械费分别填入装饰工程预算表内。

（5）确定工程项目预算价值，其计算公式为：工程项目预算价值＝工程项目工程量×相应定额基价

【例1】 某装饰工程玻璃砖隔断墙工程量为296.24m²，试确定其预算价值。

解：以《全国建筑装饰工程预算定额》为例。

1. 从定额目录中，查出该工程定额项目在第36页，第72子项目。并经判断符合定额规定的内容，即可直接套用。

2. 从定额表中，查出该工程定额基价为3376.89元/100m²，其中人工费为815.00元，定额编号为36－72，分别填入预算表内。

3. 该项目预算价值为：3376.89×296.24/100＝10003.70（元）。

【例2】 某室内地面做实木烤漆地板（铺在毛地板上）项目，其工程量为140.24m²，试确定其人工费、材料费、机械使用费及预算价值。

解：以《××省建筑装饰工程预算定额》为例。

1. 从定额目录中，查出实木烤漆地板（铺在毛地板上）的定额项目在定额中的第一章第403、408页，第412子项目。并经判断符合定额规定的内容，即可直接套用。

2. 从定额表中，查出木龙骨基层定额基价为37.43元/m²，其中人工费为9.46元/m²、材料费为22.36元/m²、机械费为0.15元/m²，定额编号为1－403。杉木基层定额基价为34.61元/m²，其中人工费为3.14元/m²、材料费为26.53元/m²、机械费为0.26元/m²，定额编号为1－408。实木烤漆地板面层定额基价为181.79元/m²，其中人工费为8.17元/m²、材料费为152.30元/m²、机械费为0.00元/m²，定额编号为1－412。

3. 计算铺装实木烤漆地板的人工费、材料费、机械使用费及预算价值。

人工费 ＝(9.46 ＋ 3.14 ＋ 8.17)×140.24 ＝2912.78(元)

材料费 ＝(22.36 ＋ 26.53 ＋ 152.30)×140.24 ＝28214.89(元)

机械费 ＝(0.15 ＋ 0.26 ＋ 0.00)×140.24 ＝57.50(元)

预算价值 ＝(37.43 ＋ 34.61 ＋ 181.79)×140.24 ＝35597.12(元)

4.3.3.2 套用换算后的定额项目

套用换算后的定额项目是指施工图设计的工程内容与所选套的相应定额项目不相一致时，如果定额规定允许换算和调整，则必须在定额规定范围内进行换算和调整。套用换算后的定额项目，并对换算后的定额项目编号应加括号，在括号的右下角注明“换”字，以示区别，如$(2-99)_{换}$。

定额项目的换算，就是将定额项目规定的内容与设计要求的内容，取得一致的过程。下面介绍的是在预算过程中经常遇到的几种换算方法。

1. 工程量换算法

工程量的换算，是依据装饰工程预算定额中的规定，将施工图设计的工程项目的工程量乘以定额规定的调整系数。

即　　换算后的工程量＝施工图计算的工程量×定额规定的调整系数

【例1】 某装饰工程项目为天花立体艺术造型，其装饰面积为21.65m²，试计算工程量。

解：以《全国建筑装饰工程预算定额》为例。

定额手册中规定天棚分部工程量计算应为立体造型天棚展开面积乘以1.15系数。

即 换算后的工程量=21.65×1.15=24.90（m^2）

【例2】 某室内踏步式楼梯顶棚其施工图计算的面积为83.65m^2，试计算工程量。

解：以《××省建筑装饰工程预算定额》为例。

定额手册中规定踏步式楼梯顶棚的工程量按水平投影面积乘以2.1系数。

即 换算后的工程量=83.65 × 2.1=175.67（m^2）

2. 系数增减换算法

施工图设计的工程内容与定额规定的相应内容有的不完全符合，定额规定在其允许范围内，可采用增减系数的方法调整定额基价或其中的人工费、机械使用费等。其换算方法步骤如下。

（1）根据施工图设计的工程项目内容，从定额手册目录中查出工程项目所在的页数和部位，并判断是否需要增减系数来调整定额项目。

（2）若需要调整，从定额项目表中查出调整前的定额基价和人工费或机械使用费。并从定额总说明、分部工程说明或附注内容中查出相应的调整系数。

（3）计算调整后的定额基价。

调整后的定额基价 = 调整前的定额基价 + 定额人工费(或机械费)×相应的调整系数

（4）写出调整后的定额编号。

（5）计算调整后的预算价值，其计算公式为

调整后的预算价值 = 工程项目工程量 × 调整后的定额基价

【例1】 某装饰工程项目为天棚贴拼花壁纸，试确定其人工费。

解：以《全国建筑装饰工程预算定额》为例。

在定额中查到贴普通壁纸人工费为80.50元/10m^2，而定额规定贴拼花壁纸需要另加15%的人工费。

即 调整后的人工费 = 80.50 ×(1+15%)= 92.58（元/10m^2）

【例2】 某室内墙面立体造型榉木拼花饰面，其工程量为89.36m^2，试计算其预算价值。

解：以《××省建筑装饰工程预算定额》为例。

根据工程项目内容，从定额项目表中查出墙面立体造型榉木拼花饰面项目应属于定额2-301项目，经判断，必须对人工费进行调整。

从墙面立体造型榉木拼花饰面定额表中，查出调整前的定额基价为43.88元/m^2，定额人工费为8.6元/m^2，从室内墙面分部工程说明中，查出墙面立体造型榉木拼花饰面人工费乘以系数1.5。

调整后的定额基价 = 43.88 + 8.6×(1.5−1.0)=48.18(元/m^2)

调整后的定额编号为$(2-301)_{换}$

调整后的预算价值 = 89.36× 48.18 = 4305.36(元)

3. 材料价格换算法

材料价格换算是指装饰工程材料的市场价格与相应定额规定的材料预算价格不同，而引起定额基的变化，因此必须进行换算。其方法步骤如下。

（1）根据施工图纸工程项目内容，从定额手册目录中查出工程项目所在的页数和部位，并判断是否需要换算。

（2）若需要换算，从定额中查出换算前的定额基价、材料预算价格、材料定额消耗量。

（3）从装饰材料市场价格信息资料中，查出相应材料的市场价格。

（4）计算换算后的定额基价。

换算后的定额基价=换算前的定额基价±［换算材料定额消耗量×(换算材料市场价格×换算材料定额预算价格)］

（5）写出换算后的定额编号。

（6）计算换算后的预算价值，其计算公式为

换算后的预算价值＝工程项目工程量×换算后的定额基价

【例 1】 某装饰工程铝合金 55 系列中空玻璃平开窗项目（单扇）的工程量为 83.45m2，其银白色铝材市场价为 29.47 元/kg，定额预算价格为 25.30 元/kg。试计算其预算价值。

解： 以《全国建筑装饰工程预算定额》为例。

从定额手册中查到该项目在 9－142 页第 5－407 子项目栏内，经判断必须换算。查出换算前的定额基价为 45001.39 元/100m^2，定额消耗量为 1046.31kg/100m^2。

换算后的定额基价＝45001.39 ＋ 1046.31×(29.47－25.30)＝49364.50(元/100m^2)

换算后的定额编号为（9－142－5－407）$_{换}$

换算后的预算价值＝83.45/100×49364.50＝41194.68（元）

【例 2】 某建筑室内上人装配式 U 形轻钢龙骨天棚，其工程量为 300m^2。其 U 形轻钢龙骨的市场价格为 6.00 元/m，而定额预算价格为 4.57 元/m，试计算其预算价值。

解： 以《××省建筑装饰工程预算定额》为例。

从定额手册中查到该项目在第 3－41 项目栏内，经判断必须换算。查出换算前的定额基价为 71.59 元/m^2，定额消耗量为 1.44m/m^2。

换算后的定额基价＝71.59 ＋ 1.44×(6.00－4.57)＝ 73.65(元/m^2)

换算后的定额编号为（3－41）$_{换}$

换算后的预算价值＝300×73.65＝22094.76（元）

4. 材料用量换算法

由于施工图纸设计的工程项目的主材消耗量与定额规定的主材消耗量不同，而引起定额基价的变化。因此，必须进行换算。其方法步骤如下。

（1）从定额手册中查到工程项目所在的页数和部位，并判断是否需要换算。

（2）查出换算前的定额基价、定额主材消耗量、定额主材预算价格。

（3）计算工程项目主材实际用量和主材单位实际消耗量。

主材实际用量＝主材设计净用量×(1＋损耗率)

主材单位实际消耗量＝主材实际用量/工程项目工程量×定额计量单位

（4）计算换算后的定额基价。

换算后的定额基价＝换算前的定额基价±（设计主材实际消耗量－定额主材定额消耗量）×定额主材预算价格

（5）换算后的定额编号

（6）计算换算后的预算价值，其计算公式为

换算后的预算价值＝工程项目工程量×换算后的定额基价

【例 1】 某装饰工程茶色玻璃栏板银色铝合金扶手项目的工程量为 342.56m，施工图纸设计的该材料实际用量为 369.97m（包括损耗），试确定预算价值。

解： 以《全国建筑装饰工程预算定额》为例。

该项目在定额手册中第 7－122 页第 5－326 子项目栏内，经判断必须换算。换算前的定额基价为 769.16 元/10m，主材定额消耗量为 10.66m，材料预算价格 23.91 元/m。

设计主材实际消耗量＝369.97/342.56×10＝10.8（m）

换算后基价＝769.16＋（10.80－10.66）×23.91＝772.51（元/10m）

换算后的定额编号为（7－122－5－326）$_{换}$

换算后的预算价值＝342.56/10×772.51＝26463.10（元）

【例 2】 某装饰工程钢化玻璃栏板不锈钢扶手项目的工程量为 432.60m，施工图纸设计的该材料实际用量为 470.83m（包括损耗），试确定预算价值。

解： 以《××省建筑装饰工程预算定额》为例。

该项目在定额手册中第 8－2 项目栏内，经判断必须换算。换算前的定额基价为 183.96 元/m，

主材定额消耗量为 1.06m/m，材料预算价格 43.91 元/m。

设计主材实际消耗量＝470.83/432.60×1＝1.09（m）

换算后基价＝183.96＋(1.09－1.06)×43.91＝185.28（元/m）

换算后的定额编号为（8－2）$_{换}$

换算后的预算价值＝432.60×185.28＝80150.96（元）

5. 材料种类换算法

施工图纸设计的工程项目所采用的材料与定额规定的材料种类不同，而引起定额基价的变化。因此，必须进行换算。其方法步骤如下。

（1）查出所在定额的页数和部位，并判断是否需换算。

（2）查出换算前的定额基价，换出材料的定额消耗量及相应的预算价格。

（3）计算换入材料单位消耗量。

换入材料的实际用量＝换入材料净用量×(1＋损耗率)

换入材料实际消耗量＝换入材料的实际用量/工程项目工程量×工程项目定额计量单位

（4）计算换入（出）材料费。

换入材料费＝换入材料市场价格×换入材料实际消耗量

换出材料费＝换出材料预算价格×换出材料定额消耗量

（5）计算换算后的定额基价。

换算后的定额基价＝换算前的定额基价±(换入材料费－换出材料费)

（6）换算后的定额编号。

（7）计算换算后的预算价值，其计算公式为

换算后的预算价值＝工程项目的工程量×换算后的定额基价

【例 1】 某装饰工程为宝丽板艺术墙裙工程量为 62.58m^2，其宝丽板实际用量为 81.98m^2（包括损耗），试计算预算价值。

解：以《全国建筑装饰工程预算定额》为例。

从定额手册中查到胶合板艺术墙裙项目，第 39 页第 87 子项目栏内，经判断必须换算。胶合板艺术墙裙定额基价为 4354.80 元/100m^2，定额消耗量为 128m^2，预算价格为 18.51 元/m^2。宝丽板市场价格为 22.49 元/m^2。

换入材料（宝丽板）实际消耗量＝81.98/62.58×100＝131（m^2）

换入材料（宝丽板）费＝22.49×131＝2946.19（元/100m^2）

换出材料（胶合板）费＝18.51×128＝2369.28（元/100m^2）

换算后的定额基价＝4354.80＋(2946.19－2369.28)＝4931.70（元/100m^2）

换算后的定额编号为（39－87）$_{换}$

换算后的预算价值＝62.58/100×4931.70＝3086.26（元）

【例 2】 某装饰工程为樱桃木弧形墙面工程量为 72.40m^2，其樱桃木实际用量为 91.55m^2（包括损耗），试计算预算价值。

解：以《某省建筑装饰工程预算定额》为例。

从定额手册中查到榉木弧形墙面项目，第 2 页第 302 子项目栏内，经判断必须换算。榉木弧形墙面定额基价为 47.76 元/m^2，定额消耗量为 1.10m^2，预算价格为 22.40 元/m^2。樱桃木市场价格为 25.30 元/m^2。

换入材料（樱桃木）实际消耗量＝91.55/72.40×1.00＝1.27（m^2）

换入材料（樱桃木）费＝25.30×1.27＝32.13（元）

换出材料（榉木）费＝22.40×1.10＝24.64（元）

换算后的定额基价＝47.76＋(32.13－24.64)＝55.25（元/m^2）

换算后的定额编号为（2－302）$_{换}$

换算后的预算价值＝72.40×55.25＝4000.10（元）

6. 材料规格换算法

施工图纸设计主材的规格与定额规定的主材规格不同，而引起定额基价的变化。因此，必须进行换算，其方法和上述材料用量（价格）换算方法基本相同，只不过是分为以下两种情况。

（1）材料规格不同，但消耗量相同。此时，按材料价格换算法进行计算。

（2）材料规格不同，但主材消耗量发生变化。此时，按材料用量换算法进行计算。

【例 1】 某工程为铝合金骨架装矿棉板天棚，工程量为 241.24m^2，施工图采用的矿棉板的规格为 15×300×600（mm），而定额规定的矿棉板规格为 12×300×600（mm），试计算预算价值。

解：以《全国建筑装饰工程预算定额》为例。

在定额手册中查出该项目在 22 页第 40 子项目栏内，经判断，必须进行换算。换算前的定额基价为 301.40 元/10m^2，定额消耗量为 12m^2 [12×300×600(mm)]，该材料预算价格为 23.70 元/m^2，15×300×600（mm）的矿棉板市场价格为 31.60 元/m^2。

施工图纸规格矿棉板费＝31.60×12＝379.20（元/10m^2）

定额规格矿棉板费＝23.70×12＝2840.40（元/10m^2）

换算后的定额基价＝301.40＋(379.20－284.40)＝396.20（元/10m^2）

换算后的定额编号为 $(22-40)_{换}$

换算后的预算价值＝241.24/10×396.20＝9557.93（元）

【例 2】 某室内装饰工程为浮雕式铝合金方板天棚，工程量为 140.20m^2，施工图采用的铝合金方板的规格为 0.6×500×500（mm），而定额规定的铝合金方板规格为 0.8×500×500（mm），试计算预算价值。

解：以《某省建筑装饰工程预算定额》为例。

在定额手册中查出该项目在 3 页第 101 子项目栏内，经判断，必须进行换算。换算前的定额基价为 79.30 元/m^2，定额消耗量为 1.02m^2/m^2(0.8×500×500mm)，该材料预算价格为 51.60 元/m^2，0.6×500×500（mm）规格的浮雕式铝合金方板市场价格为 48.60 元/m^2。

施工图纸规格浮雕式铝合金方板费＝ 48.60×1.02＝49.57（元/m^2）

定额规格浮雕式铝合金方板费＝51.60×1.02＝52.63（元/m^2）

换算后的定额基价＝79.30＋(49.57－52.63)＝76.24（元/m^2）

换算后的定额编号为 $(3-101)_{换}$

换算后的预算价值＝140.20×76.24＝10688.85（元）

7. 块料面层换算法

当施工图规定的块料设计规格和灰缝与定额规定不同时，需要进行换算。

块材面层材料用量计算公式：

100m^2 块料面层块料净用量(块)＝100/(块料长＋灰缝)×（块料宽＋灰缝）

100m^2 块料面层块料总消耗量(块)＝净用量/(1－损耗率)

换算后定额基价＝换算前定额基价＋(换算后块料数量×换入块料单价－定额块料数量×定额块料单价)

【例】 某室内墙面贴 150mm×75mm 釉面砖，灰缝 25mm，面砖损耗率 2.5%。试计算 100m^2 内墙面面砖总消耗量和换算定额基价。

解：以《××省建筑装饰工程预算定额》为例。

查定额手册 2－178 可知：定额基价为 71.72 元/m^2，条形面砖（52mm×235mm）的定额消耗量为 68.14 块/m^2，定额价格为 0.33 元/块。从市场装饰材料价格信息表查知：规格为 150mm×75mm 釉面砖的为 0.80 元/块。

100m^2 块料面层块料净用量(块)＝100/(0.15＋0.025)×（0.075＋0.025)＝6015（块）

100m^2 块料面层块料总消耗量（块）＝6015/（1 － 2.5%）＝6169（块）

换算后定额基价＝71.72＋（6169/100×0.8 － 68.14×0.33）＝98.59（元/m^2）

4.3.4　单位估价表的选套

（1）单位估价表是由工程所在地区颁布的，也称地区单位估价表。如果施工图设计的工程项目内容与所选套的单位估价表项目一致时，则可直接套用。

（2）如果施工图设计的工程项目内容与所选套的单位估价表项目不一致时，则必须按单位估价表中的规定进行换算或调整。其换算和调整方法与前所述的一样。

4.3.5　补充定额的选套（或补充单位估价表）

施工图的某些工程项目，由于采用了新材料、新结构、新工艺等原因，在编制定额时尚未列入。同时也没有类似定额项目可供借鉴。在这个中情况下，为了确定装饰工程预算造价，则需按照设计图纸资料，根据定额或单位估价表的编制原则，编制补充定额或单位估价表，使其形成定额基价，并请工程造价管理部门审批后方可执行。在套用补充定额时，应在定额编号的分部工程序号后注明“补”字，以示区别。如“2补-1”或（2-1）补。

4.3.6　装饰工程工料分析

在装饰工程施工前、施工中或者竣工后，施工企业进行施工组织或者优化评价施工方案都可运用定额进行工料分析。

【例1】　某室内墙面做榉木和枫木拼花饰面（基层板为9mm厚木夹板）项目，其工程量为25.34m^2，试确定其所需榉木和枫木面板、9mm厚木夹板和4mm×20mm×20mm木龙骨各多少及其预算价值？

解：以某市建筑装饰工程预算定额为例（定额单位m^2）。

从该定额的第二章定额号为2-360中可知，该定额基价为66.01元/m^2、定额人工费为19.53元/m^2、材料费为25.36元/m^2、机械台班费为0.75元/m^2、榉木用量为0.60m^2/m^2、枫木用量为0.60m^2/m^2。

从定额的第二章定额号为2-259中可知，墙面木龙骨断面7.5cm^2的定额基价为19.67元/m^2、定额人工费为6.45元/m^2、材料费为8.39元/m^2、机械台班费为0.33元/m^2、杉木方材用量为0.0068m^3。

从定额的第二章定额号为2-288中可知，多层夹板基层的定额中只有12mm厚的木夹板，所以要进行定额换算。

假设9mm木夹板的市场价为20.02元/m^2，即$(2-288)_{换}$＝37.37＋1.05×(20.02－23.58)＝33.66(元/m^2)、人工费为6.02元/m^2、材料费为21.28元/m^2、机械台班费为0.23元/m^2、9mm厚木夹板用量为1.05m^2。

综上可知，所需榉木的面积＝0.60×25.34＝15.20（m^2）

所需枫木的面积＝0.60×25.34＝15.20（m^2）

杉木方用量＝0.0068×25.34/(0.02×0.02×4)＝107.69（根）

预算价值＝（66.01＋19.67＋33.66）×25.34＝3024.08（元）

【例2】　某室内装饰工程有180m^2镜面同质砖楼面，其主要施工内容为：基层现浇板上刷素水泥砂浆一道，20mm厚1∶3水泥砂浆找平，5mm厚1∶1水泥砂浆粘贴500mm×500mm镜面同质砖，试进行工料分析。

解：以某省建筑装饰工程预算定额为例（定额单位10m^2）。

查定额附录可知500mm×500mm镜面同质砖预算单价为37.3元/块；1∶1水泥砂浆单价为227.72元/m^3，又查定额可知应套1-62子目。

换算单价＝714.55－571.52＋37.3×[10/(0.5×0.5)]×1.02－0.051×192.55＋0.051×227.72＝1666.66（元）

合价＝1666.66×180/10＝29999.88（元）

综合工日数＝3.34×180/10＝60.12（工日）

灰浆搅拌机＝0.017×180/10＝0.306（台班）

石料切割机＝0.1×180/10＝1.8（台班）

镜面同质砖＝[10/(0.5×0.5)]×1.02×180/10＝734.4（块）

1∶1水泥砂浆＝0.051×180/10＝0.918（m^3）

1∶3水泥砂浆＝0.202×180/10＝3.636（m^3）

素水泥浆＝0.01×180/10＝0.18（m^3）

白水泥＝1×180/10＝18（kg）

由于水泥砂浆、素水泥浆均为混合性材料，故还应将它们进行二次分析。查附录可知，1m^3的1∶1水泥砂浆含425号水泥765kg、中砂1.01t；1m^3的1∶3水泥砂浆含425号水泥408kg、中砂1.63t；素水泥浆含425号水泥1517kg。则：

425号水泥＝0.918×765＋3.636×408＋0.18×1517＝2459（kg）

中砂＝0.918×1.01＋3.636×1.63＝6.854（t）

综上可知，综合工日数为60.12工日，灰浆搅拌机0.306台班，石料切割机1.8台班，500mm×500mm镜面同质砖734.4块，白水泥18kg，425号水泥2459kg，中砂6.854t。

4.4 装饰工程预算的编制

装饰工程预算报价根据装饰工程招标合同、图纸、定额、单价、取费和施工方案等资料编制的，是确定该项装饰工程所需的投资文件，其内容包括直接费、间接费（管理费）、利润及税金等四部分；或按《建设工程工程量清单计价规范》(GB 50500—2003）综合单价（包括人工费、材料费、机械使用费、管理费及利润）、复价、总价加措施项目费及税金组成，不论何种方式编制装饰工程预算报价，几项内容不可少，只是费用处理方法不同，其报价数值相差不大，具体如何编制装饰工程预算报价，可根据工程所在地区规定办理。

4.4.1 装饰工程预算编制的依据与程序

1. 编制依据

(1) 设计资料。施工图纸、装饰效果图、局部装饰大样图、设计说明和施工组织设计等。

(2) 定额资料。预算定额、工程造价管理部门的有关规定。

(3) 经济资料。装饰材料市场价格信息资料等。

(4) 合同资料。建设单位（甲方）与装饰施工单位（乙方）签订的装饰工程承包合同。

2. 编制程序

收集有关基础资料—熟悉审核施工图纸—确定计算项目—熟悉定额或单位估价表—熟悉施工组织设计—计算工程量—工程量汇总—套预算定额或单位估价表—计算各有关费用—检查是否满足概算要求—工料分析—编制工程预算书—上报审核。

4.4.2 装饰工程预算编制的步骤与方法

1. 收集有关编制装饰工程预算的基础资料

主要包括交底会审后的施工图纸、批准的设计总概算书、施工组织设计和有关的技术措施、现行预算定额、工人工资标准、材料预算价格、机械台班价格、各项费用的取费率标准以及有关的预算工作手册、标准图集，还有工程施工合同和现场情况等资料。

2. 熟悉审核施工图纸

在编制之前，充分全面地熟悉审核图纸，了解与工程有关内容。

(1) 整理图纸。应按目录排列的总说明、平面图、立面图、剖面图和构造详图等顺序进行整理。

(2) 审核图纸。主要看是否齐全，并收集有关标准图集。

(3) 阅读图纸。了解图纸之间、图纸与说明之间有无矛盾和错误；以及设计标高、材料、做法等问题；采用地新材料、新工艺、新构件和新配件等是否需要编制补充定额或补充单位估价表；各分部工程的构造、尺寸、规格的材料品种及之间的相互关系是否正确；相应项目内容与定额规定的是否一致等。

（4）交底会审。施工单位在熟悉和审核图纸基础上，参加由建设单位主持，设计单位参加的图纸交底会审会议，解决发现的问题。

3. 熟悉施工组织设计

装饰工程施工组织设计的根本任务，就是根据室内装饰工程施工图和设计要求，从物力、人力、空间等诸要素着手，在组织劳动力、专业协调、空间布置、材料供应和时间排列等方面，进行科学、合理地部署，从而达到在时间上能保证速度快、工期短，在质量上能做到精度高、效果好，在经济上能达到消耗少、成本低、利润高等目的。

4. 熟悉预算定额或单位估价表

了解熟悉所套用的预算定额，掌握定额中的规定和适用范围，严格按照定额中的规定执行。

5. 确定装工程项目

根据施工图纸，进行工程项目种类的划分，确定分部分项工程项目。

6. 计算工程量

工程量是以规定的计量单位所表示的各分项工程或结构构件的数量，是编制预算的原始资料。计算时，必须按照装饰工程预算定额中的有关工程量计算方法和规则。

7. 工程量汇总

按分部分项工程的顺序逐项汇总、整理，为套用定额提供方便。

8. 套预算定额或单位估价表

（1）当分项工程项目内容与定额规定的内容一致时，可直接套用。

1）将分项工程项目及其相应的工程量填入工程预算表内。

2）将定额编号和计量单位分别填入工程预算表内。

3）将定额内的基价及人工费、材料费、机械费基价分别填入工程预算表内。

4）根据分项工程量和相应的基价，计算定额直接费和其中的人工费、材料费和机械费。

（2）当分项工程项目内容与定额规定的内容不一致时，可按下列步骤进行。

1）如果定额规定允许换算，则按定额规定的执行；并在预算表内注明“换”字。

2）如果定额规定不允许换算，则直接按“（1）”中步骤执行。

（3）当图纸确定的项目，在定额中没有时，可按下列方法处理。

1）当时间不允许时，采用实物造价法进行计算。

2）当时间允许时，编制补充定额；并报当地主管部门审批；批准后的补充定额在表内注明“补充”二字；按“（1）”中的步骤即可进行定额直接费的计算。

9. 计算各项费用

定额直接费计算后，按有关的费用定额即可进行其他直接费、间接费、计划利润和税金等计算。

10. 比较分析

各项费用计算结束，即形成了装饰工程预算造价。此时，还必须与设计总概算中装饰工程概算部分进行比较，检查是否有冲突，从而保证预算造价控制在概算投资内。

11. 工料分析

（1）概念。概念是完成一个装饰工程项目所消耗的各种人力、各种材料和规格的材料数量。

（2）作用。作用是材料供应、编制工程生产和劳动力调配计划的依据；考核各项经济活动分析的依据；是进行“两算”对比的依据；是甲乙双方进行主材的核销和材料结算工作的主要依据；是企业进行成本分析、制定降低成本措施的依据。

（3）方法。方法就是以填好的预算表内工程量为依据，按定额手册中查出各分项工程定额计量单位人工、材料数量，并以此计算出相应分项工程所需各工种人工和各种材料消耗，最后汇总计算出该装饰工程所需各工种人工、各种不同规格的材料总消耗量。

（4）步骤。和其他单位工程一样，装饰工程的工料分析，一般以表格形式进行，其步骤如下。

1）将各分部分项工程名称、定额编号、工程量以及从定额中查到的人工和各种材料的消耗量分别填入表 4－16 内。

2）根据查出的定额单位的人工、材料消耗量和相应分项工程量，计算各分项工程的人工、材料消耗量。

3）根据所算各分项工程的人工、材料消耗量，按工种、材料规格进行分析汇总，计算出各分部工程所需相应人工、材料的消耗量。

4）将各分部工程相应人工、材料消耗量进行汇总，即可计算出该装饰工程所需各工种人工、不同种类不同规格材料的总消耗量。同时，将所需不同工种、不同种类和规格的材料总消耗量分别填入表 4－17 和表 4－18 内。

表 4－16　　工　料　分　析

<table>
<tr><th rowspan="3">序号</th><th rowspan="3">定额编号</th><th rowspan="3">分部分项
工程名称</th><th rowspan="3">单位</th><th rowspan="3">工程量</th><th colspan="4">人　工</th><th colspan="3">主要材料</th></tr>
<tr><th colspan="2">…工（工日）</th><th colspan="2">…</th><th colspan="2">…（单位）</th><th>…</th></tr>
<tr><th>单位用量</th><th>合计</th><th>…</th><th>…</th><th>单位用量</th><th>合计</th><th>…</th></tr>
<tr><td>（1）</td><td>（2）</td><td>（3）</td><td>（4）</td><td>（5）</td><td>（6）</td><td>（7）</td><td>…</td><td>…</td><td>…</td><td>…</td><td>…</td></tr>
<tr><td></td><td></td><td></td><td></td><td></td><td></td><td></td><td></td><td></td><td></td><td></td><td></td></tr>
</table>

表 4－17　　人工分析汇总表

序　　号	工　种　名　称	工　日　数	备　　注
1	技工		
2	普通工		
…	…		

表 4－18　　材料分析汇总表

序　　号	材料名称	规　　格	单　　位	数　　量	备　　注

（5）工料分析步骤。

1）将各分项工程名称、定额编号、工程量填入工料分析表 4－16 内。

2）将定额计量单位、人工、材料定额用量填入表 4－16 内。

3）计算各分项工程的人工、材料消耗量。

4）各分部工程的人工、材料消耗量汇总。

5）整个装饰工程的人工、材料消耗量汇总。

6）将汇总结果填入相应的表内。

7）工作结束。

4.4.3　装饰工程预算报价的组成

1. 装饰工程预算报价的作用

（1）装饰工程预算报价是装饰工程招投标工程量清单计价的依据。

（2）装饰工程预算报价是施工单位与建设单位工程结算的依据。

建设单位认可的装饰工程报价，是双方装饰工程结算的依据。单位工程完工后，根据变更工程增、减调整报价，进行结算。在条件具备的情况下，经双方同意，装饰工程报价作为包价合同可以直接作为工程造价包干结算的依据。

（3）装饰工程预算报价是项目工程成本核算和成本控制的依据。

（4）装饰工程预算报价是银行拨付工程价款的依据（银行根据双方审定的装饰工程报价或合同价，办理工程拨款，监督甲乙双方工程进度，办理付款或竣工结算依据），如装饰工程造价超出报价时，由甲方会同设计单位修改设计预算。

（5）装饰工程预算报价是施工单位编制计划、统计和完成施工产值的依据。

2. 装饰工程预算报价的内容

装饰工程预算报价一般包括以下内容。

（1）编制说明。其内容包括：工程概况；施工图纸、施工组织设计或施工方案；采用的定额、单价及费率；工日数量及金额；主要材料数量和采用价格；定额换算依据和补充定额单价；取费费率计算标准和依据；遗留问题及说明。

（2）分部分项工程报价表。报价表中包括施工图工程量、定额单价、合价、总价、取费项目费率、利润和税金等。

（3）工料分析。①分析主要材料需用量，如石材、墙面砖、地砖、轻钢龙骨、石膏板、壁纸、玻璃、不锈钢、木地板、细木工板、装饰贴面板、五金件等；②分析综合用工和主要工种用工数量，如木工、泥瓦工、油漆工等；③安装工程列出设备、卫生洁具、消防、报警、喷淋和电气设备、灯具品牌规格、型号、数量等。

（4）装饰工程预算报价内容组成和做法：装饰工程预算报价编制组合目前主要有本章4.1节讲到的3种组合形式。在装饰工程实际报价中，无论采用哪一种，其结果都差不多，只是归纳费用项目和表现形式不同，一般根据装饰工程所在地区的规定或甲方的要求执行。

3. 装饰工程预算书的组成

（1）填写工程预算书封面。封面一般应反映建设单位、施工单位、工程概况、预算编制情况等方面内容。如，建设单位名称、施工单位名称、工程名称、建设地点、工程类别、工程规模、工程造价、单位造价、预算编制单位名称、编制人、编制时间等内容。

（2）编制说明。主要说明所编预算在预算表中无法表达而又需要相关单位或人员必须了解的内容。一般包括：编制依据、工程范围、装饰材料及成品与半成品的供应方式、设计变更的处理、特殊项目工程量计算及其相应预算价格的执行说明、未定事项及其他说明等。

（3）编制工程量表。按单位分部工程将计算好的分项工程工程量汇总，以便套用定额。

（4）编制工程预算表。也有写成直接费计算表，是反映该装饰工程项目中所包含的分项工程和各分项工程的工程量和价格。

（5）编制工程预算总造价表。根据装饰工程造价计算顺序表，计算构成装饰工程造价的各项费用和总造价。

上述资料是构成装饰工程施工图预算书必不可少的组成内容。而工程量的计算资料和人工、材料、机械台班汇总表，则可根据工程具体情况及要求来决定是否纳入工程预算书内。总之，有关装饰工程预算书的封面和工程预算总造价表的形式各地区不尽相同，应根据各地区造价管理部门规定的形式或格式进行填写和编制。

4.5 装饰工程预算书编制实例

装饰工程预算报价编制目前尚无统一的标准和模式，一般采取以下几种形式。

定额单价法，工程量套定额单价，计算直接费、间接费、利润及税金（也有将以上4项费率不细分，归纳为综合费率计取），构成一项完整的装饰工程报价。

综合单价编制报价法，将各种取费、税金及利润含在报价定额单价内进行报价。

单价合同，合同报价单价不变，工程量可调整，可采用风险系数包干。

无固定模式，由合同双方协商确定。

因此，为了更好地加深对装饰工程费用的理解，本节以装饰工程预算书编制实例，分别介绍以直接费、人工费为计算基数以及以综合单价编制的室内装饰工程预算以及预算书的编制过程，仅供参考。

4.5.1 贸易有限公司餐厅装饰工程预算的编制

本装饰工程预算是按全国装饰工程预算定额编制的，其工程费用是以直接费为计算基数。具体内容包括：封面、工程及预算编制说明、工程量计算表、直接费计算表或工程预（结）算表、预算汇总表。具体编制过程见附录 4-1。

4.5.2 办公楼装饰工程预算的编制

本办公楼装饰工程预算是按上海市装饰工程预算定额编制的，其工程费用是以直接费为计算基数。具体内容包括：封面、编制说明、直接费计算表［或工程预（结）算表］、工程造价取费表以及人工、材料、机械汇总表，其中人工、材料、机械汇总表根据甲乙双方协定是否需要。具体编制过程见附录 4-2。

4.5.3 高级别墅公寓套房装饰工程预算的编制

该建筑在城市远郊区地带风景秀丽，其工程费用是以人工费为基数计算。具体编制过程见附录 4-3。

4.5.4 某花园小区独栋别墅装饰工程预算的编制

该建筑坐落在南方某城市远郊区地带，风景秀丽。其装饰工程预算报价是以综合单价法编制的。具体编制过程见附录 4-4。

本章小结

本章系统介绍了室内装饰工程的费用构成，装饰工程预算定额项目的选套方法；以详细的实例分析了装饰工程预算定额的换算与应用，同时重点介绍了室内装饰工程施工图预算书的编制方法和编制实例。

思考题

1. 装饰工程费用由哪些组成？
2. 直接费由哪些组成？其他费用的计算基础是什么？
3. 如何套用装饰工程预算定额？
4. 为什么要进行定额换算？在什么情况下进行换算？
5. 上海市装饰工程费用由哪些内容组成？其计算程序如何？
6. 装饰工程预算书由哪些内容组成？
7. 装饰工程预算书编制的依据和程序是什么？
8. 装饰工程工料分析的作用是什么？

【推荐阅读书目】

[1] 宋少沪，汪德江．装饰工程预算［M］．北京：中国铁道出版社，2001.

[2] 卜龙章．装饰工程定额与预算［M］．天津：东南大学出版社，2001.

[3] 朱志杰．2008 版建筑装饰工程参考定额与报价［M］．北京：中国计划出版社，2008.

[4] 藤道社，张献梅．建筑装饰装修工程概预算（第二版）［M］．北京：中国水利水电出版社，2012.

[5] 顾期斌．建筑装饰工程概预算［M］．北京：化学工业出版社，2010.

【相关链接】

1. 中国工程预算网（http：//www.yusuan.com）
2. 建设部中国工程信息网（http：//www.cein.gov.cn）

附　录

附录 4－1

装饰工程预算书

工程名称：某公司餐厅

项目名称：装饰工程

建设单位：某贸易有限公司

结构类型：＿＿＿＿＿＿

装饰面积：139.49m^2

工程造价：22428.35 元

编　制　人：＿＿＿＿＿＿

审　核　人：＿＿＿＿＿＿

编制单位：某装饰公司

编制时间：＿＿＿＿＿＿

工　程　说　明

工程名称：某贸易有限公司餐厅

1. 顶棚：采用木龙骨，裱糊壁纸，装吸顶灯 1 套，柚木回风口 1 个。
2. 墙面：四壁裱糊普通壁纸，装踢脚板，安装双联开关、三孔插座 1 个。
3. 窗帘：窗帘盒装铝合金窗轨，贴壁纸，贵族绒窗帘布。
4. 地面：铺设化纤地毯。
5. 配套用品：转台餐桌 1 套，餐椅 8 把，酒柜 1 个，挂衣架 2 个。

编制人：　　　　　　　　审核人：

编 制 说 明

工程名称：某贸易有限公司餐厅

1. 本预算仅包括该项目的装饰部分的费用，不包括土建、设备安装项目。
2. 本预算套用《全国装饰工程预算定额》。
3. 本预算中工料分析及主要材料汇总省略。
4. 施工企业为丙级，距离工地35km，不进行施工图预算包干。
5. 本预算按装饰工程费用构成及规定的取费标准计算。
6. 本报价以施工图为编制依据。实际施工时若有改动，所发生的费用由现场签证确认。

编制人： 审核人：

工 程 量 计 算 表

工程名称：某贸易有限公司餐厅

定额编号	工程项目名称	单位	工程量	计 算 及 说 明
	天棚工程			
14-15	木龙骨天棚架	m^2	29.16	[(4－0.24)×(6.4－0.24)＋(2＋3.5)×2×0.2]×1.15
14-16	胶合板基层	m^2	29.16	[(4－0.24)×(6.4－0.24)＋(2＋3.5)×2×0.2]×1.15
14-17	基层贴壁纸	m^2	29.16	[(4－0.24)×(6.4－0.24)＋(2＋3.5)×2×0.2]×1.15
20-31	35×35天棚木压条（清漆）	m	41.84	[(4－0.24)×(6.4－0.24)]×2＋(2＋3.5)×4
32-60	柚木风口	个	1	1
	墙面工程			
94-245	墙面普通壁纸	m^2	69.18	[(4－0.24)×(6.4－0.24)]×2×(3.85＋0.05)－0.9×2－2×3.2
94-245	门窗侧壁壁纸	m^2	1.84	[(0.9＋2＋2)×0.1＋(2＋3.2)×2×0.1]×1.2
	地面工程			
115-304	化纤地毯	m^2	23.25	(4－0.24)×(6.4－0.24)＋0.1×0.9
92-239	柚木踢脚板（清漆）	m	19.84	[(4－0.24)＋(6.4－0.24)]×2
	其他工程			
47-106	窗帘盒（金属轨）	m	3.76	4－0.24
14-17	窗帘盒贴壁纸	m^2	0.56	(4－0.24)×0.15
72-189	贵族窗帘	m^2	17.60	(4＋0.4)×4，品牌按设计
260-1061	护套线敷设	m	20.00	20（包括开关、插座），规格品牌按设计
275-1148	双联开关安装	套	1	品牌按设计
276-1156	三孔插座安装	套	1	品牌按设计
270-1118	方吸顶灯安装	套	1	样式、品牌按设计
	脚手架工程			
11-11	满堂脚手架	m^2	23.16	(4－0.24)×(6.4－0.24)
	配套用品			
	转台餐桌	套	1	柚木（尺寸、品牌按设计）
	餐椅	把	8	柚木（尺寸、品牌按设计）
	酒柜	个	1	柚木（尺寸、品牌按设计）
	挂衣架	个	2	柚木（尺寸、品牌按设计）

编制人： 审核人：

直接费计算表［或工程预（结）算表］

工程名称：某贸易有限公司餐厅

定额编号	工程项目名称	单位	数量	单价（元）	合价（元）
	天棚工程				
14-15	木龙骨天棚架	m^2	29.16	45.76	1334.36
14-16	胶合板基层	m^2	29.16	25.46	742.41
14-17	基层贴壁纸	m^2	29.16	20.85	607.99
20-31	35×35天棚木压条（清漆）	m	41.84	18.35	761.16
32-60	柚木风口	个	1	180.36	180.36
	合计				3626.28
	墙面工程				
94-245	墙面普通壁纸	m^2	69.18	18.49	1279.14
94-245	门窗侧壁壁纸	m^2	1.84	18.49	34.02
	合计				1313.16
	地面工程				
115-304	化纤地毯	m^2	23.25	79.11	1839.31
92-239	柚木踢脚板（清漆）	m	19.84	48.15	955.30
	合计				2794.61
	其他工程				
47-106	窗帘盒（金属轨）	m	3.76	38.78	145.81
14-17	窗帘盒贴壁纸	m^2	0.56	15.48	8.67
72-189	贵族窗帘	m^2	17.60	85.13	1498.29
260-1061	护套线敷设	m	22.00	15.68	344.96
	护套线主材	m	22	3.50	77
275-1148	双联开关安装	套	1	5.08	5.08
	双联开关	套	1	35.00	35.00
276-1156	三孔插座安装	套	1	7.05	7.05
	三孔插座	套	1	28.00	28.00
270-1118	方吸顶灯安装	套	1	58.45	58.45
	方吸顶灯	套	1	450.00	450.00
	合计				2658.31
	脚手架工程				
11-11	满堂脚手架	m^2	23.16	3.96	91.71
	合计				91.71
	基本直接费合计	10484.07			
	配套用品				
	转台餐桌	套	1	2800.00	2800.00
	餐椅	把	8	260.00	2080.00
	酒柜	个	1	1500.00	1500.00
	挂衣架	个	2	390.00	390.00
	合计				6770.00
	配套用品实际费用	6770×（1＋3.5％＋3.2％）＝7223.59（元）			

编制人：　　　　　　　　　　　　审核人：

预算汇总表（或工程造价取费表）

工程名称：某贸易有限公司餐厅

序　号	费用名称	计 算 表 达 式	金额（元）
1	基本直接费	（人工＋材料＋机械）×工程量	10484.07
2	冬雨季施工增加费	（1）×1.3％	136.29
3	夜间施工增加费	（1）×1.5％	157.26
4	流动施工津贴费	（1）×1.2％	125.81
5	材料二次搬运费	（1）×3.1％	325.01
6	直接费	1＋2＋3＋4＋5	11228.44
7	施工管理费	（6）×17.41％	1954.87
8	远地施工增加费	（6）×2.4％	269.48
9	计划利润	（6）×7％	952.21
10	材料换算差价费		0
11	配套用品费	实际费用×（1＋3.5％＋3.2％）	7223.59
12	税金	（6＋7＋8＋9＋10＋11）×3.659％	799.76
13	总造价		22428.35

编制人：　　　　　　　　　　　　　　　　　　　　　　审核人：

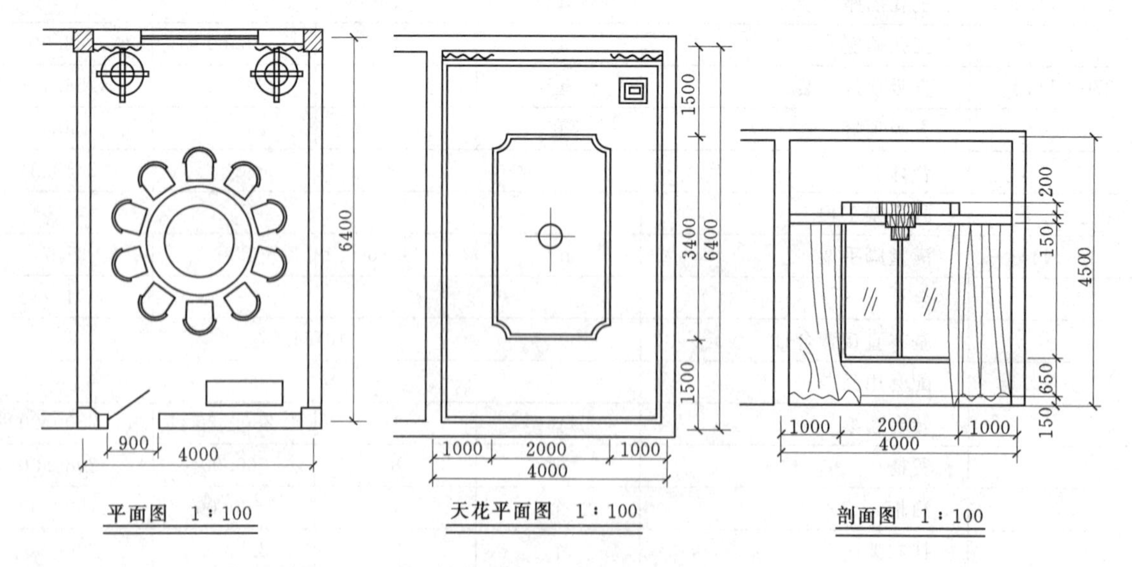

平面图　1∶100　　　天花平面图　1∶100　　　剖面图　1∶100

设计说明：餐厅天花采用木龙骨吊顶，贴顶棚纸，装吸顶灯，柚木风口；四壁贴普通壁纸；窗帘盒装铝合金窗轨，装窗帘；柚木踢脚板；装开关、插座各一个，铺化纤地毯；配套用品有餐桌、餐椅、酒柜、衣架等。

附录 4-2

装饰工程预算书

工 程 名 称：某公司办公楼

项 目 名 称：装饰工程

建 设 单 位：某公司

结 构 类 型：框架

建 筑 面 积：401.52m^2

工程总造价：570878 元

人民币大写：伍拾柒万零捌佰柒拾捌整

编　制　人：________

审　核　人：________

编 制 单 位：________

编 制 时 间：________

编　制　说　明

工程名称：某公司办公楼

1. 本预算仅包括该项目的装饰部分的费用，不包括土建、设备安装项目。
2. 本预算依据 2008 年《上海市建筑工程预算定额》（装饰工程部分）编制。
3. 本预算按上海市装饰工程造价计算顺序表及规定的取费标准计算。
4. 材料的市场指导价取上海市 2011 年 7 月的造价信息。
5. 本报价以施工图为编制依据。实际施工时若有改动，所发生的费用由现场签证确认。

编制人：　　　　审核人：

直接费计算表［或工程预（结）算表］

工程项目名称：某公司办公楼

定额编号	工程项目名称	单位	数量	单价（元）	合价（元）
	楼地面工程				
01-11换	花岗石地面换：中国黄	m^2	358.69	390.94	140226.27
01-12换	花岗石踢脚线换：中国黄	m^2	39.95	405.04	16181.35
01-11换	花岗石地面换：中国黄	m^2	66	390.94	25802.04
01-12换	花岗石踢脚线换：中国黄	m^2	8.21	405.04	3325.38
01-76	企口木地板铺在龙骨上	m^2	281.32	216.58	60928.29
01-14换	花岗石楼梯换：中国黄	m^2	11.04	651.68	7194.55
01-73	铜防滑条	m	28.6	27.72	792.79
01-12换	花岗石踢脚线换：中国黄	m^2	1.76	405.04	712.87
01-108	木扶手、木栏杆	m	7.61	138.90	1053.15
05-224	乳胶漆抹灰面两遍	m^2	11.93	2.75	32.81
05-224	乳胶漆抹灰面两遍	m^2	0.97	2.75	2.67
01-13	花岗石台阶换：中国黄	m^2	7.11	677.90	4819.87
01-11	花岗石地面换：中国黄	m^2	4.59	390.94	1794.41
01-73	铜防滑条	m	18.60	27.72	515.59
小计					263379.46
	墙柱面工程				
02-11换	花岗石墙裙换：天山冰	m^2	109.43	614.54	67249.11
05-273	外墙仿石型涂料	m^2	360.55	67.89	24477.74
05-274	墙面贴不拼花壁纸	m^2	692.31	17.64	12212.35
05-274	墙面贴不拼花壁纸	m^2	111.46	172.53	19230.07
02-205	护墙板（胶合板）	m^2	269.82	230.07	62077.49
05-224	乳胶漆抹灰面二遍	m^2	369.82	2.75	742.74
05-274	墙面贴不拼花壁纸	m^2	194.6	17.64	3432.74
05-274	墙面贴不拼花壁纸	m^2	43.59	17.64	768.93
05-273	外墙仿石型涂料	m^2	1.38	67.88	93.67
小计					130172.56
	天棚工程				
03-31	T形龙骨规格为0.6m×0.6m	m^2	347.98	51.20	17816.58
03-75	纸面石膏板天棚面层	m^2	347.98	14.32	4983.07
05-274	墙面贴不拼花壁纸	m^2	347.98	17.64	6138.37
03-31	T形龙骨规格为0.6m×0.6m	m^2	358.36	51.20	18348.03
03-75	纸面石膏板天棚面层	m^2	358.36	14.32	5131.72
05-274	墙面贴不拼花壁纸	m^2	358.36	17.64	6321.47
05-273	外墙仿石型涂料	m^2	10.4	67.89	706.06
小计					59443.60

续表

定额编号	工程项目名称	单位	数量	单价（元）	合价（元）
	门窗工程				
04-7	古铜色铝合金地簧门带上亮	m^2	6.48	266.22	1725.11
04-88	地簧安装	副	2.00	110.69	221.38
04-102	新做双扇木夹门	m^2	31.37	131.39	4121.70
04-96	新做木门框框料 50mm×100mm	m^2	35.70	89.40	3191.58
04-79	单层塑料窗安装	m^2	112.32	317.35	35644.75
小计					44904.38
	油漆工程				
05-218	木地板润油粉，水晶漆	m^2	281.32	17.04	4793.69
05-73换	润油粉醇酸清漆五遍单扇门	m^2	35.70	37.99	1356.24
05-75换	润油粉醇酸清漆五遍木扶手	m^2	135.60	8.38	1136.33
小计					7285.54
	其他工程				
06-131	硬木单轨窗帘盒安装	m	67.80	41.70	2827.26
小计					2827.26
合计					508012.82

编制人：　　　　　　　　　　审核人：

工程造价取费表

工程名称：某公司办公楼

序号	费用名称	计算表达式	金额（元）
1	装饰直接费		508012.82
2	主要材料价差		63256.91
3	机械价差		1061.73
4	人工价差		34064.87
5	定额直接费	(1)－(2)－(3)－(4)	409629.31
6	装饰辅助材料		5012.78
7	次要材料价差	(6)×27.6%	1383.53
8	直接费小计	(1)＋(7)	509396.35
9	施工准备费和施工管理费	(8)×6%	30563.78
10	利润	(8)×2%	10187.93
11	费用合计	(8)＋(9)＋(10)	550148.06
12	定额编制管理费	(8)×0.05%	254.70
13	工程质量监督费	(11)×0.15%	825.22
14	行业管理费	(11)×0.15%	825.22

续表

序　号	费 用 名 称	计算表达式	金额(元)
15	其他费用	(12)+(13)+(14)	1905.14
16	税金	[(11)+(15)]×3.41%	18825.01
17	总造价	(11)+(15)+(16)	570878.21

编制人：　　　　　　　　　　　　　　　　审核人：

人工、材料、机械汇总表

工程名称：某公司办公楼

序号	代号	材 料 名 称	单　位	数量	单价（元）	合价（元）
1	A003	抹灰	工日	479.25	28.00	13419.01
2	A004	木工	工日	537.852	28.00	15059.85
3	A008	油漆工	工日	481.419	28.00	13479.72
4	A013	防水工	工日	0.443	28.00	12.40
5	A019	其他工	工日	186.966	22.00	4113.25
6	A038	劳保福利费	工日	1684.682	5.25	8844.58
7	A039	劳保福利费	工日	1.248	5.75	7.17
8	C0003	425 号水泥	kg	9520.093	0.337	3209.89
9	C0005	白水泥白度 80－84	kg	197.041	0.536	105.61
10	C03284	防锈漆 Y53－32	kg	0.129	6.10	0.79
11	C0285	醇酸清漆 C01－1	kg	38.823	12.61	489.56
12	C0288	醇酸漆稀释剂 X－6	kg	6.624	7.15	47.49
13	C0308	清油 Y00－1	kg	7.127	15.28	108.90
14	C0309	光油 Y00－7	kg	13.116	14.10	184.94
15	C0311	108 胶	kg	26.584	2.10	55.83
16	C0324	草酸	kg	6.393	6.5	41.56
17	C0340	干老粉	kg	442.947	0.20	88.59
18	C0342	白石蜡	kg	24.244	10.10	244.86
19	C0343	上光蜡	kg	0.598	27.50	16.45
20	C0344	去污砂蜡	kg	1.785	9.10	16.24
21	C0353	煤油	kg	4.895	1.40	6.85
22	C0360	水工业	m^3	20.431	0.47	9.60
23	C0617	乳胶漆	kg	78.624	4.51	354.60
24	C0633	仿石型涂料	kg	3537.135	6.31	22319.32

续表

序号	代号	材料名称	单位	数量	单价（元）	合价（元）
25	C0634	装饰墙纸	m^2	1923.13	9.24	17769.72
26	C0637	其他材料费	元	957.289	1.00	957.29
27	C0790	臭油水	kg	223.422	1.50	335.13
28	C0816	黄铜丝	kg	8.503	18.00	153.05
29	C0873	边龙骨横撑	m	1888.188	4.50	8496.85
30	C0875	次连接件	只	459.121	0.60	275.47
31	C0881	吊筋	kg	167.403	2.80	468.73
32	C0883	边龙骨	m	456.296	4.60	2098.96
33	C0884	边龙骨吊挂件	个	3355.115	0.60	2013.07
34	C0921	软填料	kg	61.136	9.80	599.13
35	C0933	单层塑料窗	m^2	106.479	267.67	28501.33
36	C0369	滑石粉	kg	39.157	0.80	31.33
37	C0393	聚醋酸乙烯乳液	kg	443.63	5.20	2306.87
38	C0438	铜防滑条 50×5mm	m	49.56	24.50	1214.22
39	C0445	玻璃胶 0.4g/支	支	2.126	25.00	53.15
40	C0446	建筑密封油膏	kg	55.016	8.50	467.63
41	C0447	密封毛条	m	8.4	0.60	5.04
42	C0452	木料成材	m^3	0.689	1630.18	1123.39
43	C0456	硬木企口板 22mm 铺直条地板	m^2	295.386	161.92	47828.90
44	C0467	柳桉三合板 3mm	m^2	349.188	28.00	9777.26
45	C0476	纸面石膏板	m^2	741.657	11.74	8707.05
46	C0512	厚 3mm 平板玻璃	m^2	86.655	23.76	2058.92
47	C0516	厚 5mm 茶色玻璃	m^2	6.48	32.09	207.94
48	C0524	铝合金型材古铜色方管	kg	39.468	26.10	1030.12
49	CH089	M5.0 混合砂浆	m^3	0.118	99.11	11.68
50	CH097	水泥砂浆 1∶1	m^3	2.246	198.04	444.72
51	CH098	水泥砂浆 1∶2	m^3	9.903	171.83	1701.70
52	CH099	水泥砂浆 1∶2.5	m^3	2.911	160.17	466.23
53	CH108	素水泥浆	m^3	0.54	315.56	170.54
54	J287	木工圆锯，直径 500mm	台班	0.547	24.45	13.38
55	J298	木工裁口机	台班	0.392	33.40	13.09
56	J892	切割机	台班	13.317	38.21	508.85
57	J893	其他机械费	元	6.853	1.00	6.85
58	J894	综合机械费	元	336.956	1.00	336.96
59		金额合计				519659.44

编制人：　　　　　　　　　　　　　　　　　　　　　审核人：

附录 4－3

工 程 名 称：某郊区高级别墅公寓套房

项 目 名 称：装饰工程

建 设 单 位：某房地产公司

套 内 面 积：$83.52m^2$

工 程 总 造 价：66903.37 元

单位面积造价：801.05 元/m^2

人 民 币 大 写：陆万陆千玖百零叁元叁角柒分整

编 制 人：__________

审 核 人：__________

编 制 单 位：__________

编 制 时 间：__________

编 制 说 明

工程名称：某郊区高级别墅公寓套房

1. 本预算仅包括该项目的装饰部分的费用，不包括土建、设备安装项目。
2. 本预算根据业主提供的某别墅公寓套房装饰“A 型”施工图及说明编制。
3. 本预算依据 2008 年版《建筑装饰工程参考定额与报价》编制。
4. 间接费采用北京市 2002 年 4 月 1 日起执行的“北京市建设工程费用定额”及修改文件。
5. 本预算编制依据以双方签字合同书为依据文件。实际施工时若有改动，所发生的费用由现场签证确认。

编制人：　　　　审核人：

直接费计算表［或工程预（结）算表］

工程项目名称：某郊区高级别墅公寓套房

定额编号	工 程 项 目 名 称	单位	数量	单价（元）	合价（元）	其中人工费（元）	
						单价	合价
1-124	柚木地板制作与安装	m^2	58.20	420.25	24458.55	40.50	2357.10
5-159	柚木地板油漆	m^2	58.20	27.55	1603.41	7.92	460.94
1-179	柚木地板踢脚线制作与安装	m	62.00	32.94	2042.28	4.50	279.00
5-140	柚木地板踢脚线油漆	m	62.00	10.57	655.34	5.13	318.06
4-013	柚木饰面实心门制作、安装	m^2	18.61	342.81	6376.30	139.95	2603.10
5-010	柚木饰面实心门涂亚光漆	m^2	18.61	84.80	1578.13	28.80	535.97
6-097	柚木压线条制作、安装	m	85.00	11.25	956.25	3.06	260.10
5-199	柚木压线条油漆	m	85.00	3.79	322.15	1.71	145.35
5-265	天棚、墙面批嵌腻子	m^2	145.82	5.58	813.68	3.87	564.32
5-312	天棚、墙面刷乳胶漆	m^2	145.82	15.54	2266.04	5.58	813.68
7-35	卫生间铝镁合金方板吊顶	m^2	7.60	270.20	2050.83	27.00	205.00
1-71	铺同质地砖 450mm×450mm	m^2	10.00	100.12	1001.20	23.40	234.00
2-059	墙面贴瓷砖 200mm×300mm	m^2	40.38	106.99	4320.26	27.00	1090.26
4-82	大理石窗台板	m^2	3.33	493.30	1642.69	54.00	179.82
7-49	洗漱台大理石台面	块	1.00	398.78	398.78	108.00	108.00
7-60	卫生间磨边白镜	m^2	2.56	296.06	722.40	63.00	153.80
$(4-89)_{换}$	大理石门槛制作、安装（100mm）	m	2.50	40.51	97.30	4.59	12.00
$(7-39)_{换}$	洗面台下木柜制作、油漆	个	1.00	430.10	430.10	270.00	270.00
	检修孔制作、安装、油漆	个	1.00	80.00	80.00	25.00	25.00
	合计				51810.21		10606.20

编制人：　　　　　　　　　　　　　　　　审核人：

工 程 造 价 取 费 表

工程项目名称：某郊区高级别墅公寓套房

序　号	费用名称	计 算 表 达 式	金额（元）
1	直接费		51810.21
	其中（A）人工费		10606.20
2	临时设施费	（A）×15%	1590.93
3	现场经费	（A）×26%	2757.61
4	企业管理费	（A）×44.6%	4730.37
5	利润	［(1)＋(4)］×7%	3957.84
6	税金	［(1)＋(4)＋(5)］×3.4%	2056.95
7	总造价	(1)＋(2)＋(3)＋(4)＋(5)＋(6)	66903.37

编制人：　　　　　　　　　　　　　　　　审核人：

附录 4－4

工 程 名 称：某花园小区独栋别墅

项 目 名 称：装饰工程

建 设 单 位：某房地产开发有限公司

套 内 面 积：360.52m^2

工 程 总 造 价：745579.49 元

单位面积造价：2068.07 元/m^2

人 民 币 大 写：柒拾肆万伍仟伍佰柒拾玖元肆角玖分整

编　制　人：________

审　核　人：________

编 制 单 位：________

编 制 时 间：________

编 制 说 明

工程名称：某花园小区独栋别墅

1. 本预算仅包括该项目的装饰部分的费用，不包括土建、设备安装项目，仅包括室内煤气管路安装。
2. 本预算报价包含活动家具外的所有设计内容包括室外平台、码头。
3. 本预算根据业主提供的某花园小区独栋别墅装饰“B 型”施工图及说明编制。
4. 本预算报价依据“本地区 2009 年版本《建筑装饰工程参考定额与报价》”编制。
5. 本预算编制依据以双方签字合同书为依据文件。实际施工时若有改动，所发生的费用由现场签证确认。

编制人：　　　　审核人：

装饰工程预算报价总表

工程名称：某花园小区独栋别墅

序号	工程项目	合计（元）
1	门厅	12544.00
2	书房兼客房	7376.00
3	客厅	29859.44
4	一层过道	14566.50
5	楼梯	57716.25
6	佣人房	7493.80
7	家庭室	20443.00
8	餐厅	34987.50
9	厨房	60980.00
10	储藏室	4910.00
11	卫生间	17969.00
12	洗衣房、锅炉房	14550.50
13	衣柜间	19877.50
14	二层过道	13553.00
15	娱乐室	14587.00
16	主人房	36324.20
17	主人书房	29367.00
18	主卫生间	50347.50
19	主更衣室	24544.00
20	阳台 1	2217.00
21	二楼卫生间	20545.50
22	卧室 1	14243.52
23	卧室 2	17642.70
24	阳台 2	2103.50
25	强弱电	59230.00
26	其他配套	43000.00
小计	装饰工程合计	627978.41
	装饰工程九五折优惠	596579.49
1	地暖工程	50000.00
2	厨房设备（冰箱、烤箱、微波炉、洗碗机、洗衣机）	19000.00
3	海尔中央空调	80000.00
小计		149000.00
工程总造价		745579.49

承包商：×××装饰工程有限公司　　　　业主：

签字：　　　　签字：

装饰工程预算报价明细表

工程名称：××花园×××装饰工程

序号	工程项目	单位	数量	单价（元）	小计（元）	合计（元）
	一、门厅					12544.00
1	顶棚轻钢龙骨石膏板造型	m^2	8.60	190.00	1634.00	
2	顶棚刮腻子并刷乳胶漆 ICI	m^2	8.00	45.00	360.00	
3	墙面刮腻子并刷乳胶漆 ICI	m^2	11.20	45.00	504.00	
4	地面铺设米黄大理石	m^2	8.60	680.00	5848.00	
5	木制鞋柜及上端景台	m	1.50	1900.00	2850.00	
6	制作安装柚木踢脚板	m	6.00	58.00	348.00	
7	原墙拆除	项	1.00	1000.00	1000.00	
	二、书房兼客房					7376.00
1	顶棚轻钢龙骨石膏板造型	m^2	10.00	190.00	1900.00	
2	顶棚刮腻子并刷乳胶漆 ICI	m^2	10.00	45.00	450.00	
3	墙面刮腻子并刷乳胶漆 ICI	m^2	26.00	45.00	1170.00	
4	窗帘盒制作安装	m	4.00	90.00	360.00	
5	地面铺设地砖	m^2	10.00	280.00	2800.00	
6	制作安装柚木踢脚板	m	12.00	58.00	696.00	
	三、客厅					29859.44
1	顶棚轻钢龙骨石膏板造型	m^2	26.10	190.00	4959.00	
2	顶棚刮腻子并刷乳胶漆 ICI	m^2	26.10	45.00	1174.50	
3	墙面刮腻子并刷乳胶漆 ICI	m^2	44.10	45.00	1984.50	
4	窗帘盒制作安装	m	6.36	90.00	572.40	
5	壁炉制作安装	项	1.00	2500.00	2500.00	
6	地面铺设米黄大理石	m^2	26.10	680.00	17748.00	
7	制作安装柚木踢脚板	m	15.88	58.00	921.04	
	四、一层过道					14566.50
1	顶棚轻钢龙骨石膏板造型	m^2	21.70	190.00	4123.00	
2	顶棚刮腻子并刷乳胶漆 ICI	m^2	21.70	45.00	976.50	
3	墙面刮腻子并刷乳胶漆 ICI	m^2	85.00	45.00	3825.00	
4	地面铺设拼花地砖	m^2	21.70	260.00	5642.00	
	五、楼梯					57716.25
1	墙面刮腻子并刷乳胶漆 ICI	m^2	15.25	45.00	686.25	
2	原楼梯部分拆除	项	1.00	2500.00	2500.00	
3	钢筋混凝土楼梯	项	1.00	3000.00	3000.00	
4	楼梯实木扶手至三楼	m	18.00	580.00	10440.00	
5	踏步安装实木踏板	m^2	26.00	450.00	11700.00	
6	二楼平台钢结构浇混凝土	m	18.00	480.00	8640.00	

续表

序号	工程项目	单位	数量	单价（元）	小计（元）	合计（元）
7	阁楼钢结构楼梯	m	5.00	600.00	3000.00	
8	阁楼钢结构及楼地板	m^2	15.00	650.00	9750.00	
9	阁楼木制柜	m	5.00	1600.00	8000.00	
	六、佣人房					7493.80
1	顶棚轻钢龙骨石膏板造型	m^2	6.10	190.00	1159.00	
2	顶棚刮腻子并刷乳胶漆 ICI	m^2	6.10	45.00	274.50	
3	墙面刮腻子并刷乳胶漆 ICI	m^2	25.50	45.00	1147.50	
4	柚木实木线门套及清漆	m	5.00	320.00	1600.00	
5	提供及安装木门及五金	扇	1.00	1600.00	1600.00	
6	地面铺设地砖	m^2	6.10	180.00	1098.00	
7	制作安装柚木踢脚板	m	10.60	58.00	614.80	
	七、家庭室					20433.00
1	顶棚轻钢龙骨石膏板造型	m^2	12.00	190.00	2280.00	
2	顶棚刮腻子并刷乳胶漆 ICI	m^2	12.00	45.00	540.00	
3	原墙拆除	项	1.00	600.00	600.00	
4	新砌隔墙	项	1.00	1200.00	1200.00	
5	墙面刮腻子并刷乳胶漆 ICI	m^2	28.20	45.00	1269.00	
6	电视柜制作	m	2.80	2500.00	7225.00	
7	背景墙处理	m^2	6.90	480.00	3312.00	
8	窗帘盒制作安装	m	1.50	90.00	135.00	
9	地面铺设地砖	m^2	12.00	280.00	3360.00	
10	制作安装柚木踢脚板	m	9.00	58.00	522.00	
	八、餐厅					34987.50
1	顶棚轻钢龙骨石膏板造型	m^2	15.70	190.00	2983.50	
2	顶棚刮腻子并刷乳胶漆 ICI	m^2	15.70	45.00	706.50	
3	墙面刮腻子并刷乳胶漆 ICI	m^2	31.00	45.00	1395.00	
4	地面铺设地砖	m^2	15.70	280.00	4396.00	
5	制作安装柚木踢脚板	m	11.50	58.00	667.00	
6	室外平台铺木地板	m^2	69.00	360.00	24840.00	
	九、厨房					60980.00
1	原墙拆除		1.00	750.00	750.00	
2	顶棚轻钢龙骨石膏板造型	m^2	28.00	190.00	5320.00	
3	顶棚刮腻子并刷乳胶漆 ICI	m^2	28.00	45.00	1260.00	
4	地面铺设地砖	m^2	28.00	280.00	7840.00	
5	墙面贴墙砖含防潮处理	m^2	35.00	280.00	9800.00	
6	上下水管路按铜管	项	1.00	2500.00	2500.00	

续表

序号	工程项目	单位	数量	单价（元）	小计（元）	合计（元）
7	木制橱柜及人造石台面	m	7.50	3600.00	27000.00	
8	木质吊柜（含排油烟机）	m	3.10	2100.00	6510.00	
	十、储藏室					4910.00
1	顶棚刮腻子并刷乳胶漆 ICI	m^2	3.20	45.00	144.00	
2	墙面刮腻子并刷乳胶漆 ICI	m^2	22.00	45.00	990.00	
3	柚木实木线门套及清漆	m	5.00	320.00	1600.00	
4	提供及安装木门及五金	扇	1.00	1600.00	1600.00	
5	铺设 300×300 地砖	m^2	3.20	180.00	576.00	
	十一、卫生间					17969.00
1	轻钢龙骨防水石膏板吊顶	m^2	3.80	190.00	722.00	
2	顶棚刮腻子并刷乳胶漆 ICI	m^2	3.80	45.00	171.00	
3	柚木实木线门套及清漆	m	5.00	320.00	1600.00	
4	提供及安装木门及五金	扇	1.00	1600.00	1600.00	
5	地面铺设地砖	m^2	3.80	220.00	836.00	
6	墙面贴墙砖含防潮处理	m^2	27.00	220.00	5940.00	
7	提供及安装镜子 550×1000	块	1.00	350.00	350.00	
8	提供及安装排风扇（正野）	套	1.00	450.00	450.00	
9	提供及安装坐便器（科勒）	套	1.00	3500.00	3500.00	
10	提供及安装洗手盆（科勒）	套	1.00	1450.00	1450.00	
11	提供及安装台盆龙头	套	1.00	1350.00	1350.00	
	十二、洗衣房、锅炉房					14550.50
1	轻钢龙骨防水石膏板吊顶	m^2	6.70	190.00	1273.50	
2	顶棚刮腻子并刷乳胶漆 ICI	m^2	6.70	45.00	301.50	
3	柚木实木线门套及清漆	m	10.00	320.00	3200.00	
4	提供及安装木门及五金	扇	2.00	1600.00	3200.00	
5	地面铺设地砖	m^2	6.70	180.00	1206.00	
6	墙面贴墙砖含防潮处理	m^2	23.00	190.00	4347.00	
7	提供及安装镜子 550×1000	块	1.00	550.00	550.00	
8	提供及安装排风扇（正野）	套	1.00	450.00	450.00	
	十三、衣柜间					19877.50
1	轻钢龙骨石膏板吊顶	m^2	5.10	230.00	1173.00	
2	顶棚刮腻子并刷乳胶漆 ICI	m^2	5.10	45.00	229.50	
3	墙面刮腻子并刷乳胶漆 ICI	m^2	16.00	45.00	720.00	
4	柚木实木线门套及清漆	m	5.00	320.00	1600.00	
5	提供及安装木门及五金	扇	1.00	1600.00	1600.00	
6	铺设柚木实木地板含龙骨	m^2	5.10	350.00	1785.00	

续表

序号	工程项目	单位	数量	单价（元）	小计（元）	合计（元）
7	制作安装柚木踢脚板	m	5.00	58.00	290.00	
8	制作安装木制衣柜	m	4.80	2600.00	1280.00	
	十四、二层过道					13553.00
1	顶棚轻钢龙骨石膏板造型	m^2	22.00	190.00	418.00	
2	顶棚刮腻子并刷乳胶漆 ICI	m^2	22.00	45.00	990.0	
3	墙面刮腻子并刷乳胶漆 ICI	m^2	49.00	45.00	2205.00	
4	铺设柚木实木地板含龙骨	m^2	15.00	350.00	5250.00	
5	制作安装柚木踢脚板	m	16.00	58.00	928.00	
	十五、娱乐室					14587.00
1	顶棚轻钢龙骨石膏板造型	m^2	10.00	190.00	1900.00	
2	顶棚刮腻子并刷乳胶漆 ICI	m^2	10.00	45.00	450.00	
3	墙面刮腻子并刷乳胶漆 ICI	m^2	26.20	45.00	1179.00	
4	铺设柚木实木地板含龙骨	m^2	10.00	360.00	3600.00	
5	制作安装柚木踢脚板	m	9.00	58.00	522.00	
6	制作安装电视墙	m	1.10	260.00	286.00	
7	制作安装电脑桌	m	2.66	2500.00	6650.00	
	十六、主人房					36324.20
1	轻钢龙骨石膏板局部吊顶	m^2	18.00	190.00	3420.00	
2	顶棚刮腻子并刷乳胶漆 ICI	m^2	18.00	45.00	810.00	
3	墙面刮腻子并贴壁纸	m^2	35.00	85.00	2975.00	
4	柚木窗套及清漆	m	16.80	280.00	4704.00	
5	窗帘盒制作安装	m	4.60	90.00	414.00	
6	柚木实木线门套及清漆	m	8.00	320.00	2560.00	
7	提供及安装木门及五金	扇	2.00	5200.00	10400.00	
8	铺设柚木实木地板含龙骨	m^2	17.40	360.00	6264.00	
9	制作安装柚木踢脚板	m	13.40	58.00	777.20	
10	制作安装电视柜	m	1.60	2500.00	4000.00	
	十七、主人书房					29367.00
1	轻钢龙骨石膏板局部吊顶	m^2	2.40	190.00	456.00	
2	顶棚刮腻子并刷乳胶漆 ICI	m^2	19.40	45.00	873.00	
3	墙面刮腻子并刷乳胶漆 ICI	m^2	47.00	45.00	2115.00	
4	柚木窗套及清漆	m	9.00	280.00	2520.00	
5	窗帘盒制作安装	m	2.10	90.00	189.00	
6	柚木实木线门套及清漆	m	11.00	320.00	3520.00	
7	提供及安装木门及五金	扇	1.00	1600.00	1600.00	
8	铺设柚木实木地板含龙骨	m^2	19.00	350.00	6650.00	

续表

序号	工程项目	单位	数量	单价（元）	小计（元）	合计（元）
9	制作安装柚木踢脚板	m	18.00	58.00	1044.00	
10	制作木制书柜	m	4.00	2600.00	10400.00	
	十八、主卫生间					50347.50
1	轻钢龙骨防水石膏板吊顶	m^2	11.70	190.00	2223.00	
2	顶棚刮腻子并刷乳胶漆ICI	m^2	11.70	45.00	526.50	
3	柚木实木线门套及清漆	m	4.80	320.00	1536.00	
4	提供及安装木门及五金	扇	1.00	1600.00	1600.00	
5	原墙拆除	项	1.00	800.00	800.00	
6	新砌隔墙	项	1.00	1000.00	1000.00	
7	地面铺设地砖	m^2	29.50	220.00	6469.00	
8	墙面贴墙砖含防水处理	m^2	11.70	220.00	2574.00	
9	12厘钢化玻璃淋浴房	m^2	3.60	780.00	2808.00	
10	提供及安装镜子1500×600	块	1.00	450.00	450.00	
11	提供及安装排风扇（正野）	套	1.00	450.00	450.00	
12	提供及安装坐便器（科勒）	套	1.00	3500.00	3500.00	
13	提供及安装洗手盆（科勒）	套	1.00	1450.00	1450.00	
14	提供安装花洒	套	1.00	1500.00	1500.00	
15	提供及安装台盆龙头	套	1.00	1350.00	1350.00	
16	提供及安装台浴缸	套	1.00	22000.00	22000.00	
17	地面抬高	m^2	1.50	60.00	90.00	
	十九、主更衣室					21544.00
1	轻钢龙骨防水石膏板吊顶	m^2	4.80	190.00	912.00	
2	顶棚刮腻子并刷乳胶漆ICI	m^2	4.80	45.00	216.00	
3	柚木实木线门套及清漆	m	4.80	320.00	1536.00	
4	提供及安装木门及五金	扇	1.00	1600.00	1600.00	
5	木制衣柜	m	6.00	2600.00	15600.00	
6	地面铺设实木地板	m^2	4.80	350.00	1680.00	
	二十、阳台1					2217.00
1	顶棚刮腻子并刷乳胶漆ICI	m^2	10.00	45.00	450.00	
2	地面300×300防滑砖	m^2	9.30	190.00	1767.00	
	二十一、二楼卫生间3					20545.50
1	轻钢龙骨防水石膏板吊顶	m^2	5.10	230.00	1173.00	
2	顶棚刮腻子并刷乳胶漆ICI	m^2	5.10	45.00	229.50	
3	柚木实木线门套及清漆	m	4.80	320.00	1536.00	
4	提供及安装木门及五金	扇	1.00	1600.00	1600.00	
5	贴高级瓷砖及防水处理	m^2	23.00	180.00	4140.00	

续表

序号	工程项目	单位	数量	单价（元）	小计（元）	合计（元）
6	地面铺高级地砖防水处理	m^2	5.10	180.00	918.00	
7	提供及安装坐便器（科勒）	套	1.00	3500.00	3500.00	
8	提供及安装洗手盆（科勒）	套	1.00	1450.00	1450.00	
9	提供及安装花洒	套	1.00	1350.00	1350.00	
10	提供及安装台盆龙头	套	1.00	1350.00	1350.00	
11	钢化玻璃淋浴房	m^2	2.59	1100.00	2849.00	
12	提供及安装排风扇（正野）	套	1.00	450.00	450.00	
13	提供及安装洗手盆（科勒）	套	1.00	1450.00	1450.00	
14	提供及安装花洒	套	1.00	1500.00	1500.00	
15	提供及安装台盆龙头	套	1.00	1350.00	1350.00	
16	提供及安装台浴缸	套	1.00	22000.00	22000.00	
17	地面抬高	m^2	1.50	60.00	90.00	
	二十二、卧室 1					14243.52
1	轻钢龙骨石膏板局部吊顶	m^2	3.00	190.00	570.00	
2	顶棚刮腻子并刷乳胶漆 ICI	m^2	15.20	45.00	684.00	
3	墙面刮腻子并刷乳胶漆 ICI	m^2	35.00	45.00	1575.00	
4	柚木窗套及清漆	m	6.60	280.00	1848.00	
5	窗帘盒制作安装	m	2.00	90.00	180.00	
6	柚木实木线门套及清漆	m	5.00	320.00	1600.00	
7	提供及安装木门及五金	扇	1.00	1600.00	1600.00	
8	铺设柚木实木地板含龙骨	m^2	15.20	350.00	5320.00	
9	制作安装柚木踢脚板	m	14.94	58.00	866.52	
	二十三、卧室 2					17642.70
1	轻钢龙骨石膏板局部吊顶	m^2	2.00	190.00	380.00	
2	顶棚刮腻子并刷乳胶漆 ICI	m^2	15.50	45.00	697.50	
3	墙面刮腻子并刷乳胶漆 ICI	m^2	37.00	38.00	1440.20	
4	阳台柚木实木线门套	m	6.50	280.00	1820.00	
5	柚木实木线门套及清漆	m	5.00	320.00	1600.00	
6	提供及安装木门及五金	扇	1.00	1600.00	1600.00	
7	铺设柚木实木地板含龙骨	m^2	15.50	350.00	5425.00	
8	制作安装柚木踢脚板	m	13.00	360.00	4680.00	
	二十四、阳台 2					2103.50
1	顶棚刮腻子并刷乳胶漆 ICI	m^2	6.30	45.00	283.50	
2	地面 300×300 防滑砖	m^2	6.50	280.00	1820.00	
	二十五、强弱电					59230.00
1	提供及安装配电箱及线路	套	1.00	6000.00	6000.00	

续表

序号	工程项目	单位	数量	单价（元）	小计（元）	合计（元）
2	提供安装空调总电源线路	套	1.00	1600.00	1600.00	
3	146 二位 10A 联体五眼插座及线路（西门子）	个	20.00	260.00	5200.00	
4	一位 10A 双联二极两用插座及线路（西门子）	个	29.00	260.00	7540.00	
5	16A2500W 三极插座及线路（西门子）	个	2.00	220.00	440.00	
6	单开关 16A 三极及线路（西门子）	个	1.00	200.00	200.00	
7	一位八芯电脑插座及线路	个	5.00	380.00	1900.00	
8	一位八芯电话插座及线路	个	5.00	260.00	1300.00	
9	一位电视插座及线路	个	4.00	320.00	1280.00	
10	一位宽频电视插座及线路	个	2.00	350.00	700.00	
11	刮须插座及线路	个	3.00	320.00	960.00	
12	防溅面盖插座及线路	个	1.00	320.00	320.00	
13	单联开关及线路	个	10.00	260.00	2600.00	
14	双联开关及线路	个	6.00	220.00	1320.00	
15	三联开关及线路	个	5.00	220.00	1100.00	
16	双控开关及线路	个	1.00	220.00	220.00	
17	天花射灯及线路	个	9.00	220.00	1980.00	
18	天花筒灯及线路	个	60.00	220.00	13200.00	
19	暗藏灯及线路	个	26.00	190.00	4940.00	
20	三联嵌灯及线路	个	2.00	320.00	640.00	
21	天花吸顶灯及线路	个	7.00	260.00	1820.00	
22	卫生间浴霸	个	3.00	650.00	1950.00	
23	壁灯及线路	个	8.00	260.00	2080.00	
	二十六、其他配套					43000.00
1	室内煤气管道安装	项	1.00	15500.00	15500.00	
2	物业管理费	项	1.00	3000.00	3000.00	
3	垃圾清运费	项	1.00	5000.00	5000.00	
4	竣工清洁	项	1.00	3000.00	3000.00	
5	河边码头制作	项	1.00	6000.00	6000.00	
6	窗帘制作安装	项	1.00	6000.00	6000.00	
7	二楼娱乐室加外窗改造	项	1.00	1500.00	1500.00	
8	室内空气检测	项	1.00	3000.00	3000.00	

第5章

工程量清单计价规范概述

【本章重点与难点】

1. 工程量清单的概念和编码。
2. 工程量清单计价概念。
3. 工程量清单及其计价的格式构成（重点）。

5.1 工程量清单计价的内涵与作用

5.1.1 工程量清单计价的内涵

1. 工程量清单计价概念

工程量清单计价是一种国际上通行的工程造价计价方式，是在建设工程招投标中，招标人按照国家统一的《建筑工程工程量清单计价规范》（GB 50500—2003）（下称《计价规范》）的要求以及施工图纸，提供工程量清单，由投标人依据工程量清单、施工图、企业定额、市场价格自主报价，并经评审后，合理低价中标的工程造价计价方式。工程量清单计价包括工程量清单和工程量清单报价两个方面。

2. 工程量清单概念

工程量清单是指表示拟建工程的分部分项工程项目、措施项目、其他项目名称和相应数量的明细清单，是招标人按照招标要求和施工设计图样规定，将拟建招标工程的全部项目和内容，依据工程量清单计价规范附录中统一的项目编码、项目名称、计量单位和工程量计算规则进行编制，包括分部分项工程量清单、措施项目清单、其他项目清单等。

工程量清单是工程量清单计价的重要手段和工具，是彻底改革传统计价制度和方法以及改革招投标程序和模式的重要标志。工程量清单计价方法和模式是一套符合市场经济规律的科学报价体系，对改革我国建设工程传统的计价制度和方法具有重要的现实意义和作用。

5.1.2 工程量清单计价的意义

1. 工程造价管理深化改革的产物

在计划经济体制下，我国承发包以计价、定价和工程预算定额作为主要依据。20世纪90年代后期，为了适应市场经济对建设市场改革的要求，提出了“控制量、指导价、竞争费”的改革措施。其中对工程预算定额改革的主要思路和原则是：将工程预算定额中的人工、材料、机械的消耗量和相应的单价分离，人、材、机的消耗量是国家根据有关规范、标准以及社会的平均水平来确定的。“控制量”，目的就是保证工程质量；“指导价”，就是要使工程造价逐步走向市场形成价格。

工程量清单计价提供了一种由市场形成价格的新模式，将改革以工程预算定额为计价依据的计价模式。我国改革开放以来，工程建设成就巨大，但是资源浪费也极为严重，重复建设和“三超”现象仍较严重。其根本问题在于政府（包括制度、法律、法规）、建设行业（包括业主、监理、咨询、工程承包商和银行、保险、材料与设备配套供应与租赁行业等）与市场之间没有形成良性工程造价管理与控制的有效市场运行机制。为了改变工程建设中存在的种种问题，推行工程量清单计价是充分发挥市场价值与竞争机制的作用，形成和完善工程造价政府宏观调控，市场竞争决定价格，将工程造价管理纳入法治的轨道，是规范建设市场经济秩序的一项治本之策。这将会给我国建设市场和工程建设与行业的发展带来更大的活力。

2. 规范建设市场秩序，适应社会主义市场经济发展的需要

工程造价是工程建设的核心内容，也是建设市场运行的核心内容，建设市场上存在许多不规范行为，大多与工程造价有关。工程预算定额定价在公开、公平、公正竞争方面缺乏合理完善的机制。实现建设市场的良性发展，除了法律法规和行政监管以外，发挥市场机制的“竞争”和“价格”作用是治本之策。工程量清单计价是市场形成工程造价的主要形式，它把报价权交给了企业。从而规范了建设市场秩序。主要体现在：

（1）有利于人们转变传统定额依据观念，树立新的市场观，变靠政府为靠自己，运用法律法规保护企业利益，靠改善营销策略和挖掘技术潜力获得最大回报。

（2）有利于规范业主招标盲目压价、暗箱操作等不正之风，体现公开、公平、公正的原则；同时也有利于发挥建筑企业自主报价能力，促进企业在营销决策、技术管理和企业定额等基础工作上下工夫，在创品牌上努力攀登。

（3）有利于实现由政府定价到市场定价，发挥政府宏观调控和行业管理作用。

总之，有利于充分发挥政府、社会公众、业主、承包商之间的协调作用，创造政府宏观调控、企业自主定价的市场环境，保障了投资、建设、施工各方的利益。

3. 促进建设市场有序竞争和企业健康发展的需要

采用工程量清单计价模式招标投标，由于工程量清单是招标文件的组成部分，招标单位必须编制出准确的工程量清单，并承担相应的风险，从而促进招标单位提高管理水平。由于工程量清单是公开的，将避免工程招标中的弄虚作假、暗箱操作等不规范行为。采用工程量清单报价，施工企业必须对单位工程成本、利润进行分析，统筹考虑、精心选择施工方案，并根据企业定额合理确定人工、材料、施工机械等要素的投入与配置，优化组合，合理控制现场人、材、机费用和施工技术措施费用，从而确定本企业具有竞争力的投标价。

工程量清单计价的实行，有利于规范建设市场计价行为，规范建设市场秩序，促进建设市场有序竞争；有利于控制建设项目投资，合理利用资源；有利于促进技术进步，提高劳动生产率。

此外，建设市场计价行为和市场秩序的规范，将有利于控制建设项目投资，合理利用资源，提高工程质量，加快工程建设周期，从根本上提高建设业整体即设计、咨询、监理、承包等企业的整体素质和企业间的协调能力，改善协作条件。

4. 适应我国加入世界贸易组织（WTO），与国际建设市场相结合的需要

由于我国改革开放的进一步深化，中国经济日益融入全球市场，特别是我国加入世界贸易组织（WTO）后，建设市场将进一步对外开放。国外的企业以及投资的项目越来越多地进入国内市场，我国企业走出国门在海外投资和经营的项目也在增加。为了适应这种对外开放建设市场的形势，就必须与国际通行的计价方法相衔接，为建设市场主体创造一个与国际惯例接轨的市场竞争环境。

5. 有利于转变我国工程造价管理中的政府职能

按照政府部门真正履行起“经济调节、市场监管、社会管理和公共服务”职能的要求，政府对工程造价管理的模式要相应改变，将推行政府宏观调控、企业自主报价、市场竞争形成价格、社会全面监督的工程造价管理思路。实行工程量清单计价，将会有利于转变我国工程造价管理的政府职能，由过去政府控制的指令性定额转变为制定适应市场经济规律需要的工程量清单计价方法，由过去行政直

接干预转变为对工程造价依法监管，有效地强化政府对工程造价的宏观调控。

6. 有利于我国工程承包管理体制的完善

工程总承包是指从事工程总承包的企业受业主委托，按照合同约定对工程项目的勘察、设计、采购、施工、试运行（竣工验收）等实行全过程或若干阶段的承包。工程总承包企业按照合同约定对工程项目的质量、工期、造价等向业主负责。工程总承包企业可依法将所承包工程中的部分工作发包给具有相应资质的分包企业；分包企业按照分总承包企业在合同中约定对总承包企业负责。从这里可以看到，我国工程承包管理体制和计价方式改革都已经启动，是相辅相成、相互渗透的配套改革措施。实行工程量清单计价将会给我国工程总承包管理体制和总承包企业与工程项目管理企业的建立创造更有利的条件，并会起到积极的推动作用。工程量清单计价是国际通行的计价做法，在我国实行工程量清单计价，有利于提高国内建设各方主体参与国际化竞争的能力，有利于提高工程建设的管理水平，规范国内建筑市场，形成市场有序竞争的新机制。

5.1.3 工程量清单计价的作用

1. 充分引入市场竞争机制，规范招标投标行为

1984年11月国家出台了《建筑工程招标投标暂行规定》，在工程施工发包与承包中开始实行招投标制度，但无论是业主编制标底，还是承包商编制报价，在计价规则上均未超出定额规定的范畴。这种传统的以定额为依据、施工图预算为基础、标底为中心的计价模式和招标方式，因为建筑市场发育尚不成熟，监管尚不到位，加上定额计价方式的限制，原本通过实行招标投标制度引入竞争机制，却没有完全起到竞争的作用。

对于市场主体的企业，应具有根据其自身的生产经营状况和市场供求关系自主决定其产品价格的权利，而原有工程预算由于定额项目和定额水平总是与市场相脱节，价格由政府确定，投标竞争往往蜕变为预算人员水平的较量，还容易诱导投标单位采取不正当手段去探听标底，严重阻碍了招投标市场的规范化运作。

把定价权交还给企业和市场，取消定额的法定作用，在工程招标投标程序中增加“询标”环节，让投标人对报价的合理性、低价的依据、如何确保工程质量及落实安全措施等进行详细说明。通过询标，不但可以及时发现错、漏、重等报价，保证招投标双方当事人的合法权益，而且还能将不合理报价、低于成本报价排除在中标范围之外，有利于维护公平竞争和市场秩序，又可改变过去“只看投标总价，不看价格构成”的现象，排除了“投标价格严重失真也能中标”的可能性。

2. 实行量价分离、风险分担，强化中标价的合理性

现阶段工程预算定额及相应的管理体系在工程发承包计价中调整双方利益和反映市场实际价格、需求方面还有许多不相适应的地方。市场供求失衡，使一些业主不顾客观条件，人为压低工程造价，导致标底不能真实反映工程价格，招标投标缺乏公平和公正，承包商的利益受到损害。还有一些业主在发包工程时就有自己的主观倾向，或因收受贿赂，或因碍于关系、情面，总是希望自己想用的承包商中标，所以标底泄漏现象时有发生，保密性差。

“量价分离、风险分担”，指招标人只对工程内容及其计算的工程量负责，承担量的风险；投标人仅根据市场的供求关系自行确定人工、材料、机械价格和利润、管理费，只承担价的风险。由于成本是价格的最低界限，投标人减少了投标报价的偶然性技术误差，就有足够的余地选择合理标价的下浮幅度，掌握一个合理的临界点，即使报价最低，也有一定的利润空间。另外，由于制定了合理的衡量投标报价的基础标准，并把工程量清单作为招标文件的重要组成部分，既规范了投标人计价行为，又在技术上避免了招标中弄虚作假和暗箱操作。

合理低价中标是在其他条件相同的前提下，选择所有投标人中报价最低但又不低于成本的报价，力求工程价格更加符合价值基础。在评标过程中，增加询标环节，通过综合单价、工料机价格分析，对投标报价进行全面的经济评价，以确保中标价是合理低价。

3. 增加招投标的透明度，提高评标的科学性

当前，招标投标工作中存在着许多弊端，有些工程招标人也发布了公告，开展了登记、审查、开

标、评标第一系列程序，表面上按照程序操作，实际上却存在着出卖标底，互相串标，互相陪标等现象。有的承包商为了中标，打通业主、评委，打人情分、受贿分；或者干脆编造假投标文件，提供假证件、假资料；甚至有的工程开标前就已暗定了承包商。

要体现招标投标的公平合理，评标定标是最关键的环节，必须有一个公正合理、科学先进、操作准确的评标办法。目前国内还缺乏这样一套评标办法，一些业主仍单纯看重报价高低，以取低标为主。评标过程中自由性、随意性大，规范性不强；评标中定性因素多，定量因素少，缺乏客观公正；开标后议标现象仍然存在，甚至把公开招标演变为透明度极低的议标。

工程量清单的公开，提高了招投标工作的透明度，为承包商竞争提供了一个共同的起点。由于淡化了标底的作用，把它仅作为评标的参考条件，设与不设均可，不再成为中标的直接依据，消除了编制标底给招标活动带来的负面影响，彻底避免了标底的跑、漏、靠现象，使招标工程真正做到了符合“公开、公平、公正和诚实信用的原则”。

承包商“报价权”的回归和“合理低价中标”的评定标原则，杜绝了建设市场可能的权钱交易，堵住了建设市场恶性竞争的漏洞，净化了建筑市场环境，确保了建设工程的质量和安全，促进了我国有形建筑市场的健康发展。

总之，工程量清单计价是建筑业发展的必然趋势，是市场经济发展的必然结果，也是适应国际国内建筑市场竞争的必然选择，它对招标投标机制的完善和发展，建立有序的建设市场公平竞争秩序都将起到非常积极的推动作用。

5.2 工程量清单计价的内容和特点

5.2.1 工程量清单计价的主要内容

《建设工程工程量计价规范》(GB 50500—2003) 共分5章，包括总则、术语、工程量清单编制、工程量清单计价、工程量清单及其计价格式等。对工程量清单、项目编码、措施项目、预留金、总承包服务费、企业定额等术语作了明确的定义。对工程量清单与工程量清单计价应包括的内涵、编制方法与统一格式都作了明确规定。《建设工程工程量清单计价规范》(GB 50500—2003) 还对推行工程量清单计价模式的编制依据、适用范围、构成内容、相关术语、指导思想与原则、合同执行与索赔、工程量清单与计价编制方法和计价标准格式等作了明确的规定和说明。

《建设工程工程量清单计价规范》(GB 50500—2003) 的发布是为了统一常规的经营性、政策性、技术性活动，并将其纳入行政性规定范畴，属于一种衡量准则、国家标准的范畴，从而为建设工程招标投标及其计价活动健康有序的发展，提供了有效的依据。《建设工程工程量清单计价规范》(GB 50500—2003) 在政府宏观调控方面和市场竞争形成价格方面有指导意义。主要体现在以下几个方面。

1. 政府宏观调控

规定了全部使用国有资金投资为主的大中型建设工程，必须要严格执行的有关规定，与我国招标投标法规定的政府投资要进行公开招标的规定相适应；做到了统一分项分部工程名称、统一计量单位、统一工程量计量计算规则和统一项目编码，为建立全国统一的建设市场，规范招标投标、计价和工程造价管理行为与机制有了强有力的保障；强化了政府职能的转变，根据中国国情和企业现状，变硬性规定的工、料、机的消耗量为指导性消耗定额，促使企业提高技术能力与管理水平，引导企业编制和创新自己的消耗量定额，以适应市场的不断变化，不断提高企业的生产效率。

2. 市场竞争形成价格

《建设工程工程量清单计价规范》(GB 50500—2003) 为装饰工程承包企业报价提供了自主空间，投标企业可以结合自身的经营管理与技术水平、生产效率，按照规定的计价原则、方法和业主制订的招标文件要求，充分发挥承包企业的潜力，实行自主投标报价。工程造价的最终确定，由合同双方在市场竞争中按价值规律通过合同最后约定。

5.2.2 工程量清单计价的特点

1. 自主性和市场性

《建设工程工程量清单计价规范》（GB 50500—2003）特别强调了由企业自主报价，市场形成价格。一方面体现在生产资料包括人工、材料、机械等市场信息，根据市场行情和自身实力报价；另一方面，根据我国市场现状，今后还需要有全国性和地方性统一定额存在，然而其主导作用在于指导性，不是一种法定性指标，而是鼓励企业制定自己的企业定额。

2. 强制性

工程量清单计价是由建设主管部门按照强制性国家标准的要求批准颁布，规定全部使用国有资金或国有资金投资为主的大中型建设工程应按计价规范规定执行；并明确工程量清单是招标文件的组成部分，并规定了招标人在编制工程量清单时必须遵守的规则，做到统一项目编码、统一项目名称、统一计量单位、统一工程量计算规则。

3. 实用性

附录中工程量清单项目及计算规则的项目名称表现的是工程实体项目，项目名称明确清晰，工程量计算规则简洁明了；特别还列有项目特征和工程内容，易于编制工程量清单时确定具体项目名称和投标报价。

4. 通用性

采用工程量清单计价将与国际建设市场接轨，符合工程量计算方法标准化、工程量计算规则统一化、工程造价确定市场化的要求。

5.2.3 工程量清单计价的优点

1. 工程量清单招标为投标单位提供了公平竞争的基础

由于工程量清单作为招标文件的组成部分，包括了拟建工程的分部分项工程项目、措施项目、其他项目名称和相应数量的明细清单，由招标人负责统一提供，从而有效保证了投标单位的竞争基础的一致性，减少了由于投标单位编制投标文件时出现的偶然性技术误差而导致投标失败的可能，充分体现招标公平竞争的原则。同时，由于工程量清单的统一提供，简化了投标报价的计算过程，节省了时间，减少了不必要的重复劳动。

2. 工程量清单招标体现企业的自主性

工程的质量、造价、工期之间存在着必然的联系，投标企业报价时必须综合考虑工程的质量、造价、工期以及招标文件规定完成工程量清单所需的全部费用，不仅要考虑工程本身的实际情况，还要求投标企业将进度、质量、工艺及管理技术等方案落实到清单项目报价中，在竞争中真正体现投标企业的综合实力。

3. 工程量清单计价有利于风险的合理分担

由于室内装饰工程本身的特性，即工程的不确定性和变更要素较多，工程建设报价的风险较大。采用工程量清单计价模式后，投标单位只对自己所报的成本、单价等负责，而对工程量的变更或计算错误等不必担负责任，因此由这部分引起的风险由业主承担，这种格局符合风险合理分担与责权利关系对等的原则。

4. 工程量清单招标有利于标底的管理和控制

在传统的招标投标方法中，标底一直是个关键的要素，标底的正确与否、保密程度如何一直是人们关注的焦点。采用工程量清单招标，工程量清单作为招标文件的一部分，是公开的。同时，标底的作用也在招标中淡化，只是起到一定的控制或最高限价作用，对评定标的影响越来越小，在适当的时候甚至可以不设标底。这就从根本上消除了标底泄露所带来的负面影响。

5. 工程量清单招标有利于企业控制成本

装饰企业中标后，可以根据中标价以及投标文件中的承诺，通过对单位工程成本、利润进行分析，统筹考虑，精心选择施工方案，逐步建立企业自己的定额库，通过在施工过程中不断的调整、优化组合；合理控制现场费用和施工技术措施费用等，从而不断促进企业自身的发展和进步。

6. 工程量清单招标有利于控制工程索赔

在传统的招标方式中，“低价中标、高价索赔”的现象屡见不鲜，其中，设计变更、现场签证、技术措施费用及价格是索赔的主要内容。工程量清单计价招标中，由于单项工程的综合单价不因施工数量、施工难易程度、施工技术措施差异、取费的变化而调整，大大减少了施工单位不合理索赔的可能。

5.3 工程量清单计价规范的主要内容

工程量清单计价规范主要包括总则、术语、工程量清单编制、工程量清单计价、工程量清单及其计价格式、附录等内容。

5.3.1 总则

总则总计 6 条，规定了建设工程工程量清单计价规范制定的目的、依据、适用范围、工程量清单计价活动应遵循的基本原则及附录的作用等。

5.3.1.1 实行清单计价规范的目的

在建设工程招标投标活动中实行定额计价方式，虽然在建设工程承发包中起了很大的作用，也取得了明显的成效。但是，这一计价方式的推行过程中，也存在一些突出的问题。例如，预算定额确定的消耗量不能体现企业个别成本，建筑市场缺乏竞争力；预算定额约束了企业自主报价，不能实现合理低价中标，不能实现招标投标双赢的效果。另外，与国际通行做法相距较远。因此，为了解决这些弊端，在认真总结我国工程造价改革经验的基础上研究和借鉴国外招标投标试剂工程量清单计价的做法，制定了符合我国国情的《建设工程工程量清单计价规范》（GB 50500—2003），确立了我国招标投标实行工程量清单计价应遵守的规则。因而，规范建设工程工程量清单计价行为，统一建设工程工程量清单的编制和计价方法，是施行该规范的主要目的。

5.3.1.2 计价规范的适用范围

《建设工程工程量清单计价规范》（GB 50500—2003）主要适用于建设工程招标投标的工程量清单计价活动。工程量清单计价是与现行定额计价方式共存于招标投标计价活动中的另一种计价方式。计价规范所称的建设工程包括：建筑工程、装饰装修工程、安装工程、市政工程和园林绿化工程。凡是建设工程招标投标实行工程量清单计价，不论招标主体是政府机构、国有企业单位、集体企业、私人企业和外商投资企业；不管资金来源是国有资金、外国政府贷款及援助资金、私人资金等均应遵守该规范。

5.3.1.3 应遵循的原则

工程量清单计价是市场经济的产物，并随着市场经济的发展而发展。因此，必须遵守市场经济活动的基本原则。这些原则包括客观、公正、公平，按价值规律办事等。

所谓客观、公正、公平，是指要求工程量清单计价活动要有完全的透明度，工程量清单的编制要实事求是，不弄虚作假，公平一致地对待所有投标人。投标人要根据企业的实际情况编制投标报价；报价不能低于工程成本；不能串通报价；不能恶意降低和哄抬报价。招标投标双方应以诚实、信用的态度进行工程竣工结算。

工程量清单计价活动是政策性、经济性、技术性很强的一项工作。所以，在工程量清单计价工作中，除了要遵循计价规范的各项要求外，还应遵守国家的有关法律、法规及规范。他们主要有《中华人民共和国建筑法》《中华人民共和国合同法》《中华人民共和国价格法》《中华人民共和国招标投标法》《建筑工程施工发包与承包计价管理办法》以及涉及工程质量、安全、环境保护的工程建设及强制性标准规范。

5.3.1.4 附录

附录由附录 A、附录 B、附录 C、附录 D、附录 E 共 5 部分构成。

附录 A：建设工程工程量清单项目及计算规则。

附录B：装饰装修工程工程量清单项目及计算规则。

附录C：安装工程工程量清单项目及计算规则。

附录D：市政工程工程量清单项目及计算规则。

附录E：园林绿化工程工程量清单项目及计算规则。

附录是计价规范的组成部分，是编制工程量清单的依据；是确定工程量清单项目名称、项目内容、计量单位的依据；其计算规则是计算各项工程量的依据。

5.3.2　术语

术语共9条，对计价规范特有的术语给予定义或说明含义。例如，“预留金”是指招标人为可能发生的工程量变更而预留的金额。又如，“总承包服务费”是指为配合协调招标人进行工程分包和材料采购所需的费用。

5.3.3　工程量清单编制

工程量清单编制部分的内容共14条。包括工程量清单编制人、工程量清单组成和分部分项工程量清单、措施项目清单、其他项目清单的编制等内容。

5.3.3.1　编制人

工程量清单是对招投标双方都具有约束力的重要文件，是招标投标活动的重要依据。由于专业性强、内容复杂，所以编制人的业务技术水平要求高。因此，计价规范规定了工程量清单应由具有编制能力（造价工程师）和工程造价咨询资质并按规定的业务范围承担工程造价咨询业务的中介机构编制。

5.3.3.2　工程量清单组成

由分部分项工程量清单、措施项目清单、其他项目清单组成。

5.3.3.3　分部分项工程量清单编制

分部分项工程量清单编制应满足两方面的要求。一是满足规范管理的要求；二是要满足工程计价的要求。

分部分项工程量清单根据施工图纸、《建设工程工程量清单计价规范》（GB 50500—2003）由招标人编制。

5.3.3.4　措施项目清单编制

措施项目清单根据拟建工程的实际情况、施工图纸、施工方案，结合承包商的具体情况主要由投标人编制。

5.3.3.5　其他项目清单编制

其他项目清单根据拟建工程的具体情况编制。其中包括由招标人和投标人提出的项目。

5.3.4　工程量清单计价

工程量清单计价部分共包括10条内容。规定了工程量清单计价的适用范围、工程量清单计价价款的构成、工程量清单计价方法等内容。

5.3.4.1　工程量清单计价的适用范围

实行工程量清单计价的招标投标工程，其招标标底和投标报价的编制、合同价款的确定与调整、工程结算等都按《建设工程工程量清单计价规范》（GB 50500—2003）的规定执行。

5.3.4.2　工程量清单计价价款的构成

工程量清单计价应包括按招标文件规定的，完成工程量清单所列项目的全部费用。包括分部分项工程费、措施项目费、其他项目费和规费、税金。

5.3.4.3　工程量清单应采用综合单价计价

工程量清单计价的分部分项工程费，应采用综合单价计算。措施项目费、其他项目费也可采用综合单价的方法计算。

5.3.4.4　标底编制

招标工程如设标底，标底应根据招标文件中的工程量清单和有关要求、施工现场实际情况、合理的施工方法以及按照省、自治区、直辖市建设行政主管部门规定的有关工程造价计价办法进行编制。

5.3.4.5 投标报价编制

投标报价应根据招标文件中的工程量清单和有关要求、施工现场实际情况及拟定的施工方案或施工组织设计，依据企业定额和市场价格信息，或参照建设行政主管部门发布的社会平均消耗量定额进行编制。

5.3.5 工程量清单及其计价格式

5.3.5.1 工程量清单的构成与格式

1. 工程量清单构成

工程量清单由分部分项工程量清单、措施项目清单、其他项目清单构成。

（1）分部分项工程量清单。分部分项工程量清单为不可调整清单。投标人对招标文件提供的分部分项工程量清单经过认真复核后，必须逐一计价，对清单所列项目和内容不允许作任何更改或变动。投标人如果认为清单项目和内容有遗漏或不妥，只能通过质疑的方式由清单编制人作统一的修改更正，并将修正的工程量清单项目或内容作为工程量清单的补充以招标答疑的形式发往所有投标人。

（2）措施项目清单。任何一个工程建设项目成本一般包括完成工程实体项目的费用，施工前期和过程中的施工措施费用，以及工程建设过程中发生的经营管理费用。

措施项目清单为可调整清单，投标人对招标文件的工程量清单中所列项目和内容，可根据企业自身特点和施工组织设计作变更增减。投标人要对拟建工程可能发生的措施项目和措施费用作通盘考虑，清单计价一经报出，即被认为是包括了所有应该发生的措施项目的全部费用。如果报出的清单中没有列项，且施工中又必须发生的项目，业主有权认为，其已经综合在分部分项工程量清单的综合单价中。将来措施项目发生时投标人不得以任何理由提出索赔与调整。

（3）其他项目清单。工程建设项目的工程建设标准的高低、工程的复杂程度、工程的工期长短、工程的组成内容等直接影响其他项目清单中的具体内容。《建设工程工程量清单计价规范》（GB 50500—2003）提供了两部分四项作为列项的参考，即其他项目清单由招标人部分和投标人部分组成。招标人填写的内容随招标文件发至投标人或标底编制人，其项目、数量、金额等投标人或标底编制人不得随意改动。由投标人填写部分的零星工作项目表中，招标人填写的项目与数量，投标人不得随意更改，且必须进行报价。如果不报价，招标人有权认为投标人因没有报价内容将无偿为招标人服务。当投标人认为招标人列项不全时，投标人可自行增加列项并确定项目的工程数量及计价。

2. 工程量清单编码

工程量清单的编码，主要是指分部分项工程工程量清单的编码，装饰工程工程量清单分项编码，如图 5-1 所示。由于室内装饰产品的特性，即室内装饰方法繁多、装饰工艺复杂、装饰材料多变等。以墙面装饰为例构成墙面类型、材料类型、不同操作工艺和墙体面层的不同组合等多种类型。识别不同墙面装饰没有科学的编码区分，其清单分项就无法正确地表达与描述。此外，信息技术已在工程造价软件中得到广泛运用，若无统一编码则无法让公众接受与识别并得到信息技术的支持。没有清单分项的科学编码，招标响应、企业定额的制定等就缺乏统一的依据。《建设工程工程量清单计价规范》（GB 50500—2003）以上述因素为前提，对分部分项工程量清单分项编码做了如下严格科学的规定，并作为必须遵循的规定条款。

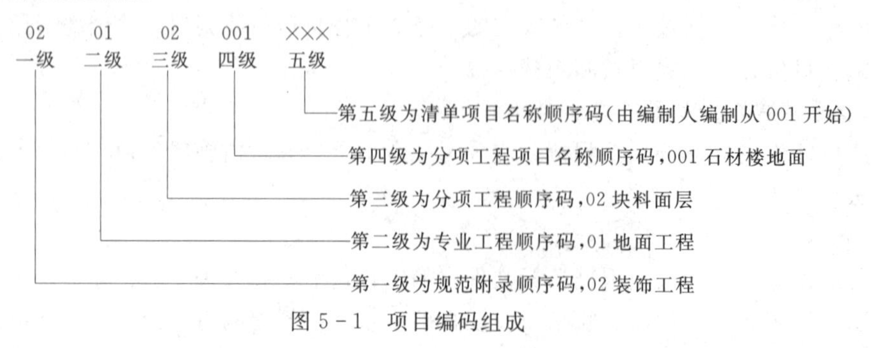

图 5-1 项目编码组成

（1）《建设工程工程量清单计价规范》（GB 50500—2003）的 3.2.1 条规定。分部分项工程量清单应包括项目编码、项目名称、计量单位和工程数量。

（2）《建设工程工程量清单计价规范》（GB 50500—2003）的 3.2.2 条规定。分部分项工程量清单应根据附录 A、附录 B、附录 C、附录 D、附录 E 规定的统一项目编码、项目名称、计量单位和工程量计算规则进行编制。

（3）《建设工程工程量清单计价规范》（GB 50500—2003）的 3.2.3 条规定。分部分项工程量清单的项目编码，一至九位应按附录 A、附录 B、附录 C、附录 D、附录 E 的规定设置；十至十二位应根据拟建工程的工程量清单项目由其编制人设置，并应自 001 起顺序编制。

（4）《建设工程工程量清单计价规范》（GB 50500—2003）的 3.2.4 条规定。项目名称应按附录 A、附录 B、附录 C、附录 D、附录 E 的项目名称与项目特征并结合拟建工程的实际确定。工程量清单编制时，以附录中的项目名称为主体，考虑该项目的规格、型号、材质等特征要求，结合拟建工程的实际情况，使其工程量清单项目名称具体化、细化，能够反映影响工程造价的主要因素。例如，在工程量清单的项目名称栏中，除了应写明项目名称外，还应将附录中相应项目的项目特征所载明的项目特点、工程内容及拟建工程的具体要求一一写明，以便投标报价人和标底编制人对该项目工程内容有一个非常清楚的了解。

（5）《建设工程工程量清单计价规范》（GB 50500—2003）的 3.2.5 条规定。分部分项工程量清单的计量单位应按附录 A、附录 B、附录 C、附录 D、附录 E 中规定的计量单位确定。

（6）《建设工程工程量清单计价规范》（GB 50500—2003）的 3.2.6 条规定。工程数量应按附录 A、附录 B（见表 5-1）、附录 C、附录 D、附录 E 中规定的工程量计算规则计算。

表 5-1　　表 B.1.2 块料面层（编码 0201102）

<table>
<tr><th>项目编码</th><th>项目名称</th><th>项目特征</th><th>计量单位</th><th>工程量计算规则</th><th>工程内容</th></tr>
<tr><td>020102001</td><td>石材楼地面</td><td rowspan="2">垫层材料种类、厚度
找平层厚度、砂浆配合比
防水层、材料种类
填充材料种类、厚度
结合层厚度、砂浆配合比
面层材料品种、规格、品牌、颜色
嵌缝材料种类
防护层材料种类
酸洗、打蜡要求</td><td rowspan="2">m^2</td><td rowspan="2">按设计图示尺寸以面积计算。扣除凸出地面构筑物、设备基础、室内管道、地沟等所占面积，不扣除间壁墙和 $0.3m^2$ 以内的柱、垛、附属烟囱及孔洞所占面积。门洞、空圈、暖气包槽、壁龛的开口部分不增加面积</td><td rowspan="2">基层清理、铺设垫层、抹找平层
防水层铺设、填充层
面层铺设
嵌缝
刷防护材料
酸洗、打蜡
材料运输</td></tr>
<tr><td>020102002</td><td>块料楼地面</td></tr>
</table>

3. 工程量清单的格式

工程量清单格式部分共 3 条内容，《建设工程工程量清单计价规范》（GB 50500—2003）规定了工程量清单的统一格式和填写方法。

（1）工程量清单格式的内容组成。工程量清单格式是由封面；填表须知；总说明；分部分项工程量清单；措施项目清单；其他项目清单；设备项目清单；零星工作项目表；主要材料项目表等内容组成。

（2）工程量清单格式的填写要求。

1）工程量清单由招标人填写。

2）填表须知除计价规范内容外，招标人可以根据具体情况进行补充。

3）总说明应填写下列内容：①工程概况。包括建设规模、工程特征、计划工期、施工现场实际情况、交通运输情况、自然地理条件、环境保护要求等；②工程招标和分包范围；③工程量清单编制依据；④工程质量、材料、施工等的特殊要求；⑤招标人自行采购的材料或设备名称、规格型号、数量等；⑥其他项目清单中招标人部分（包括预留金、材料购置费等）金额数量；⑦其他需说明的问题。

(3) 工程量清单格式的表格，具体见附录5-1。

工程量清单格式的表格包括封面、填表须知、总说明、分部分项工程量清单、措施项目清单、其他项目清单、零星项目清单等。

5.3.5.2 工程量清单计价的构成与格式

工程量清单计价（报价）格式部分共3条内容，《建设工程工程量清单计价规范》(GB 50500—2003) 中规定了工程量清单计价（报价）的统一格式和填写方法。

1. 工程量清单计价（报价）格式的内容组成

工程量清单计价格式应随招标文件发至投标人。且由投标人填写，工程量清单计价格式应由下列内容组成：封面、投标总价、工程项目总价表、单项工程费汇总表、单位工程费汇总表、分部分项工程量清单计价表、措施项目清单计价表、其他项目清单计价表、零星工作项目计价表、设备清单计价表、分部分项工程量清单综合单价分析计算表、措施项目费分析计算表（一）、措施项目费分析计算表（二）、规费分析计算表、主要材料价格表。

2. 工程量清单计价（报价）格式填写要求

计价规定提供的工程量清单计价（报价）格式为统一格式，不得变更和修改。但是，当工程项目没有采用总承包，而是采用分包制时，表格的使用可以有些变化，需要填写哪些表格，招标方应提出具体要求。

3. 工程量清单计价（报价）格式的表格

工程量清单计价（报价）格式的表格包括封面、投标总报价、工程项目汇总表、单项工程费用汇总表、单位工程费用汇总表、分部分项工程量清单计价表、措施项目清单计价表、其他项目清单计价表、零星工作项目计价表、分部分项工程量清单综合单价分析表、措施项目分析表、主要材料价格表等，具体内容见附录5-2。

本章小结

工程量清单是工程量清单计价的重要手段和工具，也是我国推行新的建设工程计价制度和方法，彻底改革传统计价制度和方法，是一套符合市场经济规律的科学的报价体系。

工程量清单是表现室内装饰工程的分部分项工程项目、措施项目、其他项目名称和相应数量的明细清单，是招标人按照招标要求和施工设计图样规定将招标工程的全部项目和内容，依据工程量清单计价规范附录中统一的项目编码、项目名称、计量单位和工程量计算规则进行编制，包括分部分项工程量清单、措施项目清单、其他项目清单。

思考题

1. 《建设工程工程量清单计价规范》主要包括哪些内容？
2. 实施《建设工程工程量清单计价规范》应遵循哪些原则？
3. 工程量清单计价的特点和优点有哪些？
4. 工程量清单计价的意义和作用有哪些？
5. 工程量清单的格式主要由哪些表格构成？
6. 工程量清单报价的格式主要由哪些表格构成？

【推荐阅读书目】

[1] 翟丽旻．建筑与装饰装修工程工程量清单［M］．北京：北京大学出版社，2010.

[2] 邱婷、杜丽丽．查图表看实例从细节学装饰装修工程预算与清单计价［M］．北京：化学

工业出版社，2011.

[3] 张国栋．装饰装修部分（建设工程工程量清单计价规范与全国统一建筑工程预算工程量计算规则的异同）[M]．郑州：河南科学技术出版社，2010.

【相关链接】

1. 福建省建设工程造价信息网（http：//www.fjgczj.com）
2. 中国建设工程造价信息网（http：//www.ccost.com）

附 录

附录 5-1

__________工程

工 程 量 清 单

招　标　人：____________（单位签字盖章）

法定代表人：____________（签字盖章）

中 介 机 构
法定代表人：____________（签字盖章）

造价工程师
及注册证号：____________（签字盖执业专用章）

编 制 时 间：____________

填 表 须 知

1. 工程量清单及其计价格式中所有要求签字、盖章的地方，必须由规定的单位和人员签字、盖章。
2. 工程量清单计价格式中的任何内容不得随意删除或涂改。
3. 工程量清单计价格式中列明的所有需要填报的单价和合价，投标人均应填报，未填报的单价和合价，视为此项费用已包含在工程量清单的其他单价和合价中。
4. 金额（价格）均应以“元”表示。

总　说　明

工程名称：　　　　　　　　　　第　页　共　页

分部分项工程量清单

工程名称：　　　　　　　　　　第　页　共　页

序号	项目编码	项目名称	计量单位	工程数量

措施项目清单

工程名称：　　　　　　　　　　　　　　　　第　页　共　页

序　号	项　目　名　称

注　措施项目清单应根据拟建工程的具体情况列项。措施项目指为完成工程项目施工，发生于该工程施工前和施工过程中技术、生活、文明、安全等方面的非工程实体项目。

其他项目清单

工程名称：　　　　　　　　　　　　　　　　第　页　共　页

序　号	项　目　名　称

零星工作项目表

工程名称：　　　　　　　　　　　　第　页　共　页

序　号	名　称	计量单位	数　量
1	人工		
2	材料		
3	机械		

设备项目清单

工程名称：　　　　　　　　　　　　第　页　共　页

序号	设备编码	设备名称	规格、型号等特殊要求	单位	数量

主要材料项目清单

工程名称：　　　　　　　　　　　　　　　　　　第　页　共　页

序号	材料编码	材料名称	规格、型号等特殊要求	单　位

附录 5－2

____________工程

工程量清单报价表

投　标　人：______________（单位签字盖章）

法定代表人：______________（签字盖章）

造价工程师
及注册证号：______________（签字盖执业专用章）

编 制 时 间：____________________

投　标　总　价

建设单位：__________

工程名称：__________

投标总价（小写）：__________

（大写）：__________

投　标　人：__________（单位签字盖章）

法定代表人：__________（签字盖章）

编制时间：__________

工程项目总价表

工程名称：　　　　　　　　　　　　　　　　第　页　共　页

序号	单项工程名称	金额（元）
	合　　计	

注　工程项目总价表中单项工程名称应按单项工程费汇总表的工程名称填写，其金额应按单项工程费汇总表的合计金额填写。

单项工程费汇总表

工程名称：　　　　　　　　　　　　　　　第　页　共　页

序号	单项工程名称	金额（元）
	合　计	

注　单项工程费汇总表中单位工程名称应按单位工程费汇总表的工程名称填写，其金额应按单位工程费汇总表的合计金额填写。

单位工程费汇总表

工程名称：　　　　　　　　　　　　　　　第　页　共　页

序　号	项目名称	金额（元）
1	分部分项工程量清单计价合计	
2	措施项目清单计价合计	
3	其他项目清单计价合计	
4	规费	
5	税金	
	合　计	

注　单位工程费汇总表中的金额应分别按照分部分项工程量清单计价表、措施项目清单计价表和其他项目清单计价表的合计金额和按有关规定计算的规费、税金填写。

分部分项工程量清单计价表

工程名称：　　　　　　　　　　　　　　　　　　第　页　共　页

序号	项目编码	项目名称	计量单位	工程数量	金额（元）	
					综合单价	合价
		本页小计				
		合计				

注　分部分项工程量清单计价表中的序号、项目编码、项目名称、计量单位、工程数量必须按分部分项工程量清单中的相应内容填写。

措施项目清单计价表

工程名称：　　　　　　　　　　　　　　　　　　第　页　共　页

序号	项　目　名　称	金额（元）
	合　计	

注　措施项目清单计价表中的序号、项目名称必须按措施项目清单中的相应内容填写，投标人可根据施工组织设计采取的措施增加项目。

其他项目清单计价表

工程名称：　　　　　　　　　　　　　　　　第　页　共　页

序号	项 目 名 称	金额（元）
1	招标人部分	
	小计	
2	投标人部分	
	小计	
	合计	

注　其他项目清单计价表中的序号、项目名称必须按其他项目清单中的相应内容填写，投标人部分的金额必须按其他项目清单中招标人提出的数额填写。

零星工作项目计价表

工程名称：　　　　　　　　　　　　　　　　第　页　共　页

序号	名称	计量单位	数量	金额（元）	
				综合单价	合价
1	人工				
	小计				
2	材料				
	小计				
3	机械				
	小计				
	合计				

注　零星工作项目计价表中的人工、材料、机械名称、计量单位和相应数量应按零星工作项目表中相应的内容填写，工程竣工后零星工作费应按实际完成的工程量所需费用（其综合单价为零星工作项目所报综合单价）结算。

分部分项工程量清单综合单价分析表

工程名称：　　　　　　　　　　　　　　　　　　第　页　共　页

序号	项目编码	项目名称	计量单位	工程内容				综合单价组成						综合单价（元）
				定额编号	定额名称	定额单位	工程量	人工费（元）	材料费（元）	机械使用费（元）	企业管理费（元）	利润（元）	小计（元）	
				小计										
				小计										

注　分部分项工程量清单综合单价分析表由招标人根据需要提出要求后填写。

措施项目费分析计算表（一）

工程名称：　　　　　　　　　　　　　　　　　　第　页　共　页

序号	措施项目名称	单位	计算式	金额（元）

措施项目费分析计算表（二）

工程名称：　　　　　　　　　　　　　　　　　　　　第　页　共　页

序号	措施项目名称	单位	措施内容				综合单价组成						金额（元）
			定额编号	定额名称	定额单位	工程量	人工费（元）	材料费（元）	机械使用费（元）	企业管理费（元）	利润（元）	小计（元）	
			小计										
			小计										

规费分析计算表

工程名称：　　　　　　　　　　　　　　　　　　　　第　页　共　页

序　号	项目名称	单　位	计算式	金额（元）
	合计			

注　规费分析计算表应由招标人根据需要提出要求后填写。

主要材料价格表

工程名称：　　　　　　　　　　　　　　　　　　　　第　页　共　页

序　号	材料编码	材料名称	规格、型号等特殊要求	单位	单价（元）

注　招标人提供的主要材料价格表应包括详细的材料编码、材料名称、规格型号和计量单位等。投标人所填写的单价必须与工程量清单计价中采用的相应材料的单价一致。

第6章

装饰工程工程量清单的编制

【本章重点与难点】

1. 工程量清单的编制方法（难点与重点）。
2. 工程量清单编制的内容。
3. 工程量清单编制实例（重点）。

装饰工程工程量清单是编制装饰工程招投标的主要文件，应由具有编制招标文件能力的招标人或受其委托具有相应资质的中介机构进行编制。

装饰工程工程量清单的编制依据主要有《建设工程工程量清单计价规范》(GB 50500—2003)附录B、工程招标文件、施工图纸等。

6.1 工程量清单编制的方法

6.1.1 工程量清单编制的原则与依据

1. 工程量清单编制的原则

（1）遵守国家规定的法律法规。有利于规范建筑装饰市场的计价行为，促进企业加强经营管理和技术进步，不断提高装饰施工企业的竞争能力。

（2）严格遵守《建设工程工程量清单计价规范》（GB 50500—2003)。做到四个统一，即统一项目编码、项目名称、计量单位以及工程量计算规则。

（3）遵守招标文件相关的原则。工程量清单是招标文件的重要组成部分，必须与招标文件的原则保持一致，与投标须知、合同条款、技术规范等相互照应，较好的反映本工程的特点，完整体现招标人的意图。

（4）编制依据齐全的原则。受委托的编制人必须要检查招标人提供的设计图纸、设计说明等资料是否齐全。

（5）力求准确合理的原则。工程量的计算力求准确，清单项目的设置应力求合理、不漏不重。

（6）内容完备的原则。作为一份完整的工程量清单，不仅指“分部分项工程量清单表”，还包括封面、填表须知、总说明、措施项目清单、其他项目清单等。

（7）认真进行全面复核，确保清单内容科学合理。工程量清单准确与否，关系到项目的投资控制、合同责任等问题。

2. 工程量清单编制的依据

（1）计价规范。根据《建设工程工程量清单计价规范》（GB 50500—2003）及附录B，确定拟装饰装修工程的分部分项工程项目、措施项目、其他项目的项目名称和相应的数量。

（2）工程招标文件。根据拟装饰装修工程特定工艺要求，确定措施项目；根据工程承包、分包的要求，确定总承包服务费项目；根据对施工图范围外的其他要求，确定零星工作项目费等项目。

（3）施工图。施工图是计算分部分项工程量的主要依据，依据《建设工程工程量清单计价规范》（GB 50500—2003）中对项目名称、工作内容、计量单位、工程量计算规则的要求和拟装饰装修施工图，计算分部分项工程量。

（4）施工现场的实际情况。国家规定的统一工程量计算规则，国家、当地政府或权威部门的有关规定、标准以及招标人的其他要求等。

6.1.2 工程量清单编制的步骤与方法

1. 工程量清单编制的步骤

（1）编制工程量清单筹备工作。

（2）编制工程量分项清单。主要包括分部分项工程量清单编制、措施项目清单编制、其他措施项目清单编制。

（3）审核与校对分部分项工程量清单。

（4）按规定格式整理工程量清单。

2. 分部分项工程量清单编制程序和方法

（1）编制程序。编制准备：熟悉招标文件资料，进行调查、审查，掌握计价规范；划分和确定项目名称；确定项目编码和计量单位；计算分部分项工程量；完成清单编制并审核。

（2）编制方法。编制分项工程量清单应按项目编码、项目名称、计量单位和工程量计算规则统一的有关规定进行编制，具体编制分述如下。

做好清单编制的准备工作。先学好《建设工程工程量清单计价规范》（GB 50500—2003）及相应的工程量计价规则；熟悉工程所处的位置及相关的资源资料，熟悉设计图样和相关的设计施工规范、施工工艺和操作规程；了解工程现场及施工条件，调查施工企业情况和协作施工的条件等。

确定分部分项工程的名称。严格根据《建设工程工程量清单计价规范》（GB 50500—2003）的相关规定进行工程分部分项的名称的确定并做好编码工作。

按规范规定的工程量计算规则计算分部分项工程工程量并严格套用单位。

进行工程量清单编制并进行反复核对检查无误后，再进行综合造价编制。

6.1.3 清单工程量的概念与计算方法

1. 清单工程量的概念

清单工程量是分部分项工程量清单的简称，它是招标人发布的拟装饰装修工程的实物数量，也是投标人计算工、料、机消耗量的依据。按照计价规范计算的分部分项工程量与承包商计算投标报价的工程量有较大的差别。这是因为分部分项工程量清单中每一项工程量的工程内容、工程量计算规则与各承包商采用的分析工、料、机消耗量的定额的工程内容、工程量计算规则各不相同，因此两者有较大的差别。

清单工程量是业主（甲方）按照《建设工程工程量清单计价规范》（GB 50500—2003）的要求编制，起到统一报价标准作用的工程量。

2. 清单工程量计算方法

（1）清单工程量计算思路。①根据拟装饰装修施工图和计价规范列项；②根据所列项目填写清单项目清单项目的项目编码和计量单位；③确定清单工程量项目的主项内容和所包含的附项内容；④根据施工图、项目的主项内容和计价规范中的工程量计算规则，计算主项工程量。一般主项工程量就是清单工程量；⑤按《建设工程工程量清单计价规范》（GB 50500—2003）中附录所示工程量清单项目的顺序，整理清单工程量的顺序，最后形成分部分项工程量清单。

（2）清单工程量计算用表格。清单工程量的计算严格按照计价规范中计算规则规定的要求计算，计算时最好采用表格的形式，便于核对。清单工程量计算表见表 6 - 1。

表 6-1　　清单工程量计量表

工程名称：　　第　页　共　页

序　号	项 目 编 号	项 目 名 称	单　位	工程数量	计 算 式

6.1.4　措施项目清单与其他项目清单

1. 措施项目清单

计价规范中列出了措施项目一览表。业主在提交工程量清单时，这一部分的内容主要由承包商自主确定，因此，不做具体规定。承包商在报这部分内容的价格时，根据拟装饰装修工程和企业的具体情况自主确定。

2. 其他项目清单

其他项目清单分为两部分内容。一是招标人提出的项目，一般包括预留金和材料购置费等，业主在提供工程量清单时，可以明确规定项目的金额。对于招标人提出的这部分清单项目，如果在工程实施过程中没有发生或发生一部分，其费用及剩余的费用还是归业主所有。

第二部分是由承包商提出的项目。承包商根据招标文件或承包工程的实际需要发生了分包工程，那么就要提出总承包服务费这个项目。如果在投标报价中根据招标人的要求，完成了分部分项工程量清单项目以外的工作，还需要提出零星工作项目费。

6.2　工程量清单编制的内容

6.2.1　楼地面工程

6.2.1.1　主要内容

楼地面工程主要包括：整体面层、块料面层、橡胶面层、其他材料面层、踢脚线、楼梯装饰、扶手、栏杆、栏板装饰、台阶装饰、零星装饰等项目。

6.2.1.2　工程量清单项目

1. 石材楼地面

(1) 主要内容。石材楼地面的工程内容包括：基层清理、铺设垫层、抹找平层、防水层铺设、填充层铺设、面层铺设、嵌缝，刷防护材料，酸洗、打蜡，材料运输等。

(2) 项目特征。①垫层材料的种类、厚度；②找平层厚度、砂浆配合比；③防水层材料种类；④填充层材料种类、厚度；⑤结合层厚度、砂浆配合比；⑥面层材料品种、规格、品牌、颜色；⑦嵌缝材料种类；⑧防护材料种类；⑨酸洗、打蜡要求。

(3) 计算规则。石材楼地面工程量按设计图示尺寸以面积计算，应扣除凸出地面的构筑物、设备基础、地沟等所占的面积，不扣除间壁墙和 $0.3m^2$ 以内的柱、垛、附墙烟囱及孔洞所占面积，门洞、空圈、暖气包槽、壁龛的开口部分不增加面积。

(4) 有关说明。防护材料是指耐酸、耐碱、耐臭氧、耐老化、防火、防油渗等材料。

2. 硬木扶手带拉杆、拉板

(1) 工程内容。硬木扶手带栏杆、栏板的工程内容包括：扶手及栏杆、拉板的制作、运输、安装，刷防护材料，刷油漆等。

(2) 项目特征。硬木扶手带栏杆、栏板的项目特征包括：①扶手材料的种类、规格、品牌、颜色；②栏板材料的种类、规格、品牌、颜色；③栏杆材料的种类、规格、品牌、颜色；④固定配件种类；⑤防护材料种类；⑥油漆品种、刷漆遍数。

(3) 计算规则。硬木扶手带栏杆、栏板的工程量按设计图示尺寸以扶手中心线长度（包括弯头长度）计算。

（4）有关说明。扶手、栏杆、栏板项目适用于楼梯、阳台、走廊、回廊及其他装饰性扶手、栏杆、栏板。

3. 块料台阶面

（1）工程内容。块料台阶面的工程内容主要包括：基层清理、抹找平层、面层铺设，面层镶贴，贴嵌防滑条，勾缝，刷防护材料，材料运输等。

（2）项目特征。块料台阶面的项目特征包括：①找平层厚度、砂浆配合比；②粘接层材料种类；③面层材料种类、规格、品牌、颜色；④勾缝材料种类；⑤防滑条材料种类、规格；⑥防护材料种类。

（3）计算规则。块料台阶面层工程量按设计图示尺寸以台阶（包括最上层踏步边沿加 300mm）水平投影面积计算。

（4）有关说明。台阶侧面装饰，可按零星装饰项目编码列项。

6.2.2 墙柱面工程

6.2.2.1 主要内容

墙柱面工程主要包括：墙面抹灰、柱面抹灰、零星抹灰、墙面镶贴块料、零星镶贴块料、墙饰面、柱饰面、梁饰面、隔断、幕墙等项目。

6.2.2.2 工程量清单项目

1. 块料墙面

（1）工程内容。块料墙面的工程内容主要包括：基层清理、砂浆制作、运输、底层抹灰、结合层铺贴，面层铺贴、挂贴或干挂、嵌缝、刷防护材料、磨光、酸洗、打蜡。

（2）项目特征。块料墙面的项目特征包括：①墙体种类；②底层厚度、砂浆配合比；③粘接层厚度、材料种类；④挂贴方式；⑤干挂方式（膨胀螺栓、钢龙骨）；⑥面层材料品种、规格、品牌、颜色；⑦缝宽、嵌缝材料种类；⑧防护材料种类；⑨磨光、酸洗、打蜡要求。

（3）计算规则。块料墙面工程量按设计图示尺寸以面积计算。

（4）有关说明。

1）墙体类型是指砖墙、石墙、混凝土墙、砌块墙及内墙、外墙等。

2）块料饰面板是指石材饰面板、陶瓷面板、玻璃面砖、金属饰面板、塑料饰面板、木质饰面板等。

3）挂贴是指对大规格的石材（大理石、花岗石、青石等）使用铁件先挂在墙面后灌浆的方法固定。

4）干挂有两种：一种是直接干挂法，通过不锈钢膨胀螺栓、不锈钢挂件、不锈钢连接件、不锈钢钢针等对外墙饰面板连接在外墙面。第二种是间接干挂法，是通过固定在墙上的钢龙骨，再用各种挂件固定外墙饰面板。

5）嵌缝材料是指砂浆、油膏、密封胶等材料。

6）防护材料是指石材正面的防酸涂剂和石材背面的防碱涂剂等。

2. 干挂石材钢骨架

（1）工程内容。干挂石材钢骨架的工程内容包括：钢骨架制作、运输、安装、油漆等。

（2）项目特征。干挂石材钢骨架的项目特征包括：①钢骨架种类、规格；②油漆品种、刷油遍数。

（3）计算规则。干挂石材钢骨架工程量按设计图示尺寸以质量计算。

3. 全玻璃幕

（1）工程内容。全玻璃幕墙的主要工程内容包括：玻璃幕墙的安装、嵌缝、塞口、清洗等。

（2）项目特征。全玻璃幕墙的项目特征包括：①玻璃品种、规格、品牌、颜色；②粘接塞口材料种类；③固定方式。

(3) 计算规则。全玻璃幕墙按设计图示尺寸以面积计算，带肋全玻璃幕墙按展开面积计算。

6.2.3 顶棚工程

6.2.3.1 主要内容

顶棚工程主要内容包括：顶棚抹灰、顶棚吊顶、顶棚其他装饰等项目。

6.2.3.2 工程量清单项目

1. 格栅吊顶

(1) 工程内容。格栅吊顶的工程内容包括：基层清理，底层抹灰，安装龙骨，基层板铺贴，面层铺贴，刷防护材料，油漆等。

(2) 项目特征。格栅吊顶的项目特征包括：①龙骨类型、材料种类、规格、中距；②基层材料种类、规格；③面层材料品种、规格、品牌、颜色；④防护材料种类；⑤油漆品种、刷漆遍数。

(3) 计算规则。格栅吊顶工程量是按设计图示尺寸以水平投影面积计算。

(4) 有关说明。格栅吊顶适用于木格栅、金属格栅、塑料格栅等。

2. 灯带

(1) 工程内容。灯带项目的工程内容主要是灯带的安装和固定。

(2) 项目特征。灯带项目的主要特征包括：①灯带形式、尺寸；②格栅片材料品种、规格、品牌、颜色；③安装固定方式。

(3) 计算规则。灯带工程量按设计图示尺寸以框外围面积计算。

3. 送风口、回风口

(1) 工程内容。送风口、回风口项目工程内容有：送风口、回风口的安装和固定，刷防护材料等。

(2) 项目特征。送风口、回风口的项目特征包括：①风口材料品种、规格、品牌、颜色；②安装固定方式；③防护材料种类。

(3) 计算规则。送风口、回风口工程量按设计图数量以个为单位计算。

6.2.4 门窗工程

6.2.4.1 主要内容

门窗工程主要内容包括：木门、金属门、其他门、木窗、金属窗、门窗套、窗帘盒、窗帘轨、窗台板等项目。

6.2.4.2 工程量清单项目

1. 安装装饰木门

(1) 工程内容。实木装饰木门工程内容包括：门制作、运输、安装、五金、玻璃安装、刷防护材料、油漆等。

(2) 项目特征。实木装饰门的项目特征包括：①木类型；②截面尺寸、单扇面积；③骨架材料种类；④面层材料品种、规格、品牌、颜色；⑤玻璃品种、厚度、五金材料、品种、规格；⑥防护层材料种类；⑦油漆品种、刷油遍数。

(3) 计算规则。实木装饰门工程量是按设计图示数量以樘为单位计算。

(4) 有关说明。实木装饰门项目也适用于竹压板装饰门。

框截面尺寸或面积指边立挺截面尺寸或面积。

木门窗五金包括：折页、插锁、风钩、弓背拉手、搭扣、弹簧折页、管子拉手、地弹簧、滑轮、滑轨、门扎头、铁角、木螺钉等。

2. 彩板门

(1) 基本概念。彩板门亦称彩板组角门是以 0.7～1.1mm 厚的彩色镀锌卷板和 4mm 厚平板玻璃或中空玻璃为主要原料，经机械加工制成的钢门窗。门窗四角用插接件、螺钉连接、门窗全部缝隙用橡胶密封条和密封膏密封。

(2) 工程内容。彩板门项目的工程内容主要包括：门制作、运输、安装、五金、玻璃安装、刷防护材料、油漆等。

(3) 项目特征。彩板门项目的主要特征包括：①门类型；②框材质、外围尺寸；③扇材质、外围尺寸；④玻璃品种、厚度、五金材料、品种、规格；⑤防护材料种类。

(4) 计算规则。彩板门工程量按设计图示数量以樘为单位计算。

3. 金属卷帘门

(1) 工程内容。金属卷帘门项目工程内容有：门制作、运输、安装，启动装置、五金安装、刷防护材料、油漆等。

(2) 项目特征。金属卷帘门的项目特征包括：①门材质、框外围尺寸；②启动装置品种、规格、品牌；③五金材料、品种、规格；④防护材料种类；⑤油漆品种、刷漆遍数。

(3) 计算规则。金属卷帘门工程量按设计图示数量以樘为单位计算。

4. 石材门窗套

(1) 工程内容。石材门窗套项目工程内容有：清理基层、底层抹灰、立筋制作、安装、基层板安装、面层铺贴、刷防护材料、油漆等。

(2) 项目特征。石材门窗套的项目特征包括：①底层厚度、砂浆配合比；②立筋材料种类、规格；③基层材料种类；④面层材料品种、规格、品牌、颜色；⑤防护材料种类。

(3) 计算规则。石材门窗套工程量按设计图示尺寸以展开面积计算。

(4) 有关说明。防护材料分防火、防潮、防腐、耐磨等材料。

6.2.5 油漆、涂料、裱糊工程

6.2.5.1 主要内容

油漆、涂料、裱糊工程主要包括：门油漆、窗油漆、扶手油漆、板条面油漆、线条面油漆、木材面油漆、金属面油漆、抹灰面油漆、喷刷涂料、裱糊等项目。

6.2.5.2 工程量清单项目

1. 门油漆

(1) 工程内容。门油漆的工程内容包括：基层清理、刮腻子、刷防护材料、油漆等。

(2) 项目特征。门油漆的项目特征包括：①门类型；②腻子种类；③刮腻子要求；④防护材料种类；⑤油漆品种、刷漆遍数。

(3) 计算规则。门油漆项目工程量按设计图示数量以樘为单位计算。

(4) 有关说明。门类型应分为镶板门、木板门、胶合板门、装饰实木门、木纱门、木质防火门、连窗门、平开门、推拉门、单扇门、双扇门、带纱门、全玻门、半玻门、半百叶门、全百叶门以及带亮子、不带亮子、有框门、无框门和单独门框等油漆。

腻子种类分为石膏油腻子、胶腻子、漆片腻子、油腻子等。

刮腻子要求分刮腻子遍数以及满刮还是找补腻子等。

2. 窗油漆

(1) 工程内容。窗油漆的工程内容包括：基层清理、刮腻子、刷防护材料、油漆等。

(2) 项目特征。窗油漆的项目特征包括：①窗类型；②腻子种类；③刮腻子要求；④防护材料种类；⑤油漆品种、刷漆遍数。

(3) 计算规则。窗油漆项目工程量按设计图示数量以樘为单位计算。

(4) 有关说明。门类型应分为平开窗、推拉窗、提拉窗、固定窗、空花窗、百叶窗以及单扇窗、双扇窗、多扇窗、单层窗、双层窗、带亮子、不带亮子等。

3. 木扶手油漆

(1) 工程内容。木扶手油漆的工程内容包括：基层清理，刮腻子，刷防护材料、油漆等。

(2) 项目特征。木扶手油漆的项目特征包括：①腻子种类；②刮腻子要求；③防护材料种类；④油漆部位单位展开面积；⑤油漆长度；⑥油漆品种、刷漆遍数。

(3) 计算规则。木扶手油漆项目工程量按设计图示数量以长度计算。

（4）有关说明。木扶手油漆应区分为带托板与不带托板分别编码列项。

4. 墙纸裱糊

（1）工程内容。墙纸裱糊工程内容包括：基层清理、刮腻子、面层铺贴、刷防护材料等。

（2）项目特征。墙纸裱糊的项目特征包括：①基层类型；②裱糊部位；③腻子种类；④刮腻子要求；⑤黏结材料种类；⑥防护材料种类；⑦面层材料品种、规格、品牌、颜色。

（3）计算规则。墙纸裱糊项目工程量按设计图示尺寸以面积计算。

（4）有关说明。墙纸裱糊应对花与不对花的要求。

6.2.6 其他工程

6.2.6.1 主要内容

其他工程主要包括：柜类、货架、暖气罩、浴厕配件、压线、装饰线、雨篷、旗杆、招牌、灯箱、美术字等项目。

6.2.6.2 工程量清单项目

1. 收银台

（1）工程内容。收银台工程内容包括：台柜制作、运输、安装、刷防护材料、油漆。

（2）项目特征。收银台的项目特征包括：①台柜规格；②材料种类规格；③五金种类规格；④防护材料种类；⑤油漆品种、刷漆遍数。

（3）计算规则。收银台项目工程量按设计图示数量以个为单位计算。

（4）有关说明。台柜的规格以能分离的成品单体长、宽、高表示。

2. 金属字

（1）工程内容。金属字工程内容包括：字的制作、运输、安装、油漆等。

（2）项目特征。金属字的项目特征包括：①基层类型；②镌字材料品种、颜色；③字体规格；④固定方式；⑤油漆品种、刷漆遍数。

（3）计算规则。金属字项目工程量按设计图示数量以个为单位计算。

（4）有关说明。

基层类型是指金属字依托体的材料，如砖墙、木墙、石墙、混凝土墙、钢支架等。

字体规格以字的外接矩形长、宽和字的厚度表示。

固定方式是指粘贴、焊接及铁钉、螺栓、铆钉固定等方式。

6.3 装饰工程工程量清单编制实例

以某公司董事长办公室室内装饰工程为例（施工图见第7章），根据该装饰工程的施工图和招标文件及国家《建设工程工程量清单计价规范》（GB 50500—2013），以下简称《计价规范》，进行了该工程的招标工程量清单的编制。具体编制过程见本章附录。

本章小结

工程量清单是表现室内装饰工程的分部分项工程项目、措施项目、其他项目名称和相应数量的明细清单，是招标人按照招标要求和施工设计图样规定将招标工程的全部项目和内容。工程量清单的编制方法是编制分项工程量清单应按项目编码、项目名称、计量单位和工程量计算规则统一的有关规定进行编制。一是熟悉《计价规范》附录B及相应的工程量计价规则，熟悉设计图样和相关的设计施工规范、施工工艺和操作规程；了解工程现场及施工条件，调查施工企业情况和协作施工的条件等。二是严格根据《计价规范》的相关规定进行工程分部分项的名称的确定并做好编码工作。三是按规范规定的工程量计算规则计算分部分项工程工程量并严格套用单位。四是进行工程量清单编制并进行反复核对检查无误后，再进行综合造价编制。

思考题

1. 编制工程量清单的依据有哪些？
2. 什么是清单工程量？为什么要提出清单工程量的概念？
3. 清单工程量应根据哪个工程量计算规则计算工程量？
4. 工程量清单如何编制工程量清单编码？

【推荐阅读书目】

[1] 中华人民共和国建设部．GB 50500—2003 建设工程工程量清单计价规范［S］．北京：中国计划出版社，2003.

[2] 张国栋．装饰装修部分（建设工程工程量清单计价规范与全国统一建筑工程预算工程量计算规则的异同）［M］．郑州：河南科学技术出版社，2010.

[3] 张毅．装饰装修工程概预算与工程量清单计价［M］．哈尔滨：哈尔滨工业大学出版社，2010.

【相关链接】

1. 福建省建设工程造价信息网（http：//www. fjgczj. com）
2. 中国建设工程造价信息网（http：//www. ccost. com）

附　录

董事长办公室室内装饰工程

工 程 量 清 单

招　标　人：＿＿＿＿＿＿＿＿（单位签字盖章）

法定代表人：＿＿＿＿＿＿＿＿（签字盖章）

中 介 机 构
法定代表人：＿＿＿＿＿＿＿＿（签字盖章）

造价工程师
及注册证号：＿＿＿＿＿＿＿＿（签字盖执业专用章）

编 制 时 间：　　年　　月　　日

总　说　明

工程名称：董事长办公室室内装饰工程　　　　第1页　共1页

1. 设计施工图样及相关资料

设计说明（施工图样见附录）

（1）本工程为董事长办公室室内装修工程，地处某市区写字楼二楼，交通方便，水电均引到户内；为框架结构。

（2）室内设计净高2.6m。

（3）室内内墙满贴米色墙纸装饰。

（4）天棚做法为轻钢龙骨石膏板涂ICI乳胶漆同内墙。

（5）室内地面满铺地毯。

（6）门为樱桃木饰面板涂饰清漆，门窗套为樱桃木。

（7）柱体为木龙骨框架，柱面饰樱桃木面板涂饰清漆。

2. 定额资料

定额资料应依据《全国统一建筑装饰工程基础定额》和《建设工程量清单计价规范》（GB 50500—2013）以及工程所在地区的单位估价表。

3. 其他相关依据资料（略）

分部分项工程量清单

工程名称：董事长办公室室内装饰工程　　　　第1页　共2页

序号	项目编码	项目名称	计量单位	工程数量
1	020102002001	块料楼地面 1. 找平层、结合层。 2. 面层：600mm×600mm冠军牌抛光砖，优质品。 3. 白水泥嵌缝	m^2	14.31
2	020105006001	木质踢脚线 1. 120mm高踢脚线。 2. 基层：9mm胶合板，1220mm×2440mm×9mm。 3. 面层：樱桃木直纹饰面板，1220mm×2440mm×3mm。 4. 饰面板面油漆	m^2	5.90
3	020208001001	柱（梁）面装饰 1. 木结构底，饰面胶合板包方柱。 2. 木龙骨规格25mm×30mm，杉木龙骨中距300mm×300mm。 3. 基层：9mm胶合板，1220mm×2440mm×9mm。 4. 面层：樱桃木直纹饰面板，1220mm×2440mm×3mm。 5. 50mm×10mm樱桃木装饰线条。 6. 木结构基层刷防火漆2遍。 7. 饰面板面油漆	m^2	12.05
4	020302001001	天棚吊顶 1. 吊顶形式：直线跌级。 2. 木龙骨规格25mm×40mm，杉木龙骨中距300mm×300mm。 3. 基层：9mm胶合板，1220mm×2440mm×9mm。 4. 木结构基层刷防火漆2遍。 5. 面层批嵌腻子刷白色ICI乳胶漆底、面漆各2遍	m^2	9.90
5	020302001002	天棚吊顶 1. 吊顶形式：轻钢龙骨石膏板平面天棚。 2. U形轻钢龙骨龙骨，中距450mm×450mm。 3. 基层：9mm石膏板。 4. 面层批嵌腻子刷白色ICI乳胶漆底、面漆各2遍。 5. 16mm半圆樱桃木装饰线条。 6. 木装饰线面油漆	m^2	47.54
6	020400007001	实木窗帘盒 1. 300mm×20mm胶合板窗帘盒。 2. 实木刷防火漆2遍。 3. 实木外批嵌腻子刷白色ICI乳胶漆底、面漆各2遍	m	12.03

分部分项工程量清单

工程名称：董事长办公室室内装饰工程　　　　　　　　　　　　　　　　　第2页　共2页

序号	项目编码	项　目　名　称	计量单位	工程数量
7	020102002001	楼地面羊毛地毯 1. 砂浆配合比找平。 2. 铺设填充层、面层、防护材料。 3. 装钉压条	m^2	41.43
8	020406001001	塑钢推拉窗 1. 海螺型材推拉窗，双扇带上亮。 2. 单樘尺寸 1960mm×2000mm，塑钢材壁厚 1.0mm。 3. 5mm 浮法玻璃	樘	5
9	020401003001	实木装饰门 1. 杉木结构底架。 2. 面层樱桃木直纹贴面三合板。 3. 5mm 浮法玻璃，执手门锁。 4. 饰面板面油漆	m^2	6.24
10	020407004001	门窗木贴脸 1. 80mm×20mm 樱桃木装饰凹线。 2. 装饰线上油漆	m^2	4.20
11	020409003001	石材窗台板 1. 进口大花绿。 2. 石材磨边、抛光	m	10.36
12	020509001001	墙纸裱糊 1. 墙面满刮油性腻子。 2. 裱糊米色玉兰墙纸	m^2	49.50
13	补 020408005001	百叶窗帘 1. 浅蓝色 PVC 垂直帘。 2. 铝合金轨道	m^2	20.43
14	010302001001	实心砖隔断墙 1. 运砖、砂，搅拌、砌筑。 2. 刮平、压平	m^2	2.07
15	020407006001	筒子板 1. 基层：18mm 胶合板。 2. 面层：樱桃木直纹饰面胶合板。 3. 饰面板涂饰清漆	m^2	3.79

措施项目清单

工程名称：董事长办公室室内装饰工程　　　　第1页　共1页

序号	项目名称
1	环境保护
2	文明施工
3	安全施工
4	临时设施
5	夜间施工
6	二次搬运
7	大型机械设备进出场及安装、拆卸
8	混凝土、钢筋混凝土模板及支架
9	脚手架
10	已完工程及设备保护
11	施工排水、降水
12	其他

其他项目清单

工程名称：董事长办公室室内装饰工程　　　　第1页　共1页

序号	项目名称
1	招标人部分
	1.1　预留金
	1.2　材料购置费
2	投标人
	2.1　零星工作项目费
	2.2　总包服务费

零星工作项目表

工程名称：董事长办公室室内装饰工程　　　　第1页　共1页

序　号	名　称	计量单位	数　量
1	人工		
2	材料		
3	机械		

设备项目清单

工程名称：董事长办公室室内装饰工程　　　　第1页　共1页

序号	设备编码	设备名称	规格、型号等特殊要求	单位	数量

主要材料表

工程名称：董事长办公室室内装饰工程　　　　第1页　共1页

序号	材料编码	材料名称	规格、型号等特殊要求	单位	编制价
1		轻钢大龙骨h60mm、中龙骨h19mm、小龙骨h19mm		m	
2		杉木板材		m^3	
3		杉木枋材		m^3	
4		松木板材		m^3	
5		松杂木枋板材（周转材、综合）		m^3	
6		硬木枋材		m^3	
7		胶合板1220mm×2440mm×18mm		m^2	
8		胶合板1220mm×2440mm×9mm		m^2	
9		凹枋（杉木）	25mm×40mm	m	
10		木枋（杉木）	25mm×40mm	m	
11		樱桃木胶合板		m^2	
12		樱桃木装饰直线	50mm×10mm	m	
13		樱桃木装饰直线（坑线）	50mm×20mm	m	
14		樱桃木装饰直线	16mm半圆线	m	
15		樱桃木装饰直线	25mm×20mm	m	
16		樱桃木装饰直线	15mm×15mm	m	
17		32.5（R）水泥		t	
18		32.5（R）白水泥		t	
19		羊毛地毯		m^2	
20		抛光砖，冠军牌（优）	600mm×600mm	m^2	
21		浮法玻璃5mm厚		m^2	
22		饰面胶合板	3mm	m^2	
23		方钢管25mm×25mm×2.5mm		m	
24		塑钢双扇推拉窗	海螺型材	m^2	
25		百叶窗帘		m^2	
26		石膏板9mm厚		m^2	
27		进口大花绿石材		m^2	
28		装饰木条	16mm×19mm	m	
29		实心砖240mm×120mm×60mm		m^3	
30		墙纸	米色玉兰墙纸	m^2	

工程量清单计量表

工程名称：董事长办公室室内装饰工程 第1页 共2页

项目编码	工程项目	说明	位置	件数	计算式	清单计量单位	数量	清单计量数量
020102002001	抛光砖楼地面	600mm×600mm	文秘室		(4.65−0.12)×(3.4−0.12−0.05)−0.7×(0.70−0.24)	m^2	14.31	14.31
020104001001	地毯楼地面	羊毛地毯	董事长办公室		(9.85−0.24)×(6−0.24)−(6−3.2+0.05)×(4.65+0.01)−2×0.7×(0.7−0.24)	m^2	41.43	41.43
010302002001	砌筑墙	实心砖	隔墙		(4.65+6−3.20+0.05)×3×0.01−0.85×2.15×0.10	m^3	2.07	2.07
020105006001	踢脚线	木质 120mm 高	文秘室 董事长办公室		[(9.85−0.24)+(6−0.24)+(5.2−0.12−0.1)+(4.65−0.12)+(6.6−0.24−0.1)+6×(0.7−0.24)+2×(4.65−0.12)+(3.4−0.12−0.05)+(6−3.2+0.05)]×0.12	m^2	5.88	5.88
020208001001	柱面装饰		Z1、Z2、Z3 柱		[(0.7−0.24)×3×2+0.7×3]×(2.6−0.12)	m^2	12.05	12.05
	天棚吊顶	木结构	1 剖面		(4.6+0.08×4)×(3.6+0.08×4)−3.6×4.6+(3+0.08×4) ×(3.6+0.08×4)−3.6×3+(2+0.08×4)×(3.6+0.08×4) −3.6×2	m^2	6.84	
	天棚吊顶	木结构	2 剖面		(0.5+0.1×2+0.14×2)×(0.3+0.1×2+0.14×2)×4	m^2	3.06	
020302001001	天棚吊顶	木结构	合计		6.84+3.06	m^2	9.90	9.90
020302001002	天棚吊顶轻钢龙骨石膏板	600mm×600mm	文秘室 董事长办公室		(9.85−0.24)×(6−0.24)+(4.65−0.12)×(0.7−0.24)−1 剖面−2 剖面	m^2	47.54	47.54
020408002001	实木窗帘盒	300mm 高，300mm 宽	C、D 立面		6−0.24+3.4−0.12−0.05+3.2−0.12−0.05	m	12.02	12.02
020406007001	塑钢带上亮推拉窗	2000mm×1960mm	C、D 立面			樘	5	5

工程量清单计量表

工程名称：董事长办公室室内装饰工程　　　　第2页　共2页

项目编码	工程项目	说明	位置	件数	计　算　式	清单计量单位	数量	清单计量数量
020407006001	筒子板	樱桃木	M4、M9		(2.15×6+1.2+0.85+0.85)×0.24	m^2	3.79	3.79
020401003001	实木装饰门		M4、M9		0.85×2.15×2+2.15×1.2	m^2	6.24	6.24
020407004001	门套贴脸	80mm×20mm	M4、M9、B		[(0.85+0.16)×4+2.15×12+(1.2+0.16)×2+(6−0.24)+1.7×6+4]×0.08	m^2	4.20	4.20
020409003001	石材窗台板	130mm以内	C、D立面		6.6−0.24+4	m	10.36	10.36
	墙面贴壁纸		A立面		(1.85−0.12+2.1)×(2.6−0.12)−(1.2+0.08×2)×(2.15+0.08)+(5.1−0.24)×(2.6−0.12)	m^2	8.18	
	墙面贴壁纸		B立面		(9.85−0.7−0.7−0.24)×(2.6−0.12)−(0.85+0.08×2)×2.15+(0.85+0.08×2)×0.12	m^2	18.52	
	墙面贴壁纸		C立面		(6.6−0.24−0.1)×(2.6−0.12)−2×(2+0.08×2)×1.7	m^2	18.31	
	墙面贴壁纸		D立面		(6−0.24)×(0.9−0.12)	m^2	4.49	
020509001001	墙面贴壁纸		合计		18.52+8.18+18.31+4.49	m^2	49.50	49.50
011401000	块料地面保护	旧地毯	董事长、文秘室		(抛光砖+地毯)的工程量	m^2	55.74	55.74
补020406007001	百叶窗帘安装		C、D立面		(6−0.24+3.4−0.12−0.05+3.2−0.12−0.05)×(2.6−1.2)	m^2	20.43	20.43

第7章

装饰工程工程量清单报价的编制

【本章重点与难点】

1. 工程量清单综合单价的编制（难点）。

2. 工程量清单报价的编制方法与编制实例（重点）。

工程量清单报价是投标人按招标人提供的工程量清单编制各项所需要的全部费用，具体包括分部分项工程费、措施项目费、其他项目费、规费、税金等的全部活动。

7.1 工程量清单计价的编制方法

7.1.1 工程量清单计价的编制原则与依据

7.1.1.1 编制原则

1. 质量效益原则

"质量第一"对于任何产品生产和企业来说是一个永恒的原则。企业在市场经济条件下既要保证产品质量，又要不断提高经济效益，是企业长期发展的基本目标和动力。长期以来不少承包商，往往将质量和效益对立起来，不在如何解决矛盾，将质量与效益结合上下工夫，而是冒险偷工减料，这必然导致工程质量下降和效益的降低。因此，决策者和编制者必须坚持施工管理、施工方案的科学性，从始至终贯彻质量效益原则。

2. 优胜劣汰原则

投标编制者考虑合理因素的同时使确定的清单价格具有竞争力，提高中标的可能性与可靠度。在经济合理的前提下招标企业尽量选择可信度高、施工质量好的投标企业，真正做到优胜劣汰。

3. 优势原则

具有竞争力的价格从何而来，关键在于企业优势。例如，品牌、诚信、管理、营销、技术、质量和价格优势等。在众多投标企业中，一家企业不可能具备方方面面的优势，但也有自己的优势和长处，所以编制工程价格必须善于"扬长避短"。运用价值工程的概念和方法采取多种施工方案和技术措施比价，采用"合理低价"和"不平衡报价"等方法，体现报价的优势，不断提高中标率。

4. 市场风险原则

编制招投标标底或投标报价必须注重市场风险研究，充分预测市场风险，脚踏实地进行充分的市场调查研究，采取行之有效的措施与对策。

7.1.1.2 编制依据

编制工程量清单报价的依据主要有：清单工程量（分部分项工程量）、施工图、《计价规范》、消耗量定额、施工方案以及工、料、机市场价格等。

1. 清单工程量

清单工程量是招标人发布的拟装饰装修工程的招标工程量，是投标人投标报价的重要依据，投标人应根据清单工程量和施工图计算计价工程量。

2. 施工图

由于采取的施工方案不同；由于清单工程量是分部分项工程量清单项目的主项工程量，不能反映报价的全部内容。所以投标人在投标报价时，需要根据施工图和施工方案设计计算报价工程量，因而，施工图是编制工程量清单报价的重要依据。

3. 消耗量定额

消耗量定额一般是指企业定额、建设行政主管部门发布的预算定额等，是分析拟装饰装修工程工料机消耗量的依据。

4. 工料机市场价格

工料机市场价格是确定分部分项工程量清单综合单价的重要依据。

7.1.2 计价工程量的计算方法

7.1.2.1 计价工程量的概念

计价工程量也称报价工程量，是计算装饰工程投标报价的重要数据。

计价工程量是投标人根据拟装饰装修工程施工图、施工方案、清单工程量和所采用定额及相对应的工程量计算规则计算出的，用于确定综合单价的重要数据。

清单工程量作为统一各投标人工程报价的口径，是十分重要的，也是十分必要的。但是，投标人不能根据清单工程量直接进行报价，这是因为施工方案不同，实际发生的工程量不同；采用的定额不同，其综合单价的综合结果也不同。所以在投标报价时，各投标人必须要计算计价工程量。我们就将用于报价的实际工程量称为计价工程量。

7.1.2.2 计价工程量的计算

计价工程量是根据所采用的定额和相对应的工程量计算规则计算的，所以承包商一旦确定采用何种定额时，就应完全按其定额所划分的项目内容和工程量计算规则计算工程量。计价工程量的计算内容一般要多于清单工程量。这是因为计价工程量不但要计算每个清单项目的主项工程量，而且还要计算所包含的附项工程量。这就要根据清单项目的工程内容和定额项目的划分内容具体确定。

1. 工程量计算的顺序

一个单位装饰装修工程分项繁多，少则几十分项，多则几百个，而且很多分项类同，相互交叉。如果不按科学的顺序进行计算，就有可能出现漏算或重复计算工程量的情况，计算了工程量的子项进入工程造价，若漏算或重复计算了工程量，就会少计或多算工程造价，给造价带来虚假性，同时，也给审核、校对带来诸多不便。因此计算工程量必须按一定顺序进行，以免出差错。常用的计算顺序有以下几种。

（1）按《计价规范》中装饰装修工程量计算规则的分部分项顺序计算。一般装饰装修分部分项的顺序为：楼地面工程，墙柱面工程，天棚工程，门窗工程，油漆、涂料、裱糊工程，其他工程等6部分，此外还有脚手架、垂直运输超过费、安全文明施工增加费等措施费部分。

接下来是列工程分项，列分项的顺序一般也就是《计价规范》装饰装修工程量计算规则中子项目的编排顺序，也即工程量计算的顺序，依此顺序列项并计算工程量，就可以有效地防止漏算工程量和漏套定额，确保预算造价的真实可靠。

（2）从下至上逐层计算。对于不同楼层来说，可先底层，后上层；对于同一楼层或同一房间来说，可以先楼地面，在墙柱面，后顶棚；先主要，后次要；对于室内外装饰，可下室内，后室外按一定的先后次序计算。

2. 计算工程量的技巧

(1) 将计算规则用数学语言表达成计算式，然后再按计算公式的要求从图纸上获取数据代入计算，数据的量纲要换算成与定额计量单位一致，不要将图纸上的尺寸单位毫米代入，以免在换算时出错。

(2) 采用表格法计算，其顺序及定额编号与所列子项一致，这可避免错漏项，也便于检查复核。

(3) 采用、推广计算机软件计算工程量，它可以使工程量既快又准，减少手工操作，提高工作效率。

总之，运用以上各种方法计算工程量，应结合工程大小，复杂程度，以及个人经验，灵活掌握综合运用，以使计算全面、快速、准确。

3. 工程量计算注意事项

(1) 严格按计算规则的规定进行计算。工程量计算必须与工程量计算规则或计算方法一致，才能符合要求。《建设工程工程量清单计价规范》(GB 50500—2003) 对装饰装修工程各分项工程的工程量计算规则和计算方法都作了具体规定，计算时必须严格按规定执行。如，楼地面整体面层、块料面层按饰面的净面积计算。

(2) 工程量计算所用原始尺寸数据的取得必须以施工图尺寸为准。工程量是按每一分项工程，根据设计图纸进行计算的。计算时所采用的原始数据都必须以施工图纸所表示的尺寸或施工图纸能读出的尺寸为准进行计算，不得任意加大或缩小各部位尺寸。在装饰装修工程量计算时，较多的使用净尺寸，不得按图纸轴线尺寸，更不得按外包尺寸取代，以免增大工程量，一般来说净尺寸要按图纸尺寸经简单计算取定。

(3) 计算单位必须与规定的计量单位统一。在《全国统一建筑装饰装修工程量清单计量规则》中，主要计量单位采用如下规定：以体积计算的为立方米 (m^3)；以面积计算的为平方米 (m^2)；以长度计算的为米 (m)；以重量计算的为吨或千克 (t 或 kg)；以件或个计算的为件或个等。

(4) 工程量计算的准确度。工程量计算数据要准确，一般应精确到小数点后三位，汇总时，其准确度取值要达到：立方米 (m^3)、平方米 (m^2) 以及米 (m) 以下取两位小数；吨 (t) 以下取三位小数；千克 (kg) 或件和个取整数。

(5) 各分项工程子项应标明：子项名称、定额编号、项目编码，以便于检查审核。

7.1.3 工程量计价综合单价的编制

7.1.3.1 综合单价及其内涵

综合单价是指完成规定计量单位、合格产品所需的全部费用。即一个规定计量单位工程所需的人工费、材料费、机械台班费、管理费和利润，并考虑风险因素而对室内装饰工程做出的综合计价。综合单价不但适用于分部分项工程量清单，也适用于措施项目清单、其他项目清单。

综合单价计价法与传统定额预算法有着本质的区别，其最基本的特征表现在分项工程项目费用的综合性强。它不仅包括传统预算定额中的直接费，按照上述定义还增加了管理费和利润两部分，而且应考虑风险因素形成最终单价，因而称其为综合单价。从另一个角度看，对于某一项具体的分部分项工程而言，又具有单一性的特征。综合单价基本上能够反映一个分项工程单价再加上相应的措施项目费、其他项目费和规费、税金，就是某种意义上的“产品”(分部或分项工程) 完整 (或称全费用) 的单价或价格，即将分部分项工程看做产品，使分部分项工程费用成为某种意义上的产品综合单价。

7.1.3.2 编制依据

(1)《建筑工程施工发包与承包计价管理办法》(建设部令第 107 号)、《建设工程工程量清单计价规范》(GB 50500—2003) 及相关政策、法规、标准、规范以及操作规程等。

(2) 招标文件和室内施工图样、地质与水文资料、施工组织设计、施工作业方案和技术，以及技术专利、质量、环保、安全措施方案及施工现场资料等。

(3) 市场劳动力、材料、设备等价格信息和造价主管部门公布的价格信息及其相应价差调整的文件规定等信息与资料。

(4) 承包商投标营销方案与投标策略意向、施工企业消耗与费用定额、企业技术与质量标准、企业“工法”资料、新技术新工艺标准，以及过去存档的同类与类似工程资料等。

(5) 省、市、地区室内装饰工程综合单价定额，或者相关消耗与费用定额，或地区综合估价表(或基价表)，省、市、地区季度室内装饰工程或劳动力以及机械台班的指导价。

7.1.3.3 编制步骤和程序

1. 编制步骤

确定综合单价是承包商准备响应和承诺招标单位发标的核心工作，是能否中标的关键一环，要做好充分的准备工作。综合单价的编制步骤如图 7-1 所示。

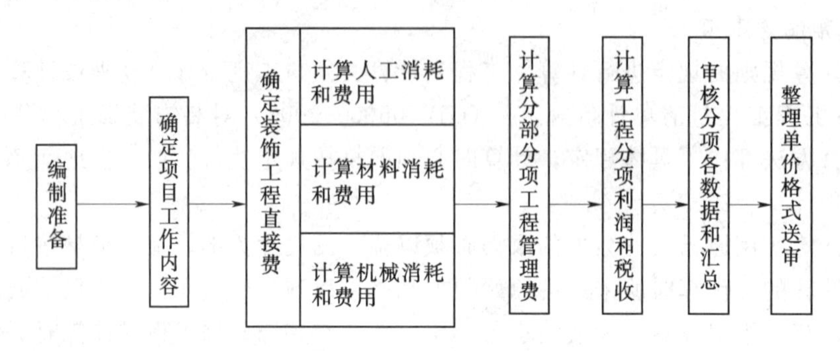

图 7-1 综合单价的编制步骤示意图

2. 编制程序

下面以分部分项工程量清单某分项墙面镶贴块料面层项目为例，介绍综合单价的编制方法。该工程系室内装饰工程，工程地点在市区内，其编制程序如下。

(1) 应选用费用定额(或单价表)。如以某省的《建筑装饰工程消耗量定额及统一基价表》和该省的《建筑装饰工程预算定额》等文件为依据进行编制，这对综合单价的编制方法没有影响。传统预算方法与工程量清单计价方法虽有本质区别，但是对定额编制方法而言，还只是在于分项划分与费用组合的区别，在制定方法上并无本质差别。该定额基价中，直接给出了分部分项综合单价，即除给出了人工、材料、机械 3 项直接费外，还包含了管理费和利润两项费用。

(2) 根据以上确定的工程内容，进一步查找相应的定额(单价表或基价表)分项的人工、材料、机械台班等的费用，并按定额规定调整差价。

(3) 计算管理费、利润及税收。

(4) 最后进行整理审核。

7.1.3.4 综合单价计算方法

综合单价的计算过程是，先用计价工程量乘以定额消耗量得出工、料、机消耗量，再乘以对应的工、料、机单价得出主项和附项直接费，然后再计算出计价工程量清单项目费小计，接着再计算管理费、利润得出清单合价，最后再用清单合价除以清单工程量得出综合单价。其计算公式如下。

主项工料机消耗量＝计价工程量×主项定额消耗量

主项直接费＝主项工料机消耗量×工料机单价

附项工料机消耗量＝计价工程量×附项定额消耗量

附项直接费＝附项工料机消耗量×工料机单价

计价工程量直接费＝主项直接费＋附项直接费

计价工程量清单项目费＝计价工程量直接费×(1＋管理费率)×(1＋利润率)

综合单价＝计价工程量清单项目费÷清单工程量

7.1.3.5 综合单价计算实例

综合单价计算实例见表 7-1。

表 7－1　　分部分项工程量清单综合单价计算表

工程名称：某办公室室内装饰工程　　　　第　页　共　页

序　号			9							
清单编号			020401004001							
清单项目名称			实木装饰门							
计量单位			樘							
清单工程量			4							
综　合　单　价　分　析										
定　额　编　号			2D0063		1G0107		1K0041			
定额子项目名称			实木装饰门		木门框制作安装		木门聚酯漆			
定额计量单位			樘		m^2		m^2			
计价工程量			4		8.64		8.64			
工料机名称		单位	耗量	单价	耗量	单价	耗量	单价	耗量	单价
			小计	合价	小计	合价	小计	合价	小计	合价
人工	人工	工日	3.60	30.00	0.11	30.00	0.39	25.00		
			14.40	432	0.95	28.50	3.37	84.25		
材料	成品木门			500.00						
				2000						
	铜铰链			26.00						
				104						
	一等锯材				0.017	1500				
					0.15	225.00				
	乳胶				0.006	6.00				
					0.052	0.31				
	底漆						0.33	26.00		
							2.85	74.10		
	面漆						0.88	30		
							7.60	228		
	稀释剂						0.76	15.00		
							6.57	98.55		
	其他材料					0.06		0.17		
						0.52		1.47		
机械						0.85				
						7.43				
工料机小计			2536.00		261.67		486.37			
工料机合计			3284.04							
管理费			328.40							
利润			89.00							
清单合价			3901.44							
综合单价			975.36							

7.1.4 措施项目费、其他项目费、规费及税金的计算方法

7.1.4.1 措施项目费

措施项目费是指工程量清单中，除分部分项工程量清单项目费以外，为保证工程顺利进行，按照国家现行规定的建设工程（包括装饰工程）施工及验收规范、规程要求，必须配套的工程内容所需的费用。如，临时设施费。措施项目费的计算方法一般有以下几种。

1. 定额分析法

定额分析法是指凡是可以套用定额的项目，通过先计算工程量，然后再套用定额分析出工料机消耗量，最后根据各项单价和费率计算出措施项目费的方法。如，脚手架的搭拆费可根据施工图算出的搭设的工程量，然后套用定额、选定单价和费率，计算出除规费和税金之外的全部费用。

2. 系数计算法

系数计算法是采用与措施项目有直接关系的分部分项清单项目费为计算基础，乘以措施项目费系数，求得措施项目费。如，临时设施费可以按分部分项清单项目费乘以选定的系数计算出该项费用。计算措施项目费的各项系数是根据已完成工程的统计资料，通过计算分析得到的。

3. 方案分析法

方案分析法是通过编制具体的措施实施方案，对方案所涉及的各项费用进行分析计算后，汇总成某个措施项目费。

7.1.4.2 其他项目费

1. 其他项目费的概念

其他项目费是指预留金、材料购置费（仅指由招标人购置的材料）、总承包服务费、零星工作项目费等估算金额的总和。包括人工费、材料费、机械台班费、管理费、利润和风险费。

2. 其他项目费的确定

（1）招标人部分。预留金主要指考虑可能发生的工程量变化和费用增加而预留的金额。引起工程量变化和费用增加的原因很多，一般主要有以下几个方面：①清单编制人错算、漏算引起的工程量增加；②设计深度不够、设计质量较低造成的设计变更引起的工程量增加；③在施工过程中，应业主要求经设计或监理工程师同意的工程变更增加的工程量；④其他原因引起应由业主承担的增加费用，如风险费和索赔费用。

预留金由清单编制人根据业主意图和拟装饰装修工程实际情况计算确定。设计质量较高，已成熟的工程设计，一般预留工程造价的3%～5%作为预留金。在初步设计阶段，工程设计不成熟，一般要预留工程造价的10%～15%的预留金。预留金作为工程造价的组成部分计入工程造价。但预留金应根据发生的实际情况和必须通过监理工程师批准方能使用。未使用部分归业主所有。

材料购置费：材料购置费是指业主出于特殊目的和要求，对工程消耗的某几类材料，在招标文件中规定，由招标人组织采购发生的材料费。

其他：其他系指招标人可增加的新项目。如，指定分包工程费，即由于某些项目或单位工程专业性较强，必须由专业队伍施工，就需要增加该项费用。其费用数额应通过向专业施工承包商询价（或招标）确定。

（2）投标人部分。工程量清单计价规范中列举了总承包服务费、零星工作项目费两项内容。如果招标文件对承包商的工作内容还有其他要求，也应列出项目。投标人部分的清单内容设置，除总承包服务费只需简单列项外，其他项目应该量化描述。如，零星工作项目要表明各类人工、材料、机械的消耗量。

7.1.4.3 规费

1. 规费的概念

规费是指政府以及有关部门规定必须缴纳的费用。

2. 规费的内容

规费一般包括以下内容。

（1）工程排污费：是指按规定缴纳的施工现场的排污费。

工程排污费＝分部分项清单项目费×费率

（2）定额测定费：是指按规定支付给工程造价（定额）管理部门的定额测定费用。

定额测定费＝(分部分项清单项目费＋措施项目费＋其他项目费)×费率

（3）养老保险费：是指装饰施工企业按规定标准为职工缴纳的养老保险费（指社会统筹部分）。

(4) 失业保险费：是指装饰施工企业按国家规定标准为职工缴纳的失业保险费。

(5) 医疗保险费：是指装饰施工企业按规定标准为职工缴纳的基本医疗保险费。

(6) 住房公积金：是指装饰施工企业按规定标准为职工缴纳的住房公积金。

3. 规费的计算

装饰装修工程费用中的规费计算，一般以人工费、直接费为计算规费的基数。所对应的费率一般按本地区典型装饰工程承发包价的分析资料确定，如果国家有明文规定时，规费的计算一般按照国家及有关部门规定的计算公式及费率标准计算。其计算公式如下

规费＝计算基数×对应费率

7.1.4.4 税金

税金是指按照国家税法规定的应计入装饰工程造价内的营业税、城市维护建设税及教育费附加。其计算公式为

税金＝(分部分项清单项目费＋措施项目费＋其他项目费＋规费)×税率

7.2 工程量清单报价的编制程序

7.2.1 工程量清单计价的价款构成

工程量清单计价的价款组成见表7－2。工程量清单计价的价款包括按招标文件规定，完成工程量清单所列项目的全部费用，具体包括分部分项工程费、措施项目费、其他项目费和规费、税金，其内涵包括以下内容。

(1) 每分项工程所含全部工程内容的费用。

(2) 完成每项工程内容所需的全部费用(规费、税金除外)。

(3) 工程量清单项目中没有体现的，施工中又必须发生的工程内容所需的费用。

(4) 要考虑风险因素而增加的费用。

(5) 规费和税金。

表7－2　工程量清单计价程序

序　号	名　　称	计　算　办　法
1	分部分项工程费	Σ(清单工程量×综合单价)
2	措施项目费	按规定计算
3	其他项目费	按招标文件规定计算
4	规费	按规定计算
5	不含税工程造价	1＋2＋3＋4
6	税金	按税务部门规定计算
7	含税工程造价	5＋6

7.2.2 单位工程计价的过程

1. 单位工程计价的基本过程

在统一的工程量计算规则的基础上，根据具体工程的施工图纸计算出各个清单项目的工程量，再根据各种渠道所获得的工程造价信息和经验数据计算工程造价，如图7－2所示。

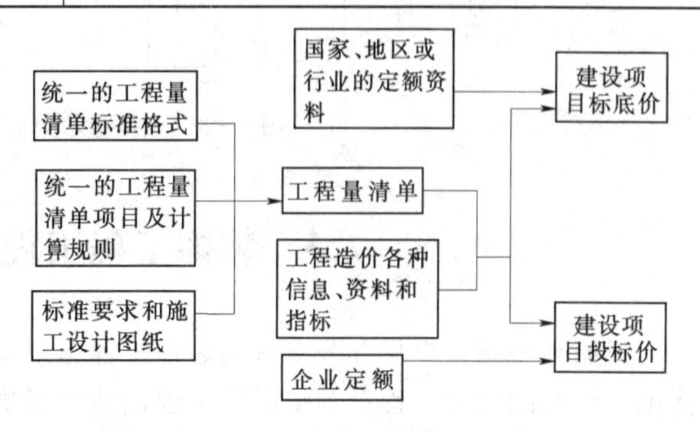

图7－2　单位工程计价过程

2. 单位工程计价方法及步骤

单位工程计价方法及步骤见表7－3。

表 7-3　　单位工程计价方法及步骤

序号	名　称		计算方法	说　明
1	工程量清单项目（分部分项工程）		清单工程量×综合单价	综合单价是指完成单位分部分项工程清单项目所需的各项费用（规费、税金除外）
2	措施项目费		措施项目工程量×措施项目综合单价	措施项目费是指为完成工程项目施工，发生于该工程施工前及过程中的非工程实体项目
3	其他项目费	招标人部分的金额		招标人部分的金额可按估算金额确定
		投标人部分的金额		根据招标人提出要求所发生的费用确定
		零星工作项目费	工程量×综合单价	根据零星工作项目计价表确定
4	行政事业性收费（规费）		(1+2+3)×费率	行政事业性收费是指经国家和当地政府批准，列入工程造价的费用
5	不含税工程造价		1+2+3+4	
6	税金		5×税率	按税收法律法规的规定列入工程造价的费用
7	含税工程造价		5+6	

7.2.3　单位工程总价的编制过程

工程量清单编制工程项目总价的程序和步骤如图 7-3 所示。其具体编制工作首先是以工程量清单规定的分项工程量、陈述的工程特征和工程内容为依据，结合设计图样的要求，以分部分项工程工程量清单和相对应的施工方案为主要依据，并结合相应的措施项目工程量清单分项综合考虑，编制分部分项综合的单价。然后考虑编制相关措施项目的综合单价。在总体程序上，首先确定分部分项工程量清单分项综合单价，然后按工程量清单编码排序，依次计算清单分项费用，按规范规定的分部分项工程量清单综合单价分析表、分部分项工程量清单计价表进行填写与汇总，分别计算和确定措施项目工程量清单分项、其他措施项目工程量清单的单价和费用，再分别统计和确定三大分项的费用汇总和计算规费、税金，进行单位工程计价汇总，最后由招标人或投标人分别综合决策，形成单位工程的招标标底或投标报价。

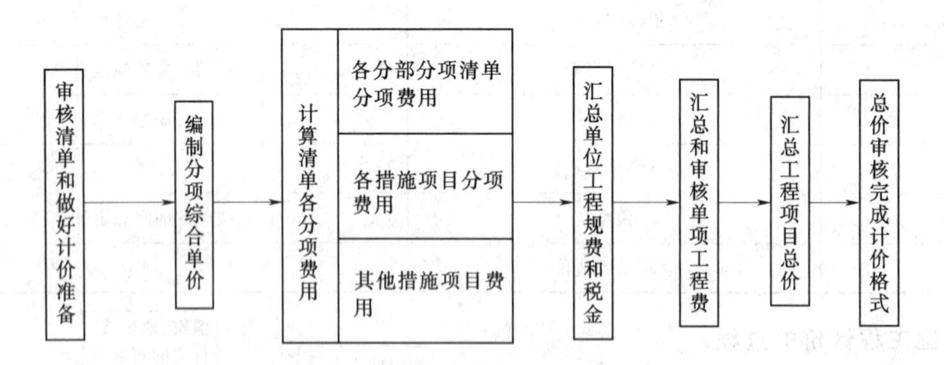

图 7-3　工程量清单总价编制程序与步骤示意图

7.3　装饰工程工程量清单报价编制实例

根据某公司董事长办公室室内装饰工程施工图和某地区装饰工程预算定额及招标人发布的工程量清单，计算的计价工程量和编制的工程量清单报价的具体过程见附录。

某公司董事长办公室室内装饰工程施工图如图 7-4～图 7-10 所示。

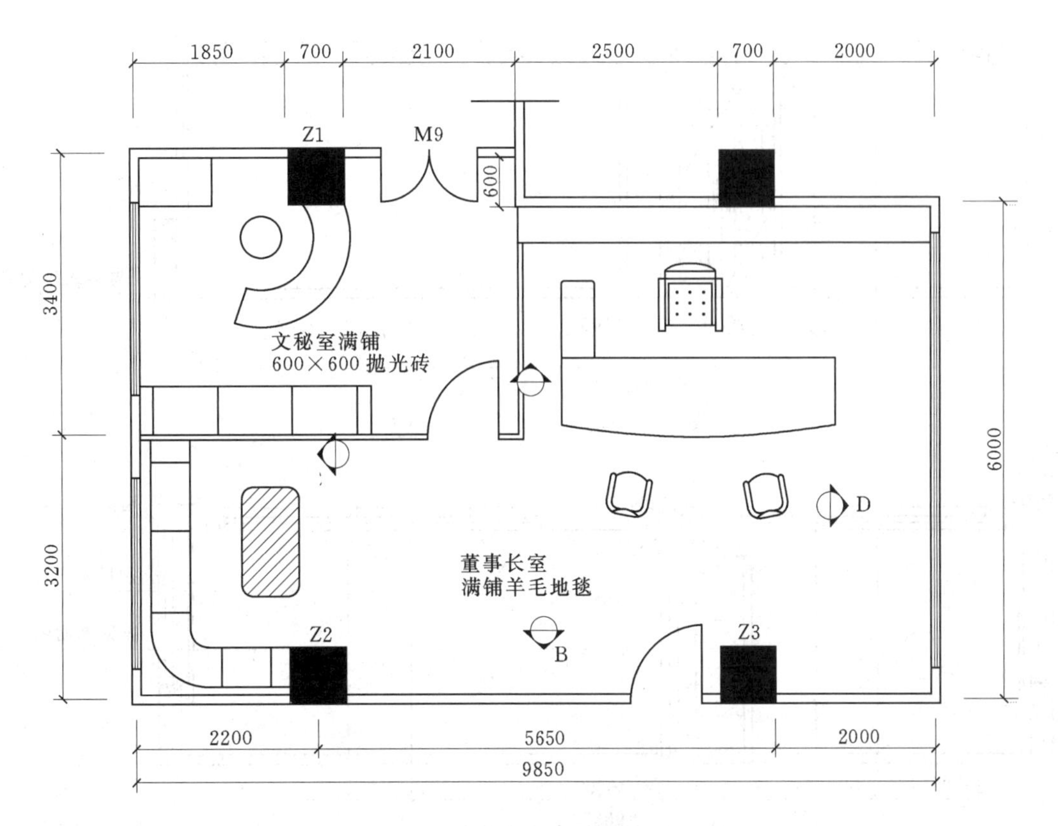

图 7-4 董事长室室内平面图 1:100

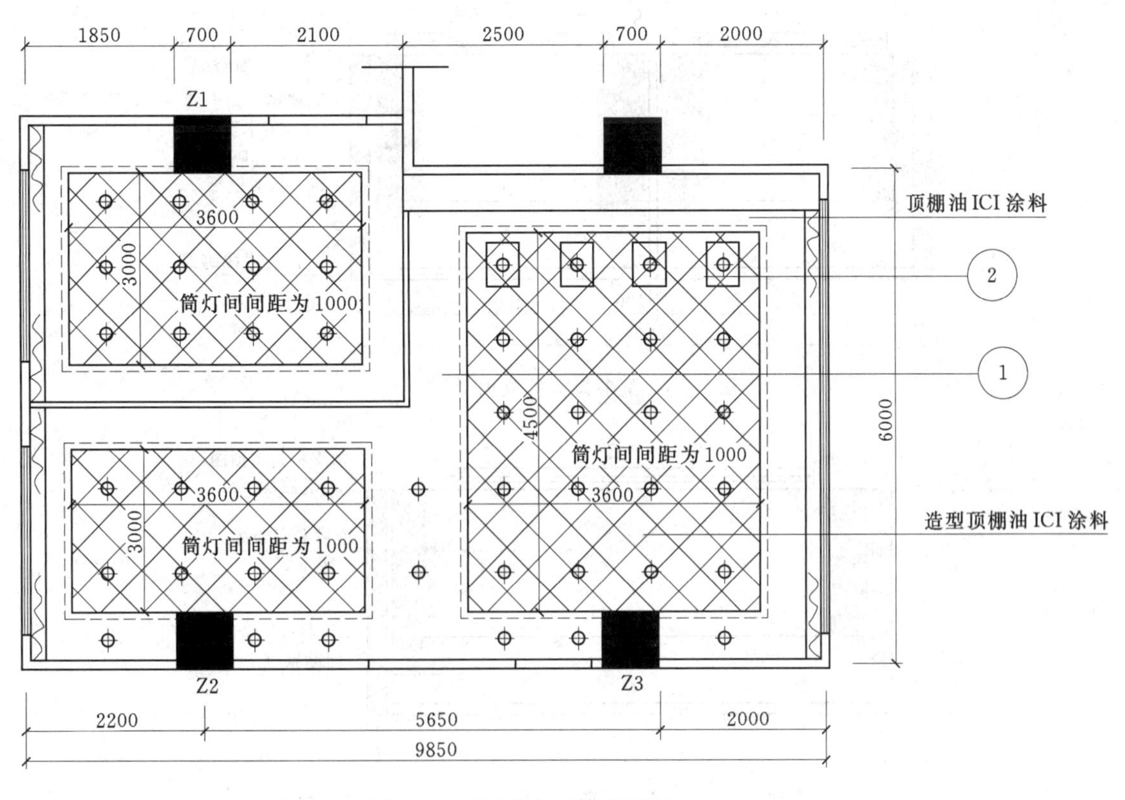

图 7-5 董事长室顶棚平面图 1:100

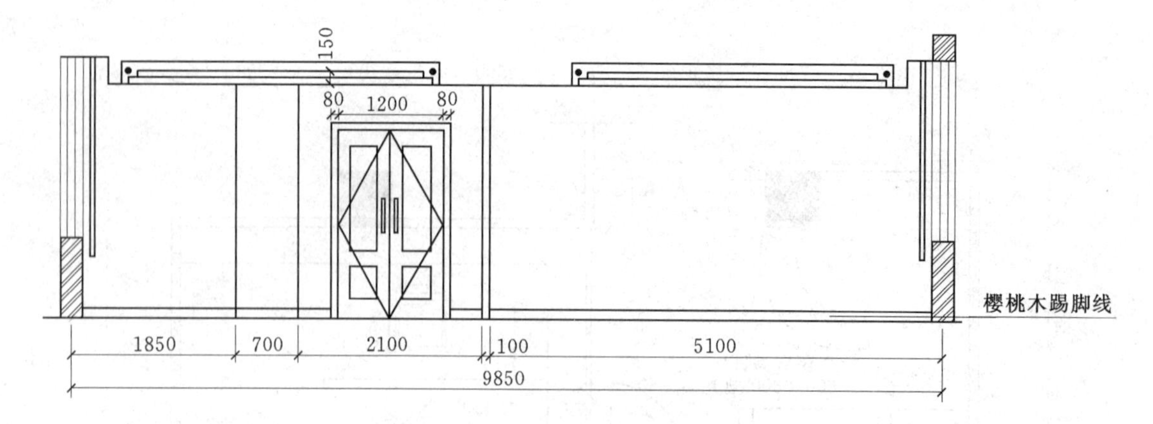

图 7-6　董事长室 A 立面　1∶50

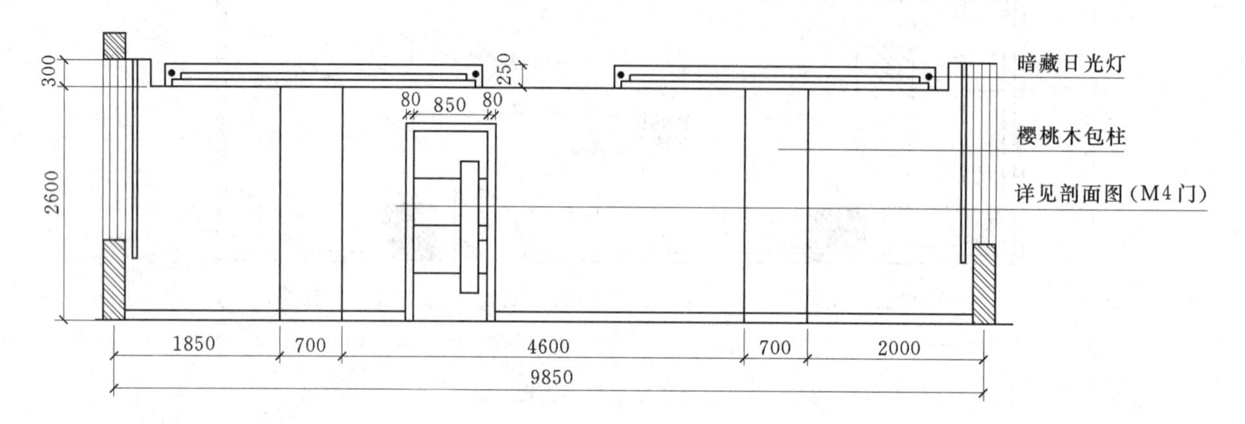

图 7-7　董事长室 B 立面　1∶50

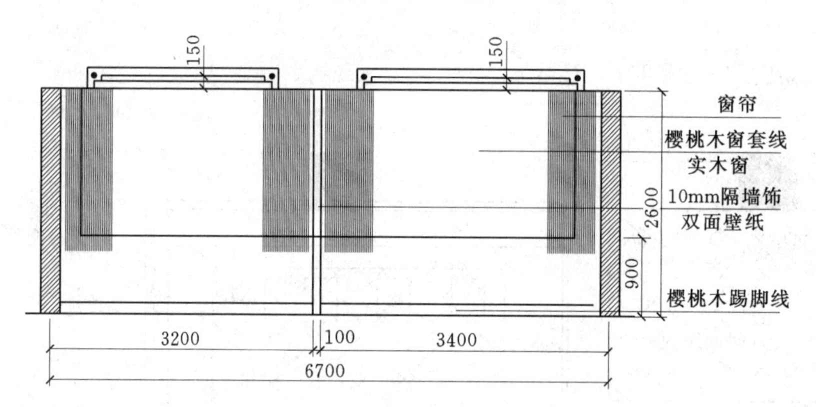

图 7-8　董事长室 C 立面　1∶50

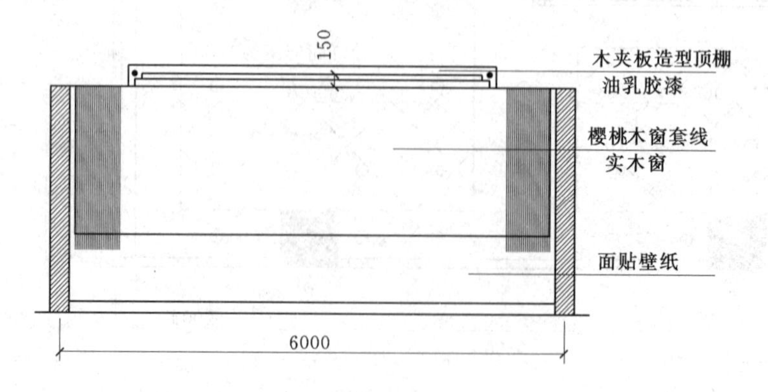

图 7-9　董事长室 D 立面　1∶50

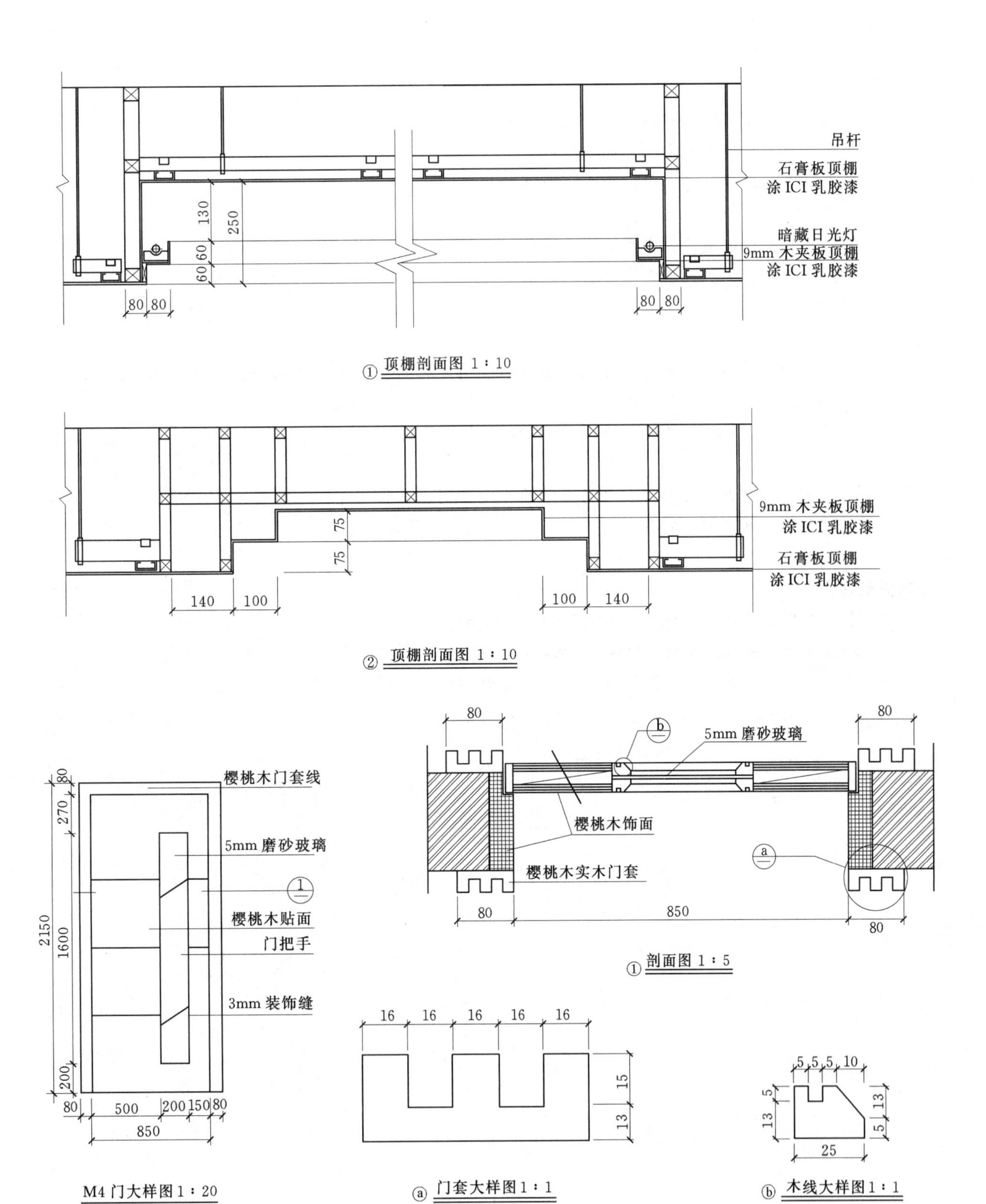

图 7-10 董事长办公室室内装饰工程施工图

本章小结

本章主要介绍了室内装饰工程工程量清单综合单价的编制，以及工程量清单报价的编制方法与编制程序。同时，结合室内装饰工程招投标特点和工程量清单计价的编制方法，对某公司董事长办公室室内装饰工程进行了招标清单和投标报价的编制。

思考题

1. 工程量清单计价的特点和优点有哪些？
2. 工程量清单计价的意义和作用有哪些？
3. 什么是综合单价？综合单价综合了哪些费用？
4. 规费包含哪些内容？如何计算规费？
5. 编制工程量清单报价的主要依据有哪些？
6. 以某装饰工程为例编制工程量清单报价。

【推荐阅读书目】

[1] 张国栋．装饰装修部分（建设工程工程量清单计价规范与全国统一建筑工程预算工程量计算规则的异同）[M]．郑州：河南科学技术出版社，2010.

[2] 张毅．装饰装修工程概预算与工程量清单计价［M］．哈尔滨：哈尔滨工业大学出版社，2010.

[3] 李宏扬．建筑与装饰工程量清单计价——识图、工程量计算与定额应用［M］．北京：中国建材工业出版社，2010.

【相关链接】

1. 中国工程预算网（http：//www. yusuan. com）
2. 建设部中国工程信息网（http：//www. cein. gov. cn）
3. 中国建设工程造价管理协会（http：//www. ceca. org. cn）

附 录

董事长办公室室内装饰工程

工程量清单

投 标 人：×××（单位签字盖章）

法定代表人：×××（签字盖章）

造价工程师
及注册证号：＿＿＿＿＿＿（签字盖执业专用章）

编 制 时 间： 年 月 日

投标总价

建 设 单 位：某公司

工 程 名 称：室内装饰装修工程

投标总价（小写）：37553.57 元

（大写）：叁万柒千伍百伍拾叁元伍角柒分

投 标 人：×××（单位签字盖章）

法定代表人：×××（签字盖章）

编 制 时 间： 年 月 日

工程项目总价表

工程名称：董事长办公室室内装饰工程　　　　第1页　共1页

序　　号	单项工程名称	金　额（元）
1	室内装饰装修工程	37553.57
	合　计	37553.57

单项工程费汇总表

工程名称：董事长办公室室内装饰工程　　　　第1页　共1页

序　　号	单项工程名称	金　额（元）
1	室内装饰装修工程	37553.57
	合　计	37553.57

单位工程费汇总表

工程名称：董事长办公室室内装饰工程　　　　第1页　共1页

序　号	项目名称	计算公式	费率（%）	金额（元）
1	分部分项工程量清单计价合计		100	34487.11
2	措施项目清单计价合计		100	1244.60
3	其他项目清单计价合计		100	1821.86
	合计	1＋2＋3	100	37553.57

分部分项工程量清单计价表

工程名称：董事长办公室室内装饰工程　　　　第1页　共2页

<table>
<tr><th rowspan="2">序号</th><th rowspan="2">项目编码</th><th rowspan="2">项目名称</th><th rowspan="2">计量单位</th><th rowspan="2">工程数量</th><th colspan="2">金额（元）</th></tr>
<tr><th>综合单价</th><th>合价</th></tr>
<tr><td>1</td><td>020102002001</td><td>块料楼地面
1. 找平层、结合层。
2. 面层：600mm×600mm优质冠军牌抛光砖。
3. 白水泥嵌缝</td><td>m^2</td><td>14.31</td><td>190.57</td><td>2727.06</td></tr>
<tr><td>2</td><td>020105006001</td><td>木质踢脚线
1. 120mm高踢脚线。
2. 基层：9mm胶合板，1220mm×2440mm×9mm。
3. 面层：樱桃木直纹饰面板，1220mm×2440mm×3mm。
4. 饰面板面油漆</td><td>m^2</td><td>5.88</td><td>169.48</td><td>996.54</td></tr>
<tr><td>3</td><td>020208001001</td><td>柱（梁）面装饰
1. 木结构底，饰面胶合板包方柱。
2. 木龙骨规格25mm×30mm，杉木龙骨中距300mm×300mm。
3. 基层：9mm胶合板，1220mm×2440mm×9mm。
4. 面层：樱桃木直纹饰面板，1220mm×2440mm×3mm。
5. 50mm×10mm樱桃木装饰线条。
6. 木结构基层刷防火漆2遍。
7. 饰面板面油漆</td><td>m^2</td><td>12.05</td><td>115.00</td><td>1385.75</td></tr>
<tr><td>4</td><td>020302001001</td><td>天棚吊顶
1. 吊顶形式：直线跌级。
2. 木龙骨规格25mm×40mm，杉木龙骨中距300mm×300mm。
3. 基层：9mm胶合板，1220mm×2440mm×9mm。
4. 木结构基层刷防火漆2遍。
5. 面层批嵌腻子刷白色ICI乳胶漆底、面漆各2遍</td><td>m^2</td><td>9.90</td><td>80.93</td><td>801.21</td></tr>
<tr><td>5</td><td>020302001002</td><td>天棚吊顶
1. 吊顶形式：轻钢龙骨石膏板平面天棚。
2. U型轻钢龙骨龙骨，中距450mm×450mm。
3. 基层：9mm石膏板。
4. 面层批嵌腻子刷白色ICI乳胶漆底、面漆各2遍。
5. 16mm半圆樱桃木装饰线条。
6. 木装饰线面油漆</td><td>m^2</td><td>47.54</td><td>116.97</td><td>5560.76</td></tr>
<tr><td>6</td><td>020400007001</td><td>实木窗帘盒
1. 300mm×20mm胶合板窗帘盒。
2. 实木刷防火漆2遍。
3. 实木外批嵌腻子刷白色ICI乳胶漆底、面漆各2遍</td><td>m</td><td>12.03</td><td>61.66</td><td>741.15</td></tr>
</table>

分部分项工程量清单计价表

工程名称：董事长办公室室内装饰工程　　　　　　　　　　第2页　共2页

序号	项目编码	项目名称	计量单位	工程数量	金额（元）	
					综合单价	合价
7	020102002001	楼地面羊毛地毯 1. 砂浆配合比找平。 2. 铺设填充层、面层、防护材料。 3. 装钉压条	m^2	41.43	200.67	8313.76
8	020406001001	塑钢推拉窗 1. 海螺型材推拉窗，双扇带上亮。 2. 单樘尺寸1960mm×2000mm，塑钢材壁厚1.0mm。 3. 5mm浮法玻璃	樘	5	904.27	4521.35
9	020401003001	实木装饰门 1. 杉木结构底架。 2. 面层樱桃木直纹贴面三合板。 3. 5mm浮法玻璃，执手门锁。 4. 饰面板面油漆	m^2	6.24	321.42	2005.66
10	020407004001	门窗木贴脸 1. 80mm×20mm樱桃木装饰凹线。 2. 装饰线上油漆	m^2	4.20	335.52	1409.18
11	020409003001	石材窗台板 1. 进口大花绿。 2. 石材磨边、抛光	m	10.36	177.16	1835.38
12	020509001001	墙纸裱糊 1. 墙面满刮油性腻子。 2. 裱糊米色玉兰墙纸	m^2	49.50	30.24	1496.88
13	补020408005001	百叶窗帘 1. 浅蓝色PVC垂直帘。 2. 铝合金轨道	m^2	20.43	89.30	1824.40
14	010302001001	实心砖隔断墙 1. 运砖、砂，搅拌、砌筑。 2. 刮平、压平	m^2	2.07	222.80	461.20
15	020407006001	筒子板 1. 基层：18mm胶合板。 2. 面层：樱桃木直纹饰面胶合板。 3. 饰面板涂饰清漆	m^2	3.79	94.15	356.83
		合计				34487.11

措施项目清单计价表

工程名称：董事长办公室室内装饰工程　　　　第 1 页　共 1 页

序　号	项　目　名　称	金额（元）
1	环境保护	0.00
2	文明施工	120.70
3	安全施工	0.00
4	临时设施	448.33
5	夜间施工	0.00
6	二次搬运	0.00
7	大型机械设备进出场及安装、拆卸	0.00
8	混凝土、钢筋混凝土模板及支架	0.00
9	脚手架	0.00
10	已完工程及设备保护	675.57
11	施工排水、降水	0.00
12	其他	0.00
	合　计	1244.60

措施项目清单计算表

工程名称：董事长办公室室内装饰工程　　　　第 1 页　共 1 页

序　号	项目名称	计算基础	费率（%）	金额（元）
1	文明施工	分部分项工程费	0.35	120.70
2	临时设施	分部分项工程费	1.30	448.33
3	脚手架	见措施项目费分析表	100.00	0.00
4	已完工程及设备保护	见措施项目费分析表	100.00	675.57
	合计	1+2+3+4	100.00	1244.60

其他项目清单计价表

工程名称：董事长办公室室内装饰工程　　　　第 1 页　共 1 页

序　号	项　目　名　称	金　额　（元）
1	招标人部分	
	1.1　预留金	1821.86
	1.2　材料购置费	0.00
	小　计	1821.86
2	投标人	
	2.1　零星工作项目费	0.00
	2.2　总包服务费	0.00
	小　计	0.00
	合　计	1821.86

零星工作项目计价表

工程名称：董事长办公室室内装饰工程 第1页 共1页

序号	名称	计量单位	数量	金额（元）	
				综合单价	合价
1	人工				
	小计				0.00
2	材料				
	小计				0.00
3	机械				
	小计				0.00
	合计				0.00

分部分项工程量清单综合价分析表

工程名称：董事长办公室室内装饰工程

序号	项目编码	项目名称	工程内容				综合单价组成（元）								综合单价
			定额号	定额名称	定额单位	工程量	人工费	材料费	机械费	综合费	利润	保险费	规费	税金	
1	020102002001	块料楼地面 1. 找平层、结合层。 2. 面层：600mm × 600mm冠军牌抛光砖，优质品。 3. 白水泥嵌缝	1-242（换）	面层铺设	m^2	14.31	13.76	153.70	0.46	3.48	11.29	1.74	0.2	6.34	190.57元/m^2
			小计				13.76	153.70	0.46	3.48	11.29	1.74	0.2	6.34	
2	020105006001	木质踢脚线 1. 120mm高踢脚线。 2. 基层：9mm胶合板，1220mm ×2440mm×9mm。 3. 面层：樱桃木直纹饰面板，1220mm×2440mm×3mm。 4. 饰面板面油漆	1-415（换）	面层铺贴刷防护材料、装饰线条	m^2	5.88	30.07	100.29	0.25	8.08	9.03	4.81	0.17	5.58	169.48元/m^2
			5-148	油漆	m^2	5.88	5.29	2.55	0.00	1.51	0.68	0.75	0.01	0.41	
			小计				35.36	102.84	0.25	9.59	9.71	5.56	0.18	5.99	
3	020208001001	柱（梁）面装饰 1. 木结构底，饰面胶合板包方柱。 2. 木龙骨规格25mm × 30mm，杉木龙骨中距300mm ×300mm。 3. 基层：9mm胶合板，1220mm×2440mm×9mm。 4. 面层：樱桃木直纹饰面板，1220mm×2440mm×3mm。 5. 50mm×10mm樱桃木装饰线条。 6. 木结构基层刷防火漆2遍。 7. 饰面板面油漆	2-301（换）	饰面板	m^2	12.05	8.6	26.86	0.65	2.32	2.69	1.16	0.05	1.55	115元/m^2
			2-626	木龙骨	m^2	12.05	5.59	10.35	0.32	1.51	1.24	0.75	0.02	0.72	
			2-287	基层板	m^2	12.05	6.02	25.02	0.23	1.63	2.30	0.81	0.04	1.32	
			5-1	饰面油漆	m^2	12.05	6.02	3.53	0.00	1.63	0.78	0.81	0.01	0.47	
			小计				26.23	65.76	1.20	7.09	7.01	3.53	0.12	4.06	

分部分项工程量清单综合价分析表

工程名称：董事长办公室室内装饰工程　　　　第2页　共4页

序号	项目编码	项目名称	工程内容				综合单价组成（元）								综合单价
			定额号	定额名称	定额单位	工程量	人工费	材料费	机械费	综合费	利润	保险费	规费	税金	
4	020302001001	天棚吊顶 1. 吊顶形式：直线跌级。 2. 木龙骨规格25mm×40mm，杉木龙骨中距300mm×300mm。 3. 基层：9mm胶合板。 4. 木结构基层刷防火漆2遍，面层批嵌腻子刷白色ICI乳胶漆底、面漆各2遍	3-26	龙骨	m^2	9.90	8.17	22.22	3.66	2.21	2.54	1.10	0.05	1.46	80.93元/m^2
			3-82	基层	m^2	9.90	3.87	18.03	0.23	1.04	1.62	0.52	0.03	0.93	
			5-4	饰面油漆	m^2	9.90	6.02	3.53	0.00	1.63	0.78	0.81	0.01	0.47	
			小计				18.06	43.78	3.89	4.88	4.94	2.43	0.09	2.86	
5	020302001002	天棚吊顶 1. 吊顶形式：平面天棚。 2. U型轻钢龙骨龙骨，基层9mm石膏板。 3. 面层批嵌腻子刷白色ICI乳胶漆底、面漆各2遍。 4. 16mm半圆樱桃木装饰线条。 5. 木装饰线面油漆	3-41	轻钢龙骨	m^2	47.54	8.17	52.96	0.10	2.21	4.44	1.10	0.08	0.09	116.90元/m^2
			3-117	饰面			5.59	9.85	0.00	1.51	1.19	0.75	0.02	0.69	
			6-31（换）	装饰线条			1.29	10.44	0.11	0.35	0.65	0.17	0.01	0.37	
			5-4	饰面涂饰	m^2	47.54	6.02	3.53	0.00	1.63	0.78	0.81	0.01	0.47	
			5-183	线条油漆			0.92	0.14	0.00	0.25	0.09	0.12	0.00	0.06	
			小计				21.99	76.92	0.21	5.95	7.15	2.95	0.12	1.68	
6	020400007001	实木窗帘盒 1. 实木窗帘盒刷防火漆2遍。 2. 实木外批嵌腻子刷白色ICI乳胶漆底、面漆各2遍	4-252	制作安装	m^2	12.02	9.03	29.94	1.05	2.44	2.97	1.22	0.05	1.71	61.66元/m^2
			5-4	饰面油漆	m^2	12.02	6.02	3.53	0.00	1.63	0.78	0.81	0.01	0.47	
			小计				15.05	33.47	1.05	4.07	3.75	2.03	0.06	2.18	

分部分项工程量清单综合价分析表

工程名称：董事长办公室室内装饰工程

序号	项目编码	项目名称	工程内容				综合单价组成（元）								综合单价
			定额号	定额名称	定额单位	工程量	人工费	材料费	机械费	综合费	利润	保险费	规费	税金	
7	020102002001	楼地面羊毛地毯 1. 砂浆配合比找平。 2. 铺设填充层、面层、防护材料。 3. 装钉压条	1-80	羊毛地毯	m^2	41.43	16.77	157.31	0.00	4.53	12.50	2.26	0.22	7.08	200.67 元/m^2
			小计				16.77	157.31	0.00	4.53	12.50	2.26	0.22	7.08	
8	020406001001	塑钢推拉窗 1. 海螺型材推拉窗，双扇带上亮。 2. 单樘尺寸 1960mm×2000mm，塑钢材壁厚 1.0mm。 3. 5mm 浮法玻璃	4-241（换）	制作安装	樘	5	75.82	705.65	2.94	20.46	56.33	10.19	0.98	31.90	904.27 元/樘
			小计				75.82	705.65	2.94	20.46	56.33	10.19	0.98	31.90	
9	020401003001	实木装饰门 1. 杉木结构底架。 2. 面层樱桃木直纹贴面三合板。 3. 5mm 浮法玻璃，执手门锁。 4. 饰面板面油漆	4-49（换）	制作安装	m^2	6.24	48.16	177.79	16.82	13.00	15.47	6.48	0.28	8.90	321.42 元/m^2
			6-31（换）	樱桃木装饰线条	m	15.8	1.29	10.52	0.11	0.35	0.65	0.17	0.01	0.37	
			5-1	饰面油漆	m^2	6.24	8.60	6.96	0.00	2.32	1.25	1.16	0.02	0.74	
			小计				58.05	195.27	16.93	15.67	17.37	7.81	0.31	10.01	
10	020407004001	门窗木贴脸 1. 80mm×20mm 樱桃木装饰凹线。 2. 装饰线上油漆	4-109（换）	木贴脸	m^2	4.20	69.61	191.58	13.38	18.81	20.52	9.38	0.38	11.86	335.52 元/m^2
			小计				69.61	191.58	13.38	18.81	20.52	9.38	0.38	11.86	

分部分项工程量清单综合价分析表

工程名称：董事长办公室室内装饰工程　　　　　　第4页　共4页

序号	项目编码	项目名称	工程内容				综合单价组成（元）								综合单价
			定额号	定额名称	定额单位	工程量	人工费	材料费	机械费	综合费	利润	保险费	规费	税金	
11	020409003001	石材窗台板 1. 进口大花绿。 2. 石材磨边、抛光	4-105（换）	制作安装	m	10.36	49.88	79.64	1.28	13.47	10.10	6.71	0.18	5.90	177.16元/m
			估	磨边	m	10.36	6.2	0.00	0.28	0.72	0.63	0.64	0.08	1.45	
			小计				56.08	79.64	1.56	14.19	10.73	7.35	0.26	7.35	
12	020509001001	墙纸裱糊 1. 墙面满刮油性腻子。 2. 裱糊米色玉兰墙纸	5-325	贴墙纸	m^2	49.50	9.89	13.43	0.00	2.67	1.82	1.33	0.03	1.07	30.24元/m^2
			小计				9.89	13.43	0.00	2.67	1.82	1.33	0.03	1.07	
13	补020408005001	百叶窗帘 1. 浅蓝色PVC垂直帘。 2. 铝合金轨道	4-265	制作安装	m^2	20.43	4.30	74.22	0.20	1.16	5.59	0.58	0.10	3.15	89.30元/m^2
			小计				4.30	74.22	0.20	1.16	5.59	0.58	0.10	3.15	
14	010302001001	实心砖隔断墙 1. 运砖、砂，搅拌、砌筑。 2. 刮平、压平	13-76	实心砖砌筑	m^3	2.07	59.40	115.84	1.90	16.04	13.52	8.00	0.24	7.86	222.80元/m^3
			小计				59.40	115.84	1.90	16.04	13.52	8.00	0.24	7.86	
15	020407006001	筒子板 1. 基层：18mm胶合板。 2. 面层樱桃木直纹饰面胶合板。 3. 饰面板涂饰清漆	2-301（换）	饰面板	m^2	3.79	8.60	26.86	0.65	2.32	2.69	1.16	0.05	1.55	94.15元/m^2
			2-287	基层板	m^2	3.79	6.02	25.02	0.23	1.63	2.30	0.81	0.04	1.32	
			5-4	饰面油漆	m^2	3.79	6.02	3.53	0.00	1.63	0.78	0.81	0.01	0.47	
			小计				20.64	55.06	0.88	5.58	5.77	2.78	0.10	3.34	

措施项目费分析表

工程名称：董事长办公室室内装饰工程　　　　第1页　共1页

序号	项目名称	单位	措施内容				综合单价组成（元）								综合单价
			定额号	定额名称	定额单位	工程量	人工费	材料费	机械费	综合费	利润	保险费	规费	税金	
1	脚手架	项				0									
2	已完成工程及设备保护	项				1									
2.1	楼地面成品保护编织布	m^2	13-147	楼地面成品保护旧地毯	m^2	55.74	0.3	10.50	0.00	0.08	0.76	0.04	0.01	0.43	12.12元/m^2
	费用小计	55.74×12.12＝675.579（元/m^2）													
3	措施项目费														
	合计	675.57（元）													

主要材料价格表

工程名称：董事长办公室室内装饰工程　　　　第1页　共1页

序号	材料编码	材料名称	规格、型号等特殊要求	单位	单价（元）
1		轻钢大龙骨 h60mm		m	4.57
2		轻钢中龙骨 h19mm		m	2.22
3		轻钢小龙骨 h19mm		m	3.71
4		杉木板材		m^3	1109.66
5		杉木枋材		m^3	1633.64
6		松木板材		m^3	976.95
7		松杂木枋板材（周转材、综合）		m^3	1040.84
8		硬木枋材		m^3	2201.17
9		胶合板 1220mm×2440mm×18mm		m^2	55.55
10		胶合板 1220mm×2440mm×9mm		m^2	29.43
11		凹枋（杉木）	25mm×40mm	m	1.30
12		木枋（杉木）	25mm×40mm	m	1.20
13		樱桃木胶合板		m^2	29.86
14		樱桃木装饰直线	50mm×10mm	m	9.51
15		樱桃木装饰直线（坑线）	50mm×20mm	m	13.20
16		樱桃木装饰直线	16mm 半圆线	m	3.80
17		樱桃木装饰直线	25mm×20mm	m	7.60
18		樱桃木装饰直线	15mm×15mm	m	2.30
19		32.5（R）水泥		t	320.15
20		32.5（R）白水泥		t	576.91
21		羊毛地毯		m^2	157.31
22		抛光砖，冠军牌（优）	600mm×600mm	m^2	154.13
23		浮法玻璃 5mm 厚		m^2	26.17
24		饰面胶合板	3mm	m^2	27.77
25		方钢管 25mm×25mm×2.5mm		m	3.71
26		塑钢双扇推拉窗带上亮	海螺型材	m^2	230.68
27		百叶窗帘		m^2	74.22
28		石膏板 9mm 厚		m^2	9.79
29		进口大花绿石材		m^2	523.45
30		装饰木条	16mm×19mm	m	0.75
31		杉木门窗套料		m^3	1512.94
32		墙纸	米色玉兰墙纸	m^2	13.43

工程量清单计量表

工程名称：董事长办公室室内装饰工程 第1页 共4页

定额编号	工程项目	说明	位置	件数	计算式	单位	数量	累计数量	定额计量单位	定额计量数量
地面工程										
(1-242)(换)	抛光砖楼地面	600mm×600mm	文秘室		(4.65−0.12)×(3.4−0.12−0.05)−0.7×(0.70−0.24)	m^2	14.31			
1-80	地毯楼地面	羊毛地毯	董事长室		(9.85−0.24)×(6−0.24)−(6−3.2+0.05)×(4.65+0.01)−2×0.7×(0.7−0.24)	m^2	41.43			
1-415	樱桃木饰面板踢脚线	高120mm	文秘室 董事长室		[(9.85−0.24)+(6−0.24)+(5.2−0.12−0.1)+(4.65−0.12)+(6.6−0.24−0.1)+6×(0.7−0.24)+2×(4.65−0.12)+(3.4−0.12−0.05)+(6−3.2+0.05)]×0.12	m^2	5.88			
5-148	樱桃木饰面板踢脚线	刷清漆			[(9.85−0.24)+(6−0.24)+(5.2−0.12−0.1)+(4.65−0.12)+(6.6−0.24−0.1)+6×(0.7−0.24)+2×(4.65−0.12)+(3.4−0.12−0.05)+(6−3.2+0.05)]×0.12	m^2	5.88			
顶棚工程										
3-26	天棚木龙骨	直线跌级	1剖面		(4.6+0.08×4)×(3.6+0.08×4)−3.6×4.6+(3+0.08×4)×(3.6+0.08×4)−3.6×3+(2+0.08×4)×(3.6+0.08×4)−3.6×2	m^2	6.84			
3-26	天棚木龙骨	直线跌级	2剖面		(0.5+0.1×2+0.14×2)×(0.3+0.1×2+0.14×2)×4	m^2	3.06			
3-82	9mm胶合板基层	直线跌级			6.84+3.06	m^2	9.90			
5-280	天棚面刷乳胶漆				6.84+3.06	m^2	9.90			
3-41	天棚轻钢龙骨	600mm×600mm	文秘室、董事长室		(9.85−0.24)×(6−0.24)+(4.65−0.12)×(0.7−0.24)−1剖面−2剖面	m^2	47.54			

工程量清单计量表

工程名称：董事长办公室室内装饰工程

定额编号	工程项目	说明	位置	件数	计算式	单位	数量	累计数量	定额计量单位	定额计量数量
3-117	石膏板的安装				(9.85−0.24)×(6−0.24)+(4.65−0.12)×(0.7−0.24)−1 剖面−2 剖面	m^2	47.54			
2-281	石膏板基层刷乳胶漆				(9.85−0.24)×(6−0.24)+(4.65−0.12)×(0.7−0.24)−1 剖面−2 剖面	m^2	47.54			
6-31换	石膏板面樱桃木装饰线	16mm 宽			9.85−0.24+6−0.24+5.2−0.36+4.65−0.12+6.6−0.24−0.12+(1.2+0.7)×3	m	36.68			
5-183	樱桃木装饰线	刷清漆			[9.85−0.24+6−0.24+5.2−0.36+4.65−0.12+6.6−0.24−0.12+(1.2+0.7)×3]×0.016	m^2	0.59			
墙柱面工程										
	墙面贴壁纸		A 立面		(1.85−0.12+2.1)×(2.6−0.12)−(1.2+0.08×2)×(2.15+0.08)+(5.1−0.24)×(2.6−0.12)	m^2	18.52			
	墙面贴壁纸		B 立面		(9.85−0.7−0.7−0.24)×(2.6−0.12)−(0.85+0.08×2)×2.15+(0.85+0.08×2)×0.12	m^2	18.31			
	墙面贴壁纸		C 立面		(6.6−0.24−0.1)×(2.6−0.12)−2×(2+0.08×2)×1.7	m^2	8.18			
	墙面贴壁纸		D 立面		(6−0.24)×(0.9−0.12)	m^2	4.49			
5-325	墙面贴壁纸		合计		18.52+8.18+18.31+4.49	m^2	49.50	49.50		

工程量清单计量表

工程名称：董事长办公室室内装饰工程

定额编号	工程项目	说明	位置	件数	计算式	单位	数量	累计数量	定额计量单位	定额计量数量
(2-301)换	樱桃木柱饰面		Z1、Z2、Z3 柱		[(0.7−0.24)×3×2+0.7×3]×(2.6−0.12)	m^2	12.05	12.05	m^2	12.05
2-262	柱木龙骨制作与安装				[(0.7−0.24)×3×2+0.7×3]×(2.6−0.12)	m^2	12.05	12.05	m^2	12.05
2-287	柱 9mm 胶合板基层				[(0.7−0.24)×3×2+0.7×3]×(2.6−0.12)	m^2	12.05	12.05	m^2	12.05
5-1	饰面板刷清漆				[(0.7−0.24)×3×2+0.7×3]×(2.6−0.12)	m^2	12.05	12.05	m^2	12.05
门窗工程										
4-105	石材窗台板	宽 130mm	C、D 立面		6.6−0.24+4	m	10.36	10.36		
13-124	石材现场磨边、抛光				6.6−0.24+4	m	10.36	10.36		
4-265	百叶窗帘安装				(6−0.24+3.4−0.12−0.05+3.2−0.12−0.05)×(2.6−1.2)	m^2	20.43	20.43		
4-241	塑钢推拉窗安装 2000mm×1960mm	海螺			5	樘	5	5		
4-252	实木窗帘盒 300mm 高，300mm 宽				6−0.24+3.4−0.12−0.05+3.2−0.12−0.05	m	12.02	12.02		
5-4	窗帘盒刷乳胶漆				6−0.24+3.4−0.12−0.05+3.2−0.12−0.05	m	12.02	12.02		
4-49	实木装饰门		M4、M9		0.85×2.15×2+2.15×1.2	m^2	6.24	6.24		

工程量清单计量表

工程名称：董事长办公室室内装饰工程

定额编号	工程项目	说明	位置	件数	计算式	单位	数量	累计数量	定额计量单位	定额计量数量
(4－109)换	门窗贴脸	80mm×20mm	M4、M9、C、D立面		[(0.85＋0.16)×4＋2.15×12＋(1.2＋0.16)×2＋(6－0.24)＋1.7×6＋4]×0.08	m^2	4.20			
5－277	门窗贴脸油漆				[(0.85＋0.16)×4＋2.15×12＋(1.2＋0.16)×2＋(6－0.24)＋1.7×6＋4]×0.08	m^2	4.20			
(2－301)换	筒子板	樱桃木	M4、M9		(2.15×6＋1.2＋0.85＋0.85)×0.24	m^2	3.79			
拆建工程										
13－76	砌筑墙	实心砖	隔墙		(4.65＋6－3.20＋0.05)×3×0.01－0.85×2.15×0.10	m^3	2.07			
措施项目										
13－147	块料地面保护	旧地毯	董事长室文秘室		(抛光砖＋地毯)的工程量	m^2	55.74			

第8章

装饰工程设计概算的编制

【本章重点与难点】

1. 装饰工程设计概算的概念。
2. 装饰工程设计概算的编制方法（难点）。
3. 装饰工程设计概算书的编制（重点）。

装饰工程的设计概算与施工图预算一样，没有专门用于编制装饰工程设计概算的概算定额和概算指标。因此，本章讲述的装饰工程设计概算的编制，主要借鉴建筑工程设计概算，仅供参考。

8.1 装饰工程概算的基本知识

8.1.1 装饰工程概算的概念与作用

1. 装饰工程概算的概念

装饰工程概算是指初步设计阶段（或扩大初步设计阶段），根据单位装饰工程设计图纸、概算定额（或概算指标），以及各种费用定额等技术资料编制的单位装饰工程建设费用的文件。

在两阶段设计中，扩大初步设计阶段编制设计概算；在三阶段设计中，初步设计阶段编制设计概算，技术设计阶段编制修正概算。

由于单位装饰工程概算一般在设计单位由设计部门编制的，所以通常把装饰工程概算称为装饰工程设计概算。

2. 装饰工程概算的作用

（1）装饰工程概算的作用是建设单位控制装饰装修工程投资，编制装饰工程实施计划的依据。国家规定，工程竣工决算不能突破施工图预算，施工图预算不能突破设计概算，故装饰工程概算是控制装饰装修工程投资，编制装饰工程实施计划的依据。

（2）装饰工程概算的作用是衡量设计方案是否经济合理的依据。设计部门在初步设计阶段要选择最佳设计方案，设计概算是从经济角度衡量设计方案是否经济合理。

（3）装饰工程概算的作用是装饰工程投资包干和招标承包的依据。

（4）装饰工程概算中的主要材料用量是编制装饰工程材料需用量的计划依据。

8.1.2 装饰工程概算的编制依据与方法

1. 编制依据

初步设计图纸（或施工图纸）、概算定额、概算指标、类似工程预算、费用定额、地区材料预算价格、设备价目表等有关资料。

2. 编制的方法

一般采用以下三种方法编制装饰工程概算：用概算定额编制；用概算指标编制；用类似工程预算编制。

8.2 概算定额与概算指标

8.2.1 装饰工程概算定额

1. 概算定额的概念

概算定额是确定一定计量单位扩大分项工程或装饰结构构件所需的人工、材料及机械台班的消耗量的标准。概算定额是在预算定额的基础上，按常用主体结构工程列项，以主要工程内容为主，适当合并相关项目预算定额的分项内容进行综合扩大而编制的。

概算定额一般由各省(市)、自治区在预算定额的基础上编制的，并报主管部门审批，报国家计委备案。

2. 概算定额的作用

(1) 概算定额是编制概算、修正概算的主要依据。初步设计、技术设计、施工图设计是采用三阶段设计的三个阶段。根据国家有关规定，应按设计的不同阶段对拟装饰装修工程估价。初步设计阶段应编制概算，技术阶段应编制修正概算，因此必须要有与设计深度相适应的计价定额。概算定额是为适用这种设计深度而编制的。

(2) 概算定额是编制主要材料申请计划的计算依据。装饰材料如果由物资供应部门供应，则应首先提出申请计划，申请主要材料如木材、水泥、玻璃等需用量，以获得材料供应指标。由市场采购的材料，也应先期提出采购计划。根据概算定额的材料消耗指标可快速地计算工、料数量，为编制主要材料计划提供依据。

(3) 概算定额是设计方案进行设计分析的依据。设计方案的比较主要是针对施工工艺方法、施工方案及结构方案进行技术、经济分析，目的是选出经济、合理的装修方案，在满足功能、技术要求的条件下，达到降低造价和工料消耗的目的。概算定额按扩大分项工程或扩大结构构件划分定额项目，可为设计方案比较提供方便的条件。

(4) 概算定额是编制概算指标的依据。概算指标较之概算定额更加综合扩大，因此，编制概算指标时，以概算定额作为基础资料。

(5) 概算定额是招标工程编制标底和编制投标报价的依据。用概算定额编制招标标底和投标报价，既有一定的准确性，又能快速报价。

3. 概算定额编制的依据

(1) 现行国家的设计规范、施工验收规范、操作规程等。

(2) 现行国家和地区的建筑装饰工程标准图、定型图集及常用的工程设计图纸。

(3) 现行全国统一施工定额。

(4) 现行地区人工工资标准、材料预算价格、机械台班单价等资料。

(5) 有关的施工图预算、工程结算、竣工决算等资料。

4. 概算定额的内容

概算定额由文字说明、定额项目表及附录三部分组成。

(1) 文字说明。文字说明包括总说明和分册、章（节）说明。介绍概算定额的编制原则、编制依据、适用范围及有关规定、建筑面积计算规则等。

(2) 定额项目表。定额项目表由项目表、综合项目及说明组成。项目表是概算定额的主要内容。它反映了一定计量单位的扩大分项工程或扩大结构构件的主要材料消耗量标准及概算单价。综合项目及说明规定了概算定额所综合扩大的分项工程内容，这些分项工程所消耗的人工、材料及机械台班数量均已包括在定额项目内。

(3) 附录。概算定额的附录一般列在概算定额手册之后，通常包括各种砂浆配合比表及其他相关资料。

8.2.2 装饰工程概算指标

1. 概算指标的概念

概算指标是指在概算定额的基础上进一步综合扩大，以 $100m^2$ 建筑面积或 $1000m^2$ 建筑面积为计算单位，构件以个为计量单位，规定所需人工、材料及机械台班消耗数量及资金的定额指标。

2. 概算指标的作用

概算指标、概算定额及预算定额用于三阶段设计的不同阶段。概算指标主要用于初步设计阶段。它的作用包括以下内容。

(1) 编制初步设计概算，确定概算造价的依据。

(2) 概算指标是设计单位进行设计方案的技术经济分析，衡量设计水平，考核装饰工程投资效果的依据。

(3) 概算指标是建设单位编制基本建设计划，申请投资拨款、贷款和主要材料采购计划的依据。

(4) 概算指标是编制投资估算指标的依据。

3. 概算指标的编制依据

(1) 现行的标准设计，各类工程的典型设计和有关代表性的设计图纸。

(2) 国家颁发的工程标准、设计规范、施工验收规范等有关资料。

(3) 现行预算定额、概算定额、补充定额和有关技术规范。

(4) 地区工资标准、材料预算价格、机械台班预算价格。

(5) 国家和地区颁发的工程造价的指标。

(6) 典型工程的概算、预算、结算和决算等资料。

(7) 国家和地区现行的基本建设政策、法规等。

4. 概算指标的内容

概算指标比概算定额更加综合扩大，其主要内容包括 5 部分。

(1) 总说明。说明概算指标的编制依据、适用范围、使用方法等。

(2) 示意图。说明工程的结构形式。

(3) 结构特征。主要工程的结构形式、层高、层数和建筑面积等，均应做详细说明。

(4) 经济指标。说明该工程项目每 $100m^2$ 的造价指标，以及各分部分项工程的相应造价。

(5) 分部分项工程构造内容及工程量指标。说明该工程项目各分部分项工程的构造内容，相应计量单位的工程量指标，以及人工、材料消耗指标。

概算指标在具体内容的表示方法上，有综合指标和单项指标两种形式。综合指标是一种概括性较大的指标；单项指标则是一种具有代表性的典型建筑物或构建物为分析对象的概算指标。概算指标的应用，一般有以下两种情况。

1) 概算指标的套用：如果设计对象在结构特征及施工条件上与概算指标内容完全一致时，可直接套用概算指标。

2) 概算指标的换算：如果设计对象与概算指标在某些方面不一致时，要对概算指标局部内容进行调整，换算后再套用。

8.3 装饰工程概算的编制特点及方法

8.3.1 装饰工程概算的编制特点

1. 用概算定额编制装饰工程概算的特点

(1) 各项数据较齐全、结果较准确。

(2) 概算定额编制工程概算，必须计算工程量，所以设计图纸要能满足工程量计算的需要。

(3) 概算定额编制工程概算，计算的工作量较大，所以比用其他方法编制概算所用时间要长一些。

2. 用概算指标编制装饰工程概算的特点

（1）选用与所编概算工程相近的单位工程概算指标。

（2）对所需要的设计图纸要求不高，只需符合结构特征、计算建筑面积的需要即可。

（3）数据结果不如用概算定额编制那么准确全面。

（4）编制速度较快。

3. 用类似工程预算编制装饰工程概算的特点

（1）要选用与所编概算工程结构类型基本相同的装饰工程预算为编制依据。

（2）设计图纸应能满足计算出工程量的要求。

（3）个别项目要按图纸进行调整。

（4）提供的各项数据较齐全、准确。

（5）编制速度较快。

8.3.2 装饰工程概算的编制方法

8.3.2.1 用概算定额编制装饰工程概算

1. 编制依据

（1）装饰工程初步设计（或扩大初步设计）图纸、资料和说明书。要求设计图纸和有关设计说明较齐全，有关工程数据准确且能满足概算定额工程量计算的需要。

（2）概算定额和概算费用指标。

（3）单位工程的施工条件和施工方法。

2. 编制步骤

（1）列出单位工程设计图中各分部分项工程项目，并计算出相应的工程量。概算的工程量是在熟悉设计图纸的基础上，根据概算定额中各分部分项工程项目而定。因此，列项前必须先熟悉概算定额的项目划分情况。而各分部工程中的概算定额项目一般都由几个预算定额的项目综合而成的。经过综合而成的概算定额项目，其定额单位与预算定额的计量单位是不同的。概算工程量计算规则由于综合项目的简化计算原因，不同于预算工程量计算规则。因此，概算工程量计算必须依据概算定额的计算规则进行。

由于概算的项目比施工图预算的项目扩大，因此其工程量的计算方法与施工图预算相比，某些项目会有些差别，故在使用定额时，应对概算定额的文字说明部分仔细阅读，熟悉概算定额中的每个项目所包括的工程内容，准确列出工程项目，准确计算出工程量。

概算工程量用表格进行，其表格形式可参见施工图预算工程量计算表。

（2）计算单位工程概算直接费。工程量计算完毕后，即按照概算定额中各分部分项工程项目的顺序，查概算定额的相应项目，准确地逐项查阅相应的定额单价（或基价），然后将其填入工程概算表中（见表 8-1）。再分别与相应的工程量相乘，即得各分部分项工程的直接费，再汇总各分部分项工程直接费，即可得该单位工程直接费。

表 8-1　装饰工程概算表

建设单位名称：

工程项目名称：　　　　概算价值：

建筑面积：　　　　技术经济指标：　　　　元/m^2

序号	定额编号	费用名称	工程量		概算价值（元）		备注
			单位	数量	单位	合价	

审核：　　　　核对：　　　　编制：　　　　年　月　日

单位工程概算直接费计算式如下：

分项工程直接费＝分项工程量×该分项工程的概算定额单价

分部工程直接费＝$\sum$分项工程直接费

单位工程直接费＝$\sum$分部工程直接费

（3）取费计算单位工程概算价值。

1）计算其他直接费、现场经费及单位工程直接费。即：

单位工程直接费＝直接费＋其他直接费＋现场经费

其他直接费＝直接费×其他直接费费率

现场经费＝直接费×现场经费费率

2）计算间接费。将单位工程概算直接工程费乘以间接费费率即可得间接费。

3）计算利润、其他费用及税金。单位工程概算的利润、其他费用及税金的计算方法与施工图预算相同。

4）计算单位工程概算价值。单位工程直接费与间接费、利润、税金及其他费用（材料价差、定额测编费）之和即为单位工程概算价值，也即得单位工程概算造价。

（4）计算技术经济指标。将单位工程概算价值除以建筑面积，即得技术经济指标，即每平方米的价值。

（5）进行工料分析。概算的工料分析与施工图预算工料分析相同，即对主要工种用工和主要材料进行分析，并汇总人工、材料总消耗量。其分析表格，见装饰工程施工图预算编制中的工料分析表。

8.3.2.2 用概算指标编制装饰工程概算

用概算指标编制单位装饰工程概预算设计图纸要求不高，只能反映出结构特征，能进行建筑面积的计算即可进行编制。

用概算指标编制概算的关键是要选择合理的概算指标。选择概算指标应充分考虑以下几个因素。

（1）拟装修项目与概算指标中的工程地点在同一地区。

（2）选择概算指标中与设计要求、条件和结构特征以及工程内容相符合的概算指标。

（3）根据设计图纸计算出的建筑面积与概算指标中的建筑面积要相接近。具体步骤如下。

1）选用概算指标。依据设计图纸计算出的建筑面积与概算指标中的建筑面积要相近。

2）计算建筑面积。按设计图纸计算该工程建筑面积。

3）计算单位工程直接费。将建筑面积乘以概算指标内的经济技术指标，得出单位工程直接费。

4）计算其他直接费、现场经费及单位工程直接工程费。将单位工程概算直接费乘以其他直接费费率即得其他直接费；将单位工程概算直接费乘以现场经费费率即得其他直接费。直接费、其他直接费与现场经费之和即为单位工程直接费。

5）计算间接费。将单位工程直接费乘以间接费费率即得间接费。

6）计算利润、其他费用及税金。根据利润、其他费用、税金取费标准计算，其方法与施工图预算相同。

7）计算单位装饰工程造价。将单位工程直接费、间接费、利润、税金及其他费用相加，即得单位装饰工程概算造价。

8）计算经济技术指标。将单位工程概算价值除以建筑面积，即得技术经济指标，即每平方米的价值。

9）进行工料分析。概算的工料分析与施工图预算工料分析相同，即对主要工种用工和主要材料进行分析，并汇总人工、材料总消耗量。其分析表格，见装饰工程施工图预算编制中的工料分析表。

但是，用概算指标编制单位装饰工程造价时，往往由于装饰技术的发展、新结构、新技术、新材料的应用，设计水平的不断发展和提高，在套用概算指标时，因设计内容可能不符合概算指标中规定的内容。此时，就不能简单地按照类似的或最接近的概算指标套用，必须根据具体的差别情况，对其中某一项或几项加以修正或换算，经修正或换算后的概算指标方可使用。

其修正的方法主要参考建筑工程概算造价修正法进行，建筑工程概算造价修正法是从原概算指标中减去每平方米建筑面积需换出的材料及构件的价值，在增加每平方米建筑面积需换入的材料或结构的价值，即得每平方米造价的修正指标。其换算过程见下列公式：

每平方米造价修正指标＝原概算指标每平方米造价－换出结构构件每平方米价值
＋换入结构构件每平方米价值

式中：概算指标每平方米造价是指每平方米建筑面积直接费。

换出结构构件每平方米价值＝(换出结构构件工程量×地区概算定额单价)/原指标建筑面积

换入结构构件每平方米价值＝(换入结构构件工程量×地区概算定额单价)/原指标建筑面积

8.3.2.3 用类似工程预算编制装饰工程概算

类似工程概算是指已经编制好的并用于某工程的施工图预算。当设计图纸较齐全，各项数据准确，施工条件和施工方法基本明确时，可采用类似工程的预算编制单位装饰工程概算。此种方法，时间短、数据较为准确。

当拟装修工程的建筑面积和结构特征与所选的类似工程预算的建筑面积和结构特征基本相同时，就可直接采用类似装饰工程预算的各项数据编制拟装修工程的概算。具体步骤如下。

(1) 计算设计对象的建筑面积。

(2) 依据设计对象的建筑面积、结构特征选用类似工程施工图预算。

(3) 修正类似工程施工图预算，并确定拟装修工程的概算价值。

若拟装修工程的建筑面积、结构特征与所选类似工程基本相同时，则可直接采用类似工程施工图预算的各项数据编制拟装修工程概算，否则就要修正类似工程施工图预算的各项数据。

(4) 修正方法。拟装修工程与所选类似工程不在同一地区，或时间上存在着差异，此时就要产生工资标准、材料预算价格、机械费、间接费等的差异。出现这种情况时，则需修正系数。具体方法如下：

1) 计算类似工程施工图预算中的人工费、材料费、机械使用费、其他直接费、间接费、其他费用在预算成本中所占的百分比，按顺序分别用 A_1、A_2、A_3、A_4、A_5、A_6 表示。类似工程施工图预算中的各项费用修正系数按下式公式计算：

人工费修正系数：K_1＝拟装修工程概算地区一级工工资标准/类似工所在地一级工工资标准

材料费修正系数：K_2＝∑(类似工程各主要材料用量×拟装修工程概算地区材料预算价格)/类似工程所在地主要材料费

机械费修正系数：K_3＝∑(类似工程主要机械台班数量×拟装修工程概算地区机械台班单价)/类似工程所在地主要机械使用费

其他直接费修正系数：K_4＝拟装修工程概算地区其他直接费费率/类似工程所在地其他直接费费率

间接费修正系数：K_5＝拟装修工程概算地区间接费费率/类似工程所在地间接费费率

其他费修正系数：K_6＝拟装修工程概算地区其他费费率/类似工程所在地其他费费率

2) 计算类似工程施工图预算中各项费用的修正系数，用 K_1、K_2、K_3、K_4、K_5、K_6 表示。

3) 计算类似工程施工图预算成本总修正系数。

$$K=K_1A_1+K_2A_2+K_3A_3+K_4A_4+K_5A_5+K_6A_6=\sum K_iA_i$$

4) 计算类似工程修正预算成本 M。

$$M=\text{类似工程预算成本}\times K$$

5) 计算类似工程修正后的预算造价 N。

$$N=M\times(1+\text{利税率})$$

6) 计算类似工程修正后单方造价 Q。

$$Q=N/\text{类似工程建筑面积}$$

7) 计算拟装修工程概算造价。

拟装修工程概算造价$=Q\times$拟装修工程建筑面积

8.4 装饰工程概算书的编制

8.4.1 装饰工程概算的组成

单位装饰工程概算通常采用表格的形式，主要由以下几部分组成。

(1) 封面。封面形式如表 8-2 所示。其中各项内容均应填写清楚。

表 8-2　封　面

单位装饰工程概算书

建设单位名称：________________

工程名称：________________

结构类型：________________

建筑面积：________________

概算总价值：________________

编制人：________________　审核人：________

编制单位：
（盖章）
负责人：

建设单位：
（盖章）
负责人：

编制时间：　年　月　日

(2) 单位装饰工程概算编制说明。编制说明主要包括的内容。

1) 工程概况。

2) 编制依据。

3) 其他有关问题的说明。

(3) 概算造价汇总表，如表 8-3 所示。

表 8-3　概算造价汇总表

建设单位名称：

工程项目名称：

<table>
<tr><th rowspan="2">序号</th><th rowspan="2">费用名称</th><th rowspan="2">计费基数</th><th rowspan="2">费率</th><th colspan="2">预算价值</th><th rowspan="2">备注</th></tr>
<tr><th>合计</th><th>其中人工费</th></tr>
<tr><td>1</td><td>一、直接工程费
直接费
其他直接费
现场经费
直接工程费小计</td><td></td><td></td><td></td><td></td><td></td></tr>
<tr><td>2</td><td>二、间接费
施工管理费
劳动保险费
财务费用
间接费小计</td><td></td><td></td><td></td><td></td><td></td></tr>
</table>

续表

序号	费用名称	计费基数	费率	预算价值		备注
				合计	其中人工费	
3	三、利润					
4	四、其他费用					
5	五、税金					
6	六、不可预见预留费					
7	七、材料风险系数					
	概算总价					

审核： 编制： 编制时间： 年 月 日

(4) 单位工程概算表，见表本章表8-1所示。主要包括工程项目或费用名称、工程量、概算价值，为了反映主要材料消耗量还应有主要材料表，见表8-4所示。

表8-4 **主要装修材料表**

建设单位名称：

工程项目名称：

建筑面积：

序 号	工程项目名称	木材（m^3）	玻璃（m^2）	水泥（t）	……

8.4.2 装饰工程概算编制应注意的问题

(1) 概算指标是一种综合性很强的指标，使用性、灵活性大，因此在选用概算指标时，要使设计对象与所选用的指标在各个方面尽量一致或相近。

(2) 项目划分及工程量计算应按概算定额（或指标）规定以及设计图纸的深度进行计算，不得任意加大或缩小各部分尺寸。

(3) 计量单位与概算定额（或指标）规定相一致。

(4) 避免重复或漏项，在列项及工程量计算时按一定顺序、部位、层次，以一定方向或逆时针、或顺时针进行计算；利用基数分部位、层次进行计算。

(5) 为了便于检查与审核，尽量利用各地区统一格式的表格，能减少重复劳动，提高工作效率。

本章小结

本章主要介绍了装饰工程设计费概算的概念、作用，以及装饰工程设计概算的编制方法：概算定额编制法、概算指标编制法、类似工程预算编制法三种。同时，阐述了概算指标与概算定额的应用，装饰工程设计概算编制及组成内容。

思考题

1. 单位装饰工程概算的概念，依据什么编制的？
2. 单位装饰工程概算的编制方法有哪些？
3. 单位装饰工程概算书由哪几部分组成？
4. 编制单位装饰工程概算应注意哪些问题？

【推荐阅读书目】

[1] 藤道社，张献梅．建筑装饰装修工程概预算（第二版）[M]．北京：中国水利水电出版

社，2012.
[2] 顾期斌．建筑装饰工程概预算［M］. 北京：化学工业出版社，2010.
[3] 郭东兴，林崇刚．建筑装饰工程概预算与招投标［M］. 广州：华南理工大学出版社，2010.

【相关链接】

1. 中国工程预算网（http：//www. yusuan. com）
2. 建设部中国工程信息网（http：//www. cein. gov. cn）
3. 中国建设工程造价管理协会（http：//www. ceca. org. cn）

第9章

装饰工程招投标与合同价款

【本章重点与难点】

1. 招投标的含义及特点。
2. 工程量清单招标方法（难点）。
3. 招投标的程序内容（重点）。
4. 工程量清单与合同价格（重点）。

传统的招标方式主要有“施工图预算招标”“部分子项招标选定施工单位”“综合费率招标”等。从运行实践看，主要存在问题：“施工图预算招标”对于工程规模大、出图周期长、进度要求急的建设项目可能会导致开工时间严重拖后现象；而采用“部分子项招标选定施工单位”或进行“综合费率招标”的方法，虽可解决开工时间问题，但不能有效控制工程投资，工程结算难度大。

另外，传统招标方式采用“量价合一”的定额计价方法作为编标根据，不能将工程实体消耗和施工技术等其他消耗分离开来，难以体现投标企业的管理水平和技术、装备等优势，而且在价格和取费方面未考虑市场竞争因素。同时，评标定标受标底有效范围的限制，往往会将有竞争力的报价视为废标。即使是工程规模大、施工技术复杂、方案选择性大的项目也是如此，这必然误导投标单位把注意力集中在如何使投标价更接近标底的“预算竞赛”上来，从而难以体现出施工企业综合实力的竞争。此外，招投标多家单位均要重复进行工程量的计算，浪费了大量人力和物力。

因此，工程量清单是工程量清单计价的重要手段和工具，也是我国实行工程量清单计价，推行新的建设工程计价制度和方法，彻底改革传统计价制度和方法，以及改革招标投标程序和模式的重要标志。工程量清单计价方法和模式是一套符合市场经济规律的科学的报价体系。

9.1 装饰工程招投标发展概况

9.1.1 招投标体制的进展

我国建设工程招标投标制度大致经历了初步建立、规范发展与不断完善三个发展阶段。

1. 初步建立阶段

20世纪80年代，我国招标投标经历了试行—推广—兴起的初步建立阶段。招标投标主要侧重在宣传和实践，还处于社会主义计划经济体制下的一种探索。这时期招投标主要呈现以下特点。

20世纪80年代中期，招标管理机构在全国各地陆续成立。有关招投标方面的法规建设开始起步，1984年国务院颁布暂行规定，提出改变行政手段分配建设任务实行招标投标，大力推行工程招标承包制，同时原城乡建设环境保护部印发了建筑安装工程施工和设计招标投标的试行办法。根据这些规定各地也相继制定了适合本地区的招标管理办法，开始探索我国的招标投标管理和操作程序。

招标方式基本以议标为主，在纳入招标管理项目当中约90%是采用议标方式发包的，工程交易活动比较分散、无固定场所，这种招标方式很大程度上违背了招标投标的宗旨，不能充分体现竞争机制。招标投标很大程度上还流于形式，招标的公正性得不到有效监督，工程大多形成私下交易缺乏公开公平竞争。

2. 规范发展阶段

20世纪90年代初期到中后期，全国各地普遍加强对招标投标的管理和规范工作，也相继出台一系列法规和规章，招标方式已经从以议标为主转变到以邀请招标为主。这一阶段是我国招标投标发展史上最重要的阶段，招标投标制度得到了长足的发展，全国的招标投标管理体系基本形成，为完善我国的招标投标制度打下了坚实的基础。这时期招投标主要呈现以下特点。

全国各省、自治区、直辖市、地级以上城市和大部分县级市都相继成立了招标投标监督管理机构，工程招标投标专职管理人员不断壮大，全国已初步形成招标投标监督管理网络，招标投标监督管理水平正在不断地提高。

招标投标法制建设步入正轨，从1992年建设部第23号令的发布到1998年正式施行《中华人民共和国建筑法》，从部分省的《建筑市场管理条例》和《工程建设招标投标管理条例》到各市制定的有关招标投标的政府令，都对全国规范建设工程招标投标行为和制度起到极大的推动作用，特别是有关招标投标程序的管理细则也陆续出台，为招标投标在公开、公平、公正下的顺利开展提供了有力保障。

自1995年起，全国各地陆续开始建立建设工程交易中心，它把管理和服务有效地结合起来，初步形成以招标投标为龙头，相关职能部门相互协作的具有“一站式”管理和“一条龙”服务特点的建筑市场监督管理新模式，为招标投标制度的进一步发展和完善开辟了新的道路。工程交易活动已由无形转为有形，隐蔽转为公开，信息公开化和招标程序规范化，已有效遏制了工程建设领域的腐败行为，为在全国推行公开招标创造了有利条件。

3. 不断完善阶段

随着建设工程交易中心的有序运行和健康发展，全国各地开始推行建设工程项目的公开招标。《中华人民共和国招标投标法》根据我国投资主体的特点已明确规定我国的招标方式不再包括议标方式，这是个重大的转变，它标志着我国的招标投标的发展进入了全新的历史阶段。这时期招投标主要呈现以下几个特点。

招标投标法律、法规和规章不断完善和细化，招标程序不断规范，必须招标和必须公开招标范围得到了明确，招标覆盖面进一步扩大和延伸，工程招标已从单一的土建安装延伸到道桥、装潢、建筑设备和工程监理等。

全国范围内开展的整顿和规范建设市场工作和加大对工程建设领域违法违纪行为的查处力度为招标投标进一步规范提供了有力保障。

工程质量和优良品率呈逐年上升态势，同时涌现出一大批优秀企业和优秀项目经理，企业正沿着围绕市场和竞争，讲究质量和信誉，突出科学管理的道路迈进。

招标投标管理全面纳入建设市场管理体系，其管理的手段和水平得到全面提高，正在逐步形成建设市场管理的“五结合”：①专业人员监督管理与计算机辅助管理相结合；②建筑现场管理与交易市场管理相结合；③工程评优治劣与评标定标相结合；④管理与服务相结合；⑤规范市场与执法监督相结合。

公开招标的全面实施在节约国有资金，保障国有资金有效使用以及从源头防止腐败孳生，都起到了积极作用。目前我们的市场还存在着政企不分，行政干预多，部门和地方保护，市场和招标操作程序不规范，市场主体的守法意识较差，过度竞争，中介组织不健全等现象。《中华人民共和国招标投标法》正是国家通过法律手段来推行招标投标制度，以达到规范招标投标活动，保护国家和公共利益，提高公共采购效益和质量的目的。它的颁布是我国工程招标投标管理逐步走上法制化轨道的重要里程碑，它必将对我们目前乃至今后的建设市场管理产生深远的影响，并指导着招标投标制度向深度和广度健康发展。

9.1.2 招投标发展趋势

随着公开招标和《中华人民共和国招标投标法》的深入实施，建设市场必将形成政府依法监督，招投标活动当事人在建设工程交易中心依据法定程序进行交易活动，各中介组织提供全方位服务的市场运行新格局，我国的招标投标制度也必将走向成熟，它是招标投标发展的必然趋势。

（1）建设市场规则将趋于规范和完善。市场规则是有关机构制定的或沿袭下来的由法律、法规、制度所规定的市场行为准则，其内容如下所述。

1）市场准入规则：市场的进入需遵循一定的法规和具备相应的条件，对不具备条件或采取挂靠、出借证书、制造假证书等欺诈行为的，采取清出制度，逐步完善资质和资格管理，特别是进一步加强工程项目经理的动态管理。

2）市场竞争规则：这是保证各种市场主体在平等的条件下开展竞争的行为准则，为保证平等竞争的实现，政府制定相应的保护公平竞争的规则。《中华人民共和国招标投标法》《中华人民共和国建筑法》《中华人民共和国反不正当竞争法》等以及与之配套的法规和规章都制定了市场公平竞争的规则，并通过不断地实施将更加具体和细化。

3）市场交易规则：交易必须公开（涉及保密和特殊要求的工程除外）；交易必须公平；交易必须公正。

（2）建设工程交易中心将办成“程序规范，功能齐全，手段多样，质量一流”的服务型的有形招标投标市场。

除提供各种信息咨询服务外，其主要职责是能保证招标全过程的公开、公平和公正，确保进场交易各方主体的合法权益得到保护，特别是要保障法律规定的必须进行招标项目的程序规范合法。

（3）招标代理机构将依据《中华人民共和国招标投标法》规定设立评委专家库，而建设工程交易中心则应制定专业齐全、管理统一的评委专家名册，同时应充分发挥评委专家名册的作用，改变目前专家评委只进行评标的现状，充分利用这一有效资源为招标投标管理服务。具体作用如下所述。

1）可作为投标资格审查的评审专家库，提高资审的公正性和科学性。

2）可作为《工程投标名册》（指由政府组织的每年进行评审的投标免审单位名单）的评审委员库，利用他们的社会知名度和制定科学的评审制度，提高《工程投标名册》的权威性，逐步得到社会各界认可。

3）分组设立主任委员，负责定期组织评委讨论和研究新问题及相关政策，开辟专家论坛，倡导招标投标理论研究，并可联系大专院校进行相关课题研究，以便更好地为管理和决策提供理论依据。

4）评委专家名册内应增设法律方面的专家，开辟法律方面的咨询服务，并逐步开展招标仲裁活动。

（4）招标管理机构是法律赋予的对招标投标活动实施监督的部门，其应成为独立的行政管理和监督机构，应将目前其具体的实物性监督管理转为程序性监督。应负责有关工程建设招标法规的制定和检查，负责招标纠纷的协调和仲裁，负责招标代理机构的认定等。

（5）《中华人民共和国招标投标法》明确规定招标代理机构是从事招标代理业务并提供相关服务的社会中介组织，从国际上看，招标代理机构是建筑市场和招标投标活动中不可缺少的重要力量，随着我国建设市场的健康发展和招标投标制度的完善，招标代理机构必将在数量和质量上得到大力的发展，同时也将推动我国的招标投标制度尽快同国际接轨。

（6）根据国际工程管理的通行做法，我国的工程保证担保制度将得到大力推行和发展，特别是投标保证、履约保证和支付保证在我国工程管理领域将得到广泛运用，它将是充分保障工程合同双方当事人的合法权益的有效途径，同时必将推动我国的招标投标制度逐步走向成熟。

9.2 招标与投标概述

9.2.1 招投标的含义与特点

1. 招投标的含义

招投标是一种特殊的交易方式和订立合同的程序。在国际贸易中，已有许多领域采用这种方式，并逐步形成了诸多国际惯例。从发展趋势看，招标与投标的领域还在继续拓宽，规范化程度也在进一步提高。

在商业贸易中，特别是在国际贸易中，大宗商品的采购或大型工程建设项目的承发包，通常不采用一般的交易程序，而是按照预先规定条件，对外公开邀请符合条件的国内外制造商或承包商投标报价，最后由招标人从中选出价格合理、条件优惠的投标者，与之签订合同。在这种交易中，对采购商（或发包人）来说，他们进行的业务是招标；对出口商（或承包人）来说，他们进行的业务是投标。

招标概念有广义与狭义之分。广义的招标是指由招标人发出招标公告或通知，邀请潜在的投标人进行投标，最后由招标人通过对各投标人所提出的价格、质量、交货期和该投标人的技术水平、财务状况等因素进行综合评估，确定其中最佳的投标人为中标人，并与其签订合同的过程。当人们笼统地提招标，通常指广义的招标。

狭义的招标是指招标人根据自己的需要，提出一定的标准或条件，向潜在投标人发出投标邀请的行为。当招标与投标一起使用时，则指狭义的招标，与狭义的招标相对的一个概念是投标，投标是指投标人接到招标邀请后，根据招标邀请的要求填写招标文件（也称标书），并将其送交给招标人的行为。可见，从狭义上讲，招标与投标是一个过程的两个方面，分别代表了采购方和供应方的交易行为。

2. 招投标的特点

一般而言，招投标具有以下三个特点。

（1）招标程序的公开性。招标程序的公开性，有时也指透明性，是指整个采购程序都在公开情况下进行。公开发布投标邀请，公开开标，公布中标结果。投标人资格审查标准和最佳投标人评选标准要事先公布，采购程序也要公开。

（2）招标程序的竞争性。招标是一种引发竞争的采购程序，是竞争的一种具体方式。招标的竞争性充分体现了现代竞争的平等、信誉、正当和合法等基本原则。招标作为一种规范的、有约束的竞争，有一套严格的程序和实施方法。

（3）招标程序的公平性。所有感兴趣的供应商、承包商和服务提供者都可以进行投标，并且地位一律平等，不允许对任何投标人进行歧视；评选中标人应按事先公布的标准进行；投标是一次性的并且不准同投标人进行谈判。所有这些措施既保证了招标程序的完整，又可吸引优秀的供应商来竞争投标。

9.2.2 工程项目招投标的特点与招标的种类

1. 工程项目招投标的特点

（1）招标人向不特定人或者特定人提出的具有明确订立合同的意向。招标人为某种特定利益，向不特定的或者特定的人发布招标公告，包括招标文件，通过投标人的竞争，从中选出对自己最为有利的投标人，与其订立合同。在工程建设项目的招标过程中，招标人一般要求投标人提交投标保证金，以约束投标人在投标过程中的行为，否则将没收其投标保证金。投标人中标后必须与招标人签订合同，否则将依法承担违约责任。由此推断，招标的目的是与投标人签订合同。

（2）招标文件对订立合同的内容十分明确、具体和肯定，以便投标人按照招标文件提出的要求做出实质性的响应并编制投标标书。

（3）招标人通过多种途径将招标文件送达投标人，如发布招标公告，接受投标报名。开展投标资格预审，通知发送招标文件的时间和地址等。

显然，招标是订立合同过程中的要约行为。作为要约行为，当事人一方以缔结合同为目的向对方做出意思表示，是一种许诺，理应承担法律责任。

2. 工程项目招标的种类

招标可分为两种形式，即公开招标、邀请招标。一般装饰工程建设项目的招标是以邀请招标为主。

（1）公开招标。公开招标是通过登载招标启示，公开进行的一种招标方式，凡符合规定条件的施工单位都可自愿参加投标。由于参与投标报名的装饰施工企业很多，所以它属于一种“无限竞争”的招标。公开招标有助于企业之间展开竞争，打破垄断，促使承包企业加强管理，提高工程质量，缩短工期，降低工程成本；公开招标使招标单位选择报价合理、工期短、质量好、信誉高的施工单位承包，达到招标的目的；公开招标促进装饰市场向健康方向发展，完善市场经营管理，力求公平、公正、合理的竞争。

（2）邀请招标。邀请招标是招标单位根据自己了解或他人介绍的承包企业，发出邀请信，请一些装饰施工企业参加某项工程的投标，被邀请的单位数目一般3～7个。采用邀请招标，招标单位对被邀请的施工单位一般是较为了解的，因此被邀请的单位不宜数目过多，以免浪费投标单位的人力、物力。这种招标方式，只有被邀请的施工单位才有资格参加投标，所以它是一种“有限竞争”的投标。

9.2.3 招标人

1. 招标人的条件

招标人是依照投标法规定提出招标项目、进行招标的法人或者其他组织。招标人应当有进行招标项目的相应资金或者资金来源已经落实，装饰工程建设项目已具有招标条件，并应当在招标文件中如实载明。招标人采取公开招标方式的，应当发布招标公告。依法必须进行招标的项目的招标公告，应当通过国家指定的报刊、信息网络或者其他媒介发布。招标公告应当载明招标人的名称和地址，招标项目的性质、数量、实施地点和时间，以及获取招标文件的办法等事项。招标人采取邀请招标方式的，应当向3个以上具备承担招标项目的设计或施工能力、资信良好的特定法人或者其他组织发出投标邀请书。

采取公开招标方式的，招标人可以根据招标项目本身的要求，在招标公告或者招标邀请书中，要求潜在投标人提供有关资质证明文件和业绩情况，并对潜在投标人进行资格审查。国家对投标人的资格条件是有规定的，依照其规定，招标人不得以不适合的条件限制或者排斥潜在投标人，不得对潜在投标人实行歧视待遇。

2. 招标文件编制

招标人应当根据项目的特点和需要编制招标文件。招标文件应当包括招标项目的技术要求、对投标人资格审查的标准、投标须知、评标标准等所有实质性要求和条件，以及拟签订合同的主要条款。国家对招标项目的技术、标准是有规定的，招标人应当按照其规定在招标文件中提出相应要求。招标项目需要划分标段、确定工期的，招标人应当合理划分标段、确定工期，并在招标文件中载明。

招标文件不得要求或者表明特定的生产供应者，以及含有倾向性或者排斥潜在招标人的其他内容。

3. 基本原则

招标人根据招标项目的具体情况，可以组织投标人踏勘项目现场。招标人不得向他人透露已获取招标文件的投标人的名称、数量，以及可能影响公平竞争的有关招标的其他情况，招标人设有标底的，标底必须保密。

招标人对已发出的招标文件进行必要的澄清或者修改的，应当以书面的形式通知所有招标文件收受人。该澄清或修改的内容为招标文件的组成部分。

招标人应当确定投标人编制招标文件所需要的合理时间，但是，依法必须进行招标的项目，自招标文件开始发出之日起至投标人提交截至之日止，最短不得少于20日。

4. 招标代理机构

招标人有权自行选择招标代理机构，委托其办理招标事宜。任何单位和个人不得以任何方式为招标人指定招标代理机构。招标人具有编制招标文件和组织评标能力的，可以自行办理招标事宜，任何单位和个人不得强制其委托招标代理机构办理招标事宜。依法必须进行招标的项目，招标人自行办理招标事宜的，应当向有关行政监督部门备案。

招标代理机构是依法设立、从事招标代理业务并提供相关服务的社会中介组织。招标代理机构必须具备下列条件。

(1) 有从事招标代理业务的营业场所和相应资金。

(2) 有能够编制招标文件和组织评标的相应专业力量。

招标代理机构应当在招标人委托的范围内办理招标事宜，并遵守招投标法关于招标人的规定。

9.2.4 投标人

1. 投标人的条件

投标人是响应招标、参与投标竞争的法人或者其他组织。投标人应当具备承担招标项目相应的设计或施工能力；国家有关规定对投标人资格条件或者招标文件对投标人资格条件是有规定的，投标人应当具备规定的资格条件。

2. 投标文件编制及提交

投标人应当按照招标文件的要求编制投标文件，其中的投标须知中应详细阐明招标的范围、内容、报价方式等内容，是关键性文件。投标文件应当对招标文件提出的实质性要求和条件作出响应。投标文件的内容应当包括拟派出的项目负责人与主要技术人员的简历、业绩和拟用于完成招标项目的机械设备等。

投标人应当在招标文件要求提价投标文件的截止时间前，将投标文件送达投标地点。招标人收到投标文件后，应当签收保存，不得开启。在招标文件要求提交投标文件的截止时间后送达的投标文件，招标人应当拒收。

招标人在招标文件要求提交投标文件的截止时间前，可以补充、修改或者撤回已提交的投标文件，并书面通知所有投标人。补充、修改的内容为招标文件的组成部分。

投标人根据招标文件载明的项目的实际情况，拟在中标后将中标项目的部分非主体、非关键性工作进行分包的，应当在投标文件中载明。

两个以上法人或者其他组织可以组成一个联合体，以一个投标人的身份共同投标。联合体各方应当具备承担招标项目的相应能力；国家有关规定或者招标文件对投标人资格条件是有规定的，联合体各方均应具备规定的相应资格条件。由同一专业的单位组织的联合体，按照资质等级较低的单位确定资质等级。联合体各方应当签订共同投标协议，明确约定各方拟承担的工作和责任，并将共同投标协议连同招标文件一并提交招标人。联合体中标的，联合体各方应当共同与招标人签订合同，就中标项目向招标人承担连带责任。招标人不得强制投标人组成联合体共同投标，不得限制投标人之间的竞争。

3. 基本原则

投标人不得相互串通投标报价，不得排挤其他投标人的公平竞争，损害招标人或者其他投标人的合法权益。不得以低成本的报价竞争，也不得以他人的名誉投标或者以其他方式弄虚作假，骗取中标。

投标人不得与招标人串通投标，损害国家利益、社会公共利益或者其他人的合法权益。禁止投标人以向招标人或者评标委员会成员行贿的手段谋取中标。

9.3 工程量清单招标的方法与特点

9.3.1 传统的招标方式及存在的缺点

传统的招标一般是施工图设计完成后进行，主要的招标方式有“施工图预算招标”“部分子项招标选定施工单位”和“综合费率招标”等。从运行实践看，上述传统招标方式主要存在以下问题：

招标工作需要在施工图设计全面完成后进行，这对工程规模大、出图周期长、进度要求急的建设项目可能导致开工时间严重拖后；而采用部分子项招标确定施工单位或进行费率招标等方法，虽可以解决开工时间问题，但不能有效控制工程投资，工程结算难度很大。

传统招标方式采用“量价合一”的定额计价方法作为编标依据，不能将工程实体消耗和施工技术等其他消耗分离出来，投标企业的管理水平和技术、装备优势难以体现，而且在价格和取费方面未考虑市场竞争因素。同时，评定定标受标底有效范围的限制，往往会将有竞争力的报价视为废标。即使是工程规模大、施工技术复杂、方案选择性大的项目也是如此，这样会导致投标单位把注意力放在如何使投标价更靠近标底的“预算竞争”上来，从而难以体现综合实力的竞争。此外，招投标多家单位均要重复进行工程量的计算，浪费了大量人力和物力。因此，工程量清单招投标报价显得尤为重要，也是装饰工程招投标的一项重大改革。

9.3.2 工程量清单招标的基本方法

工程量清单招标是由招标单位提供统一的工程量清单和招标文件，投标单位以此为投标报价的依据，并根据现行计价定额，结合本身特点，考虑可竞争的现场费用、技术措施费用及所承担的风险，最终确定单价和总价进行投标。工程量清单招标的基本做法如下。

1. 招标单位计算工程量清单

招标单位在工程方案、初步设计或部分施工图设计完成后，即可委托标底编制单位（或招标代理单位）按照当地统一的工程量计算规则，以单位工程为对象，计算并列出各分部分项工程的工程量清单（应附有有关的施工内容说明），作为招标文件的组成部分发放给各投标单位。其工程量清单的粗细程度、准确程度取决于工程的设计深度及编制人员的技术水平和经验。在工程量清单招标方式中，工程量清单的作用：①为投标者提供一个共同的投标基础，供投标者使用；②便于评标定标，比选价格；③进行工程进度款的支付；④作为合同总价调整、工程结算的依据。

2. 招标单位计算工程直接费并进行工料分析

标底编制单位按工程量清单计算直接费，并进行工料分析，然后按现行定额或招标单位拟定的工、料、机价格和取费标准，取费程序及其他条件计算综合单价（含完成该项工程内容所需的所有费用，即包括直接费、间接费、材料价差、利润、税金等和综合合价），最后汇总成标底。实际招标中，根据投标单位的报价能力和水平，对分部分项工程中每一子项的单价也可仅列直接费，而材料价差、取费等则以单项工程统一计算。但材料价格、取费标准应同时确定并明确以后不再调整；相应投标单位的报价表也应按相同办法报价。

3. 投标单位报价投标

投标单位根据工程量清单及招标文件的内容，结合自身的实力和竞争所需要采取的优惠条件，评估施工期间所要承担的价格、取费等风险，提出有竞争力的综合单价、综合合价、总报价及相关材料进行投标。

4. 招投标双方合同约定说明

在项目招标文件或施工承包合同中，规定中标单位投标的综合单价在结算时不作调整；而当实际施工的工程量与原提供的工程量相比较，出入超过一定范围时，可以按实调整，即量调价不调。对于不可预见的工程施工内容，可进行虚拟工程量招标单价预估，或在明确结算时补充综合单价的确定原则。

9.3.3 工程量清单招标的特点

采用工程量清单计价招标，可以将各种经济、技术、质量、进度、风险等因素充分细化和量化并体现在综合单价的确定上；可以依据工程量计算规则，划大计价单位，便于工程管理和工程计量。与传统的招标方式相比，工程量清单计价招标法具有以下特点。

（1）符合我国招标投标法的各项规定，符合我国当前工程造价体制改革“控制量、指导价、竞争费”的大原则，真正实现通过市场机制决定工程造价。

（2）有利于室内装饰工程项目进度控制，提高投资效益。在工程方案、初步设计完成后，施工图设计之前即可进行招投标工作，使工程开工时间提前，有利于工程项目的进度控制，及提高投资效益。

（3）有利于业主在极限竞争状态下获得最合理的工程造价。因为投标单位不必在工程量计算上煞费苦心，可以减少投标标底的偶然性技术误差，让投标企业有足够的余地选择合理标价的下浮幅度；同时，也增加了综合实力强、社会信誉好企业的中标机会，更能体现招标投标宗旨。此外，通过极限竞争，按照工程量招标确定的中标价格，在不提高设计标准情况下与最终结算价是基本一致的，这样可为建设单位的工程成本控制提供准确、可靠的依据。

（4）有利于中标企业精心组织施工，控制成本。中标后，中标企业可以根据中标价及投标文件中的承诺，通过对本单位工程成本、利润进行分析，统筹考虑、精心选择施工方案；并根据企业定额或劳动定额合理确定人工、材料、施工机械要素的投入与配置，实现优化组合，合理控制现场费用和施工技术措施费用等，以便更好地履行承诺，抓好工程质量和工期。

（5）有利于控制工程索赔，搞好合同管理。在传统的招标方式中，施工单位“低报价、高索赔”的策略屡见不鲜。设计变更、现场签证、技术措施费用及价格、取费调整是索赔的主要内容。工程量清单招标方式中，由于单项工程的综合单价不因施工数量变化、施工难易不同、施工技术措施差异、价格及取费变化而调整，这就消除了施工单位不合理索赔的可能。

9.3.4 工程量清单在招投标过程中的作用

由于工程量清单明细表反映了工程的实物消耗和有关费用，因此，这种计价模式易于结合建设工程的具体情况，变现行以预算定额为基础的静态计价模式为将各种因素考虑在单价内的动态计价模式。过去的招标投标制，招投标双方针对某一建筑产品，依据同一施工图样，运用相同的预算定额和取费标准，一个编制招标标底，一个编制投标报价。由于两者角度不同，出发点不同，工程造价差异很大，而且大多数招标工程实施标底评标制度，评标定标时将报价控制在标底的一定范围内，超过者即为废标，扩大了标底的作用，不利于市场竞争。

采用工程量清单招投标，要求招投标双方严格按照规范的工程量清单标准格式填写，招标人在表格中详细、准确描述应该完成的工程内容；投标人根据清单表格中描述的工程内容，结合工程情况、市场竞争情况和本企业实力，充分考虑各种风险因素，自主填报清单，列出包括工程直接成本、间接成本、利润和税金等项目在内的综合单价与汇总价，并以所报综合单价作为竣工结算调整价的招标投标方式。它明确划分了招投标双方的工作，招标人计算量，投标人确定价，互不交叉、重复，不仅有利于业主控制造价，也有利于承包商自主报价；不仅提高了业主的投资效益，还促使承包商在施工中采用新技术、新工艺、新材料，努力降低成本、增加利润，在激烈的市场竞争中保持优势地位。

评标过程中，评标委员会在保证质量、工期和安全等条件下，根据《中华人民共和国招标投标法》和有关法规，按照“合理低价中标”原则，择优选择技术能力强、管理水平高、信誉可靠的承包商承建工程，既能优化资源配置，又能提高工程建设效益。

9.4 装饰工程招标投标程序

9.4.1 装饰工程招标程序

装饰工程建设项招标工作程序，如图 9－1 所示。

1. 编制工程项目招标计划及准备文件

（1）编制项目招标计划。编制项目招标计划的关键点在于两个方面：①要有详细的项目发展进度计划，才能知道什么时间之前应确定各专业工程施工单位，更进一步说，才能知道什么时间之前应开始招标和定标；②确定项目如何切块招标的问题。也就是说，把一个项目分成多个部分来分头招标。但是，不同的划分方式就构成招标工作计划的不同内容。

具备上述两个条件，就能编制出符合实际需要的项目招标计划。由此可知，项目招标计划是与项

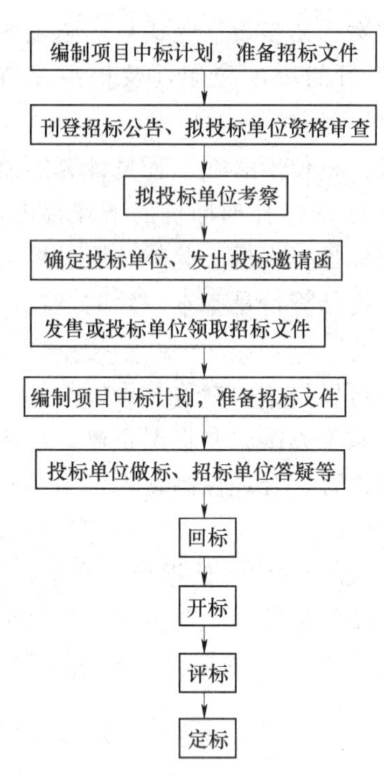

图 9-1　工程项目招标程序

目发展进度计划相配套的计划。有项目发展进度计划，才能编制项目招标计划，否则项目招标计划就毫无意义。同样，有项目发展进度计划而无项目招标计划，项目发展进度计划就无法真正落实，就有可能发生现场的停工等待问题。

其实，一个项目的正常运作，仅有项目发展进度计划和项目招标计划仍然是不够的，还需要有项目施工图出图计划与该项目招标计划相配套。项目都是讲究经济效益的，很少有项目在所有的施工图纸完成后，才开始招标或现场的施工工作。那么很明显，要保证既定的招标计划能够实现，就必须在招标时能有招标用的施工图或招标图纸。所以，应根据项目的招标计划要求编制项目施工图出图计划。只有项目发展进度计划、项目招标计划、项目施工图出图计划这三大计划相互匹配、相互衔接，一个项目的施工建设才能真正正常进行。一般来说，项目发展进度计划要根据企业发展计划或市场条件的变化而调整，项目招标计划要在项目发展进度计划发生变化时修正，项目施工图出图计划则必须按照项目招标计划的改变而改变。

（2）招标文件准备。招标文件的编制要求如前所述，以下主要阐述招标文件的内容。一般来说招标文件包括投标人须知；工程的综合说明；工程技术规范；合同书；合同条件；投标报价书；工程量清单；招标图纸。

其中，投标人须知、工程的综合说明、工程技术规范、合同书、合同条件、招标图纸等是投标报价的参考文件，投标报价书和工程量清单是供投标人填写总价与价格的文件。不同的招标文件编制单位或不同的项目内容，招标文件的具体文件名称可能不一样，但上述具体内容是必需的。

2. 刊登招标公告及拟投标单位资格审查

（1）刊登招标公告。公开招标的项目必须通过公开刊登招标公告的方式予以通知，以使所有合格的潜在投标单位都有同等的机会了解投标要求，形成尽可能广泛的竞争格局。

（2）拟投标单位资格审查。对于邀请招标的项目，首先是要收集潜在投标单位资料。在此基础上，审查这些单位的资料，以确定是否符合拟装修项目的要求。一般来说，对拟投标单位的资格审查主要包括：企业营业执照证书等资料是否齐全、有效；企业施工资质等级是否符合拟装修项目的要求；企业的以往工程经历如何，是否做过同类型项目等。资格审查是对拟投标单位初步的审查，在拟投标单位比较多的情况下，通过初步审查，可能淘汰一批资质等级不符合拟装修项目要求，或企业营业执照等证书不全，或企业以往类似工程经验不足等不符合或相对条件较差的单位。

（3）拟投标单位考察。组织相关部门或专业人员成立考察小组，对通过资格审查的单位进行考察，是一般招标人都会采取的一种做法。其意义在于可进一步深入了解拟投标单位的现状；如企业当前的规模、人员结构、在装修项目情况、任务是否饱满、资金状况如何、机械设备如何等，便于从中挑选出相对较合适的投标单位，考察小组考察完毕后要写考察报告。

（4）确定投标单位、发出投标邀请函。招标单位一般会根据考察报告及其他渠道获得的信息情况，召开一次会议，以确定由其中的哪几家单位来参加拟装饰装修项目的投标。

投标单位确定以后，会发出投标邀请函。一般来说，投标邀请函的内容包括：①招投标项目的名称；②领取招标文件的时间、地点；③领取招标文件时须携带的文件资料等；④有关投标押金的规定；⑤回标的时间、地点等内容。

（5）发售或投标单位领取招标文件。在招标文件收费的情况下，招标文件的价格应定的合理，一般只收成本费，以免投标单位因价格过高而失去购买招标文件的兴趣。

比较通行的做法是投标单位在领取招标文件时支付押金，押金的数量可能比较高，这样做的理由是保持招投标活动的严肃性，确保每一个投标单位都能认真对待该项目的招标，以免出现回标时只有一两家投标单位等局面。押金在投标单位未中标的条件下全额退回，中标单位则不退押金，转化为招标文件的购买费。当然，若押金较高时，一般邀请函或投标须知中也会说明中标时押金的退回比例。

(6) 投标单位做标、招标单位答疑等。招标单位发出招标文件后，在投标单位回标前一般有两方面的事物待处理：第一是组织投标单位察看现场；第二是解释、澄清招标文件中的疑难问题，补充招标文件的有关内容。任何投标单位若有任何问题都可在此阶段提出来，但招标人对某个投标单位提出的问题的解答必须同时抄送给每一位投标人。

(7) 回标、开标。投标单位按投标邀请函或投标须知中的要求准时回标。招标单位收到回标文件后一般有两种开标形式，即公开开标和非公开开标。一般来说，需要通过当地政府招投标办或建筑工程交易中心组织招标的装饰工程项目，必须是公开开标的；外商独资或私有企业的项目可由招标人自行组织招标，此时招标单位一般采取非公开开标的方式，避免投标单位串通议价等。由于各省市对必须通过政府招投标管理部门监督的招标项目的规定有所差异，所以只需从招投标法对公开招投标项目的范围规定去理解即可。

(8) 评标、定标。一般从商务标和技术标两个方面对投标单位的回标文件进行评审，分别写出技术标评标意见和商务标意见，并按一定的评标原则，形成综合评标意见，提交招标委员会批准，完成定标过程。

9.4.2 装饰工程投标程序

装饰工程项目的投标程序，如图 9－2 所示。

投标是招标的对称词，是投标单位对招标人招标活动的响应。招标与投标构成以工程为标的物的买方与卖方经济活动相互依存不可分割的两个方面。同样，投标程序与招标程序是相对应的，有关的工作也是围绕招标文件而展开的。

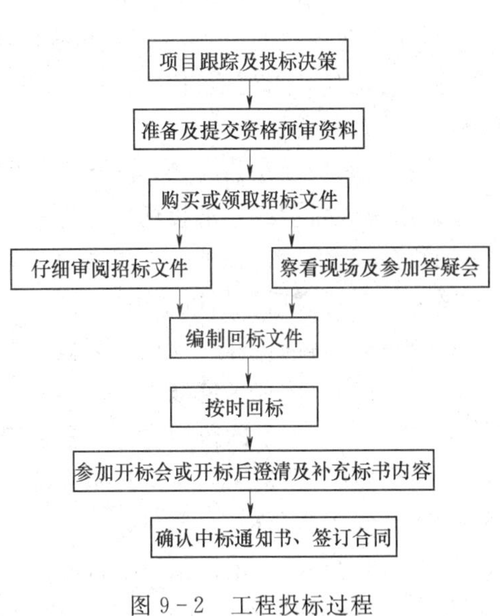

图 9－2　工程投标过程

1. 准备资格预审资料

资格预审是在招标之前，招标人对投标人在财务状况、技术能力等方面的一次全面审查。只有那些财力雄厚、技术水平高、相关工作经验丰富、企业信誉好的施工承包单位才有可能被通过。因此，承包单位一定要在资格预审资料中充分展示自身企业的优势和特点，特别是对拟投标项目的特点。如果你在预审资料中充分展示公司以往所承接的各类别墅装饰工程，而拟投标项目却是五星级宾馆精装修，那么这份预审资料就是不合格的。一般来说，编制资格预审资料应注意以下问题。

(1) 获得信息后，针对工程的性质、规模、承包方式及范围等进行一次决策，以决定是否有能力承担。

(2) 针对工程的性质特点，充分反映自身的真实实力。其中最主要的是财务能力、人员资格、以往类似工程经验、施工设备等内容。

(3) 资格预审的所有内容应有证明文件。以往的经验及成就中所列出的全部项目，都要有确切的证明以确定其真实性。有关人员则提供相应的资格证明书，财务方面则由相关机构提供证明。

(4) 施工设备要有详细的性能说明。有些企业只列出施工机械的名称、规格、型号、数量，这是不够的。招标人在审核完潜在投标人提供的资格预审资料后，往往还不足以决定该潜在投标人是否可转化为真正的投标人。一般还会有对在施工项目或已装修工程的实地考察过程。此时，应尽可能推荐与拟投标项目类似的工程供招标人参观。在可能的情况下，还可请当时的业主或监理单位适当介绍当时施工过程中的一些亮点以增进招标人的评价。

2. 审阅招标文件

认真研究招标文件，弄清施工承包人的责任及工程项目的报价范围，明确招标文件中的各种要求，以使投标报价适当。

招标文件中关于承包人的责任一般是非常苛刻的，有时对承包人的制约条款几乎达到无所包容的地步，承包人基本上是受制约的一方。但是，对于有经验的承包人来说，也并不是完全束手无策的，既接受基本合同文件的限制，对那些明显不合理的条款，可以在制约标价中埋下伏笔，争取在中标后做某些修改，以改进自己的地位。

由于招标文件的内容很多，涉及各方面的专业知识。因此对招标文件的审阅研究要做适当的分工。一般来说，商务标人员研究投标须知、工程说明、图纸、工量计算规则、工程量清单、合同条件等内容；技术标人员研究工程说明、工程规范、图纸、现场条件等内容。

(1)《投标须知》分析。一般来说，投标须知中拥有对投标报价的详细说明，是投标报价最重要的文件内容之一。不同的项目或不同的招标人有可能使用同样的工程规范、技术要求、合同条件等。但是不同项目或不同招标人其招标须知可能是不同的。因为，不同的项目其项目具备的招标条件可能存在差异，所以一定意义上说，投标须知是针对某个项目的招标而编制的。投标须知一般会阐明以下内容。

1) 发出的招标文件的组成内容、数量。

2) 回标时应提供的文件资料的内容、数量。

3) 对投标人的资质等级方面的要求。

4) 对承包方式的说明，主要阐明本项工程的计价模式。包括工程量的计算方法、工程数量是不变量还是暂定量，未列项目是否按实计量，以及采用什么工程量计算规则；价格如何确定，是按定额计价还是综合单价计价等。

5) 报价时应注意的问题。投标文件发现失误如计价或汇总错误发生时的处理方法。

6) 招标人希望或要求投标人注意的其他内容。

(2)《工程说明》分析。工程说明是对该招标文件规定的招标项目、招标内容和范围等详细规定。一般来说，工程说明包括以下内容。

1) 招标项目的名称、地点、规模。

2) 招标项目的现场情况。

3) 本项招标工程的范围界定、投标报价内容。

4) 招标项目所适用的工程技术规范。

(3) 合同内容分析。

1) 合同的种类。装饰工程项目的招标可以采用总价合同、单价合同、成本加酬金合同，及“交钥匙”合同等中的一种或几种。有的招标项目可能对不同部分内容采用不同的计价方式，所以两种甚至两种以上合同方式并用的情况是比较常见的。投标单位应充分注意，承包人在总价合同中承担着固定工程数量方面的风险，故应对工程数量进行复核。以在确定单价时考虑清单数量的多少问题；在单价合同中，承包人主要承担固定的单价风险，故应对材料、设备及人工的市场行情及其变化趋势做出合理的综合分析。

2) 工程进度款支付方式。应充分注意到合同条件中关于工程付款的有无；工程进度款的支付时间、比例；保留金的扣留比例、保留金总额及退还时间与条件等。根据这些规定及预计的项目施工进度计划，绘出本工程现金流量图，计算出占用资金的数额和时间，从而考虑需要支付的利息等。若合同条件中有关于付款的规定比较含糊或明显不合理，应要求业主在标前答疑会上澄清或解释，并最好做出修改。

3) 施工工期。合同条件中关于合同工期、工程竣工日期、部分工程分期交付工期等规定，是投标人制定工程施工进度计划的依据，也是投标人报价的重要依据。同时应特别注意工期非承包人原因延误时的有关顺延或赔偿方法。

4）工程量清单及其复核。仔细研究工程量的计算规则，研究工程量清单的编制方法和体系。同时，工程量清单中的各分部分项工程数量可能并不十分准确，若设计图纸的深度不够可能有较大的误差；不仅影响所填报的综合单价，也会影响所选择的施工方法、安排人员和机械设备、准备材料的数量等。

5）工程变更及相应的合同价格调整。工程变更是不可避免的，承包人有责任和义务按承包人的要求施工完成有关的变更工程，当然同时也有权获得合理的补偿。工程变更包括工程数量的增减变化和工程内容或性质的变化。不同的发包人一般都有其习惯性的变更做法，比较难以把握，除非与该发包人有过多项目的长期合作。但容易变更的范围仍然是有一定的规律性的。如结构部分的修改变更机会小，装饰部分的修改变更的机会多；与其他分部分项工程关联性大的部分的设计变更可能性小，相对独立且又更具有视觉效果的部分设计变更的可能性大等。

3. 察看现场

察看工程现场是投标人必须重视的投标程序。招标人在招标文件中一般都明确规定投标人进行现场考察的时间和地点。明确规定投标人所作出的报价是在审核招标文件并考察工程现场的基础上编制出来的。一旦报价提出并过了回标时间期限，投标人就无权因为现场查看不周、情况了解不细或其他因素考虑不全面提出修改报价或要求补偿等。察看现场主要应注意以下内容。

（1）建筑物内部空间结构是否影响施工、图纸规定的尺寸与实际尺寸有无误差等。

（2）施工现场周围道路、进出现场的条件。

（3）材料堆放场地安排的可能性，是否需要二次运输。

（4）施工用临时水电的接口位置。

（5）现场施工对周围环境可能产生的影响。

以上问题都会影响开办项目费用的报价。

4. 编制回标文件

回标文件是在分析研究招标文件的基础上，对招标文件所提出各类问题的全面答复。要回答这些问题，还要做大量其他方面的工作。分别概述如下。

（1）生产要素询价。

1）劳务询价：由于人单价的市场变化，估价时要将操作工人划分为高级技工、熟练工、半熟练工和普通工等，分别确定其人工单价。

2）材料询价：材料价格在工程造价中占有很大的比例，约占工程总造价的45%～55%，材料价格是否合理对于工程估价的影响很大。因此，对材料进行询价是工程询价中最重要的工作。

3）施工用机械设备询价：虽然在内装修工程中，采用的机械设备不向土建工程施工用的大型设备，但是，内装修工程采用的是中小型设备，同样存在磨损、保养、维修等费用。另外，必要时还要购置新的设备。因此，机械设备价格对工程骨架也会产生一定的影响。

（2）分包询价。除由业主指定的分包工程项目外，投标人特别是总承包人应在确定施工方案的初期就要定出需要分包的专业工程范围。决定分包的范围主要考虑工程的专业性及项目的规模。大多数承包人把自己不熟悉的专业化程度较高或利润低的、风险性大的分部分项工程分包出去。决定了分包工作内容后，投标人准备函件以将图纸及工程说明与要求等资料送交预定的几个分包人，请他们在规定的时间内报价，以便进行比较选择。分包询价单相当于一份招标文件，其内容应包括原招标文件中有关分包工程的全部内容，及投标人额外要求分包人承担的责任和义务。

收到分包商提供的报价单之后，投标人要对其进行分包询价资料分析。主要从以下方面进行。

1）分析分包商标函的完整性：审核分包标函是否包括分包询价单要求的全部工作内容，是否用含糊其辞的语言描述工程内容，避免今后工作中产生纠纷。

2）核实分项工程单价的完整性：应准确核实分项工程单价的内容，如材料价格是否包括运杂费、分项单价是否包括人工费、管理费等。

3）分析分包报价的合理性：分包工程报价的高低，对投标人的标价影响很大。因此，投标人要对分包商的标函进行全面的分析，不能仅把报价的高低作为唯一的标准。除要保护自己的利益外，还应考虑分包人的利益。与分包商的友好往来，实际上也是保护自己的利益。分包商有利可图，更利于协助投标人完成工程内容。

（3）价格信息的获得。

1）互联网：许多工程造价网站提供当地或本部门、本行业的价格信息，不少材料供应商也利用互联网介绍其产品性能和价格。网络价格具有信息量大、更新、更快、成本低，适用于产品性能和价格的初步比较，主要材料的价格应该进一步核实。

2）政府部门：各地政府部门都有自己的工程造价管理机构，定期发布各类材料预算价格、材料价格指数及材料价差调整系数等信息，可作为编制投标报价的主要依据。

3）厂商及其代理商：主要设备及主要材料应向其代理人询价，以求获得更准确合理的价格信息。

投标人在研究招标文件、察看现场条件及询价的基础上，编制出符合招标文件要求的回标文件（包括商务标部分和技术标部分）。

（4）投标计算。投标报价最主要的工作就是综合单价的确定，直接关系到整个报价的合理性，综合单价的确定方法有以下几种。

利用现有的企业报价定额确定综合单价：投标人在经过多次投标报价后，积累了大量的经验资料，根据不同的施工方案结合自身特点，扬长避短，建立起企业自身具有优势的报价定额，结合价格信息，确定综合单价。

综合单价分析法来确定综合单价：这种方法是在没有现成的单价可以直接使用或参考时，可以对综合单价进行具体的分析，依据投标文件、合同条款、工程量清单中清单项目的描述，以及《建设工程工程量清单计价规范》（GB 50500—2003）的工作内容做详细的单价分析。

1）计算出清单项目包括工程内容的工程量，就是附属项目的工程量，有时也叫二次工程量，这些工程量的计算规则，可参考有关定额的计算规则。

2）参考可以直接套用相应的消耗量定额，直接输入企业选用的人工、材料、机械费用、管理费、利润的价格或费率即可。

3）要考虑风险因素和社会经济状况对价格的影响，如果合同要求优质则必然要优价，如果社会经济状况良好，经济运行则平稳，可以少考虑风险因素。

（5）标书的编制。投标单位对投标项目做出报价决策后，即开始编制标书，也就是投标须知规定投标人必须提交的全部文件。投标报价书就是由投标人正式签署的报价信，习惯上称为标函，中标后，投标报价书及其附件就成为合同文件的重要组成部分。但是，当投标价与中标价发生变化，或中标价包括的工程内容与投标价存在差异时，也有将中标通知书取代投标报价书的情况，此时，工程量清单也可能重新调整（如发包方与承包方商定中标价在投标价基础上下调一定百分比时，合同清单中的单价一般是调整到位的）。

5. 确认中标通知书

招标人在确定中标单位后，因合同文件的准备有一个过程，因此往往会先签发一份中标通知书给中标单位。在该中标通知书中，招标人一般会明确以下内容。

（1）本工程的中标范围。

（2）本工程的中标价格或合同总价。

（3）合同文件的组成部分（包括招标文件的全部内容、招标过程中双方的一切往来函件等）、解释顺序等内容。

中标单位在审阅中标通知书的内容无误后，作出书面确认，即宣告本项目的招标工作结束，发包人与承包人的关系确立无误。因此，对中标通知书的书面确认，实质上就是发包人与承包人之间正式签订合同之前签订了一份简约的协议。按照合同法的规定，发包方与承包方签订的中标通知书具有法律效应。

9.5 工程量清单与合同价格

工程量清单中的工程量有多种形式，如确定数量、暂定数量、参考数量等，特殊情况下还可能无法提供工程量。不同的工程量清单适用于不同的合同形式，而其合同价款的计算也不尽相同。

9.5.1 装饰工程总价合同

总价合同分为以下两种。

1. 根据工程量清单签订的合同总价

工程量清单由有关专业人员编制，作为招标文件的组成部分，然后由投标人报价，一旦定标则合同总价即定。若无设计变更及现场签证发生时，工程量固定不变，合同总价维持不变；若有设计变更时，变更款按增减工程量及合同单价计算，决算总价在合同总价的基础上采用增减账的方法确定。该种合同一般适用于设计比较详细的大型或复杂性的装修工程项目，使用最为广泛。

2. 根据图纸和技术规范签订的总价合同

合同中不含工程量清单，投标人根据图纸及技术规范报价。有时招标人会提供工程量清单供投标人参考，该参考数量是善意无承担地提供，仅供说明合同的计价方式，不作为合同的一部分。投标人在投标时可对参考工程量清单做出修改或重新编制或予以接纳，所有与之相关风险全部由投标人承担，但在合同条款或工程量清单说明（或备注）中将会注明工程量清单中的单价是合同单价，该单价将作为计算变更及中期付款的依据。

工程竣工后，如果没有图纸及技术规范方面的变更调整，决算总价即为合同总价；图纸及技术规范有变更，变更款按图纸及技术规范差异及合同单价计算，合同总价作相应调整。该种合同方式适用于招标前设计已经完成、技术规范已编制的项目、小型的或简单的项目、复杂项目中某些由指定分包人完成的专业工程及设计施工一体化的工程项目。

9.5.2 装饰工程单价合同

单价合同适用于招投标时设计文件还未编制完成的项目，以保证公正、公平的竞争。计算价格时采用实际完成的工程量和报价中的单价相乘（即工程量按实计算），合同总价只有在项目完成后才能确定，主要用于施工图纸未完成，按方案或扩初图招标的情况。通常有以下3种形式。

1. 虚拟分项法

由有关专业人员根据项目的性质及特点拟定该项目的主要分项项目构成清单（参照过往类似工程项目编制），投标人根据拟定的分项项目清单逐一报价，中标后承包人的报价即为合同单价。计算价格时（包括中期付款及竣工决算），采用实际完成的工程数量和报价的单价（若无此单价则采用市场价）相乘。合同总价只有在项目完成后才能确定。为控制好造价，虚拟分项的项目越详尽越好。

2. 调整标准单价法

由有关专业人员拟定项目的分项组成，并赋予每个分项标准单价，投标人根据自身情况报价，只需注上标准单价的百分比增减额即可（通常一个分项一个百分比）。中标后的单价清单即为合同价。为控制好造价，虚拟分项越详尽越好，标准单价应接近于市场合理价格。实际工程中，该种方法用得比较少。

3. 近似工程量法

分项项目构成由有关人员拟定（类似虚拟分项法），但每一分项由工料测量师赋予近似工程量，投标人按近似工程量投标。工程量清单中的数量为暂定数量，不作为合同文件的一部分（但可作为中期付款的参考），在竣工决算时，所有合同文件中的数量均需重新测量。而承包人所报单价作为合同单价，为中期付款及竣工决算的依据。该种合同方式适用于部分设计工作已完成，估计的工程量有一定的可靠性。其最大的优点就在于设计和施工可搭接，而其缺点在于投标人考虑到工程量的不确定性，可能在某些分项上抬高单价报价，即通常所说的不平衡报价的一种。该种合同方式在实际工作中用得比较多。

需说明的是，在实际中并不一定仅仅采用某一种合同方式或工程量清单形式，而是根据实际情况采用一种或两种及以上相结合的方式。例如，根据设计的详尽程度，在大部分项目上采用根据工程量清单编制的合同总价，工程量为确定数量。但由于招标时某些项目的工程量还不能完全确定，或由于其他原因，此项目可采用暂定数量，即工程量清单采用确定数量和暂定数量相结合的方式。

9.5.3 装饰工程合同价格风险分析

采用不同的合同形式及不同形式的工程量清单，承包人和发包人所承担的责任不一样，各方获得的利益存在差异，同时他们承担的风险也不一样。一般来说，根据图纸及技术规范确定的总合同，承包人所承担的风险最大，考虑到不确定因素，其在报价过程中可能会抬高某些项的报价。而造价加百分比酬金合同，承包人承担的风险最小，发包人则承担大部分风险。

9.6 装饰工程施工合同

装饰工程施工承包合同是发包方（或称甲方）与承包方（或称乙方）为完成合同中所指定的工程，明确双方的权利与义务的协议。按合同文件的基本要求，承包单位应完成发包方所支付的工程项目，发包单位按规定支付工程款项。项目合同受中华人民共和国法律的约束，按中华人民共和国法律解释。

9.6.1 合同文件的内容

招标过程的公开、公平、公正的重要性体现在合同文本与招标文件的一致性。如果招标文件与合同内容不一致，那就违背了“三公”原则，违背了市场公平交易规则，违背了法律制度。另一方面，招投标文件（包括相关的招投标书）是建设装饰工程合同订立的主要依据，也是合同的组成部分，这是同一性的基本要求。现行的《中华人民共和国招投标法》也十分明确，第46条规定：招标人和投标人应当自中标通知书发出之日起30日内，按照招标文件和中标人的投标文件订立书面合同，招标人和中标人不得再行订立背离合同实质性内容的其他协议。

从项目招标工作开始，到中标通知书确认，全部合同文件包括以下内容。

1. 中标通知书

中标通知书是一份简要概括招标工程内容、工程要求及投标人投标报价情况的函件。该函件经招标人和投标人双方签字确认后，在合同签订之前，起到承包协议的作用。因此，中标通知书已将招标人和投标人的关系提升为发包人与承包人的关系。

2. 合同协议书

合同协议书是发包人与承包人针对招标项目协议、约定内容的体现。将建筑装饰工程承包合同中与招标项目相关的本质性内容概括于此。如承包项目的基本内容、合同总价、工程款支付程序、合同工期、保修期、违约罚款、履约保证、合同的签署地点与时间等。

3. 合同条件

合同条件是合同文件中的通用条款，是招标文件的重要组成部分，对发包人与承包人的责任义务等做详细的规定，对现场管理工程程序、索赔处理程序、突发事件处理程序等都做明确阐述。

4. 投标须知

投标须知是阐述招标人工程项目招标指导思想的招标文件。规定招标工程的程序、内容、投标报价方法等，因此投标人投标报价是最应仔细审阅的内容。

5. 工程说明

详细介绍招标工程项目的情况、招标的范围及内容等，以及招标人对该工程项目发展的基本要求的招标文件。

6. 工程量计算规则

标明工程清单的编制依据，也是施工过程中发生设计变更或现场签证等事项时，计算工程量的标准文件。

7. 工程技术规范

规定工程项目应达到的质量标准或要求的文件。

8. 投标报价书

投标人对投标文件高度概括性内容。主要包括投标总价、总工期及投标文件的有效期承诺等。

9. 填妥的工程量清单

填妥的工程量清单包含单价、合价及总价的工程量清单，在工程进度款支付、设计变更及承包工程结算等时使用。

10. 施工组织设计（技术文件）

阐明施工过程的组织、管理、措施等技术及工艺过程的文件。在工程实施过程中，承包人须遵守执行的内容。由于施工现场的情况千变万化，施工组织方案经常会发生变化。一般来说，发包人若要求采取代价更高的施工方案都可以进行索赔，但实际工作中，承包人对它的重视程度远不如对分部分项工程。

11. 从招标工作开始到结束双方一切往来函件

招投标过程中招标人和投标人之间的往来函件是合同文件的重要组成部分，这些函件一般涉及对招标文件的解释、说明、补充等。

12. 招标图纸

招标图纸是合同清单工程数量的计算依据之一，也是后期工程变更、现场签证及工程结算的重要依据。

9.6.2 签订合同注意的问题

建筑装饰工程施工是建筑产品生产的最后实施阶段，具有投资大、周期短、涉及面广、管理难度大的特点。所以签订好建筑装饰工程施工合同，无论对发包人还是对承包人都是非常重要的。由于招投标的时间非常短，招投标过程中有些问题可能会没有澄清或遗漏，那么订立工程合同前，一定要尽可能统一明确，避免双方的合法权益受到损伤。

1. 合同效力的审查与分析

（1）当事人资格审查。无论是发包人还是承包人，必须具有发包与承包工程、签订合同的资格，即具备相应的民事权利能力和民事行为能力。有些招标文件或当地法规对外地承包商有一些特殊的规定，如在当地注册、获取许可证等。根据我国法律规定，承包人要承包工程不仅必须具备相应的民事权利能力（营业执照、许可证等），还应具备相应的民事能力（资质等级证书等）。

（2）工程项目合法性审查。即合同客体资格的审查。主要审查工程项目是否具备招投标及签订合同的一切条件，包括：是否具备工程项目建设所需的各种批准文件、工程项目是否已经列入年度计划等。

（3）合同签订过程的审查。招标人是否有规避招标行为和隐瞒工程真实情况的现象；投标人是否有串通作弊、哄抬标价或以行贿的手段谋取中标的情况；招标代理机构是否有泄漏应当保密的与招投标活动有关的情况和资料的现象，以及其他违背公开、公平、公正原则的行为。

（4）合同内容合法性的审查。主要审查合同条款和所指的行为是否符合法律规定，如分包转包的规定、劳动保护的规定、环境保护的规定、赋税和免税的规定等。

2. 合同的完备性审查

根据我国合同法规定，合同应包括合同当事人、合同标的、标的的数量和质量、合同价款或酬金、履行期限、履行地点和方式、违约责任和解决争议的方法等内容。由于建设装饰工程的工程活动多、涉及面广，合同履行中不确定因素多，从而给合同履行带来很大风险。如果合同不够完备，就有可能给当事人造成重大损失。因此，必须对合同的完备性进行审查。

3. 合同条款的公正性审查

公平公正、诚实信用是我国合同法中最基本的规定，当事人在签订合同和履行合同过程中，都应严格遵守。在实际操作中，由于建筑装饰市场的竞争异常激烈，合同的起草权掌握在招标人手中，招标阶段承包人只能处于被动地位，因此发包人所提供的合同条款往往很难达到公平公正的程度。所以，承包人应逐条审查合同条款是否公平公正，对明显有问题的条款，在合同谈判时，应通过寻找合同漏洞，向发包人提出合理化建议及利用发包人澄清合同条款或进行变更调整的机会，力争使发包人对合同条款做出相应公平公正的修改。同时，发包人也应认真审查承包人提供的投标文件，分析投标报价中有无违背诚实信用原则的现象。特别是承包人投标书中对报价说明的内容，以及施工组织设计是否合理等，其中有些内容为承包人今后的索赔行为埋下伏笔。

4. 承包范围及内容的审查

合同文件中关于承包范围或内容的规定是非常复杂的。特别是在发包人将工程项目分块切割的比较细，从而出现多个指定分包人或独立分包人的情况下，对合同范围及内容的界定更加困难。因此，招标文件中出现一些含糊不清的条款也是有可能的。经常发生的问题如下所述。

(1) 因工作范围及内容的规定不明确或承包人未能正确理解而出现报价漏洞，从而导致成本增加甚至整个项目出现亏损。

(2) 由于工作范围不明确，对一些合同文件应包括的工程量没有进行计算而导致施工成本上升。

(3) 对建筑装饰材料的规格、型号、质量等级要求、技术标准文字表达不清，从而在实施过程中产生合同纠纷。

5. 权利和义务的审查

从大的方面来说，合同应公平、公正、合理地规定双方的权利和义务。容易忽视的是，合同当事人的权利和义务是否具体、详细、明确，责任范围界定是否清晰等。如对不可抗力的界定很容易忽略。“不可抗力”是一个法律术语，按照我国《中华人民共和国民法通则》和《中华人民共和国合同法》等法律的定义，不可抗力是指不能预见、不能避免并且不能克服的客观情况，包括自然现象和社会现象两种。《中华人民共和国民法通则》第107条规定，“因不可抗力不能履行合同或者造成他人损害的，不承担民事责任”;《中华人民共和国合同法》第117条规定，“因不可抗力不能履行合同的，根据不可抗力的影响，部分或者全部免除责任”。从这些规定可以看出，不可抗力是关于违约责任和侵权责任的一种免责抗辩权，通俗地说，就是一种当事人主张免除责任的法定理由。所以，必须对合同的权利和义务进行审查。

6. 工期和施工进度计划的审查

工期的长短直接与承发包双方的利益相关。对发包方来说，工期过短，不利于工程质量，还会造成成本增加；工期过长，则影响正常使用。因此，发包人在审查合同时，应当综合考虑工期、质量、成本三者的制约关系，以确定合同工期；对承包方来说，应当认真分析自己能否在发包人规定的工期内完成工程施工，以及为确保既定的工期目标，需要发包人应提供什么配合或条件。

7. 工程款及支付问题的审查

工程价款是施工承包合同中的关键性条款，一般容易发生约定不明确或设有不定的情况，往往为日后争议和纠纷的发生埋下隐患。发包人与承包人之间发生的争议、仲裁或诉讼，大多集中在工程款的支付问题上，承包工程的风险和利润也最终在工程款支付过程中体现出来。因此，无论发包人还是承包人，都应该认真研究与工程款支付相关的问题。

8. 违约责任的审查

签订违约责任条款的目的在于使合同双方严格履行合同的义务，防止违约行为的发生。发包人拖欠工程款、承包人不能保证工程质量或不能按期完工，均会给对方及第三者带来不可估量的损失。因此，违约责任必须具体、完整、明确、公平等。

9. 总承包合同中发包人、总承包人和分包人的责任及相互关系审查

尽管发包人与总承包人、发包人与独立分包人、总承包人与分包人（包括指定分包人）之间订有总承包合同和分包合同（或指定分包合同），法律对发包人、总承包人及分包人各自的责任和相互关系也有原则性规定，但实践中仍常常发生分包人不能接受总承包人的监督，发包人直接向分包人支付工程款从而造成总承包人难以管理的现象。因此，在总承包合同中应当将各方责任和关系具体化，便

于操作，避免纠纷。

10. 关于设计变更及现场签证的有关规定的审查

工程施工承包合同中最常见的纠纷就是对工程款支付、工程价格的调整或计算的争议。由于任何工程在施工过程中都不可避免地发生设计变更、现场签证和材料差价等问题，所以均难以真正的“一次性包死，不作调整”。合同中必须对价款调整的范围、程序、计算依据和设计变更、现场签证、材料价格的签发、确认作出明确规定。

11. 质保金的处理问题

建筑装饰工程承包合同中约定的“质保金”有两种不同的含义，其一是指质量保修金，其二是指质量保证金。质量保修金是指发包人与承包人在合同约定，工程竣工验收交付使用后，从应付的工程款中预留的用以维修工程在保修期内和保修范围内出现的质量缺陷的资金。而质量保证金是指承包人根据发包人的要求，在装饰工程承包合同签订之前，预先支付给发包人用以保证施工质量的资金。所以，工程施工质量保修金与施工质量保证金是两个概念，虽有一字之差，但两者的法律属性却截然不同。

9.6.3 办理签约手续

签订合同前，还必须办理好履约保函和各项保险手续。

1. 履约保函

履约保函是承包人通过银行向发包人开具的保证在合同执行期间按合同规定履行其义务的经济担保书。保函金额一般为合同总额的5%～10%。履约保函的担保责任，主要是担保投标人中标后，按照合同规定，在工程全过程按时按质量履行其义务。若发生下列情况，发包人有权凭履约保函向银行索取保证金作为赔偿。

(1) 施工过程中，承包人中途毁约，或任意中断工程，或不按规定施工。

(2) 承包人破产、倒闭。

履约保函的有限期限从提交履约保函起，到项目竣工并验收合格止。如果工程拖期，不论何种原因，承包人都应与发包人协商，并通知银行延长保函有限期，防止发包人借故提款。

2. 需办理的保险手续

(1) 建筑装饰工程一切险和第三者责任险，一般来说均有发包人投保。这两项保险须包括发包人、承包人连同发包人所委托的其他分包人为被保险人，并包含有“交叉责任”条款，说明承包人同意放弃向个别被保险人追付赔偿的权利。

第三者责任险符合以下要求：保险单内第三者责任险部分承担被保险人因与本工程有关或本工程进行期间发生的法律责任、费用及索赔。该保险在施工期间及保修期内维持有效；每次事故的赔偿限额在保险单中也有规定及保险期内总额无限；承包人须负责保险单的免赔额，每次事故的免赔额按保险书中规定，有关免赔额大小的影响与工程一切险的免赔额相同。

(2) 工人保险。承包人雇员的损伤或死亡保险由承包人自行投保。另外，承包人自行采购的物料在送抵工地前的损失或破坏，承包人须另外投有和维持所需的保险。

本章小结

本章主要介绍了装饰工程招投标的含义及特点，招标人与投标人应具备的条件，工程量清单招投标的基本方法，以及装饰工程招投标程序、合同文件包含的内容与签订合同时注意的问题。

思考题

1. 招投标的含义及特点是什么?
2. 招标人与投标人应具备什么条件?
3. 工程量清单计价在招投标中的作用是什么?
4. 工程量清单招投标的基本方法是什么?

5. 简述装饰工程招标和投标的程序。

6. 合同文件包含哪些内容?

7. 签订合同时应注意哪些问题?

【推荐阅读书目】

[1] 郭东兴，林崇刚. 建筑装饰工程概预算与招投标［M］. 广州：华南理工大学出版社，2010.

[2] 张毅. 装饰装修工程概预算与工程量清单计价［M］. 哈尔滨：哈尔滨工业大学出版社，2010.

【相关链接】

1. 中国工程预算网（http：//www.yusuan.com）
2. 建设部中国工程信息网（http：//www.cein.gov.cn）
3. 中国建设工程造价管理协会（http：//www.ceca.org.cn）

第10章

居室装饰工程报价及相关文件

【本章重点与难点】

1. 居室装饰工程分项综合单价（重点）。

2. 居室装饰装修合同条款的内容（重点）。

3. 居室装饰工程预算报价实例（难点）。

居室装饰装修工程内容复杂，以人为本、个性化突出，施工工艺多样。因此，各省、直辖市、自治区为了稳定家居装饰装修工程价格，有利于做好家居装饰装修工程，在宏观调控前提下，本着优质优价的原则，根据市场行情所形成的价格。

家居装饰装修工程报价分为分项综合单价和单元综合报价，分项综合单价分包工包料、包工包部分材料（辅料）和包人工费（包清工）三种承包方式，根据家居装饰装修具体情况双方协商选择；单元综合报价，提供业主投资估算、资金准备和施工单位投标报价参考使用。

本章内容主要是参考《北京市家庭居室装饰装修工程参考价格》编写的。此参考价的内容项目为家装工程的常用项目，不能全部涵盖，若遇到缺项可与本地区有关建筑装饰工程预算定额配套使用。

10.1 分项工程综合单价的制订

居室装饰装修工程项目的价格，应符合各地区的自然条件和经济状况，并结合所用装饰材料、工艺做法、工作内容以及本地区的建设工程预算定额进行制订。下面主要以北京市建筑装饰协会家装委员会2008年修订的《北京市家庭居室装饰装修工程参考价格》为例，介绍家庭居室装饰工程分项综合单价的确定和设计取费标准。

10.1.1 分项工程综合单价编制说明

（1）本参考价是在宏观调控的前提下，经过对市场材料行情的调研，参照本市建设工程预算定额中的定额量、按照市场价，以新材料、新工艺、新技术进行编制的，并经专家审核定稿。

（2）本参考价旨为在市场经济运行中提供消费者明明白白消费的参考值，该价格不作为指定装饰公司的指令性价格。

（3）本参考价中所列项目仅为家装工程中常用的、有共性的项目，其个性化的装修设计工程内容较为复杂，其参考价的内容无法一一涵盖。

（4）本参考价内容包括：地面工程，顶棚工程，隔断及贴砖工程，涂饰工程，门窗、细木制品工程，电路工程，水路工程，拆除及其他项目工程，共八章82个子目。

（5）本参考价的编制中，分为普通装饰和高级装饰两种。其中普通装饰和高级装饰参考价格，将分别按 DBJ/T01—43—2003《家庭居室装饰工程质量验收标准》和 DBJ/T01—27—2003《高级建筑装饰工程质量验收标准》两个标准验收工程。

注：执行《高级建筑装饰工程质量验收标准》（以下简称高标）的工程，应具备以下条件。

(1) 普通、高级参考价格主要区分于验收标准不同。

(2) 执行高标的工程，要与装饰公司在装修合同中进行明确约定，注明执行高标，并经双方确认预算报价后，方可按高标验收工程。施工工艺应按照《高级建筑装饰工程质量验收标准》进行施工，并达到验收要求。

(3) 装修工程的单方造价应达到 2000 元/m^2 以上。

(4) 高科技复合型材料及多功能、智能化、人性化的新型材料已是市场发展趋势，这些材料、设备，目前还无法编制指导性价格，如有发生，甲乙双方协商定价。

(6) 本参考价中，综合了装修管理费和税金、人工费、材料费、利润等费用。因此，管理费和税金两项费用不再另行收费。

(7) 本参考价中人工工日不分工种，各技术等级一律以综合工日表示。

(8) 本参考价中所使用的装饰材料均按环保材料考虑。

(9) 工程量计算规则，在参考价格的工程量和造价计算规则一栏中有明确说明。如遇缺项时可参考本市建设工程预算定配套使用。

(10) 根据市场变化，甲乙双方在签订合同时要根据各自不同的实际情况协商定价。

10.1.2 装饰装修设计规范与取费

1. 设计规范要求

(1) 设计图纸应符合《北京市建筑装饰装修工程设计制图标准》。

(2) 家装设计必须保证建筑物的结构安全。

(3) 家装设计要满足《民用建筑工程室内环境污染控制规范》的要求。选材应符合《室内装饰装修材料有害物质限量》的标准。

(4) 家装设计内容应包括：室内顶面、墙面、地面、非承重分隔墙面的装饰设计，家具、灯具、帷帘、织物、陈设、绿化园艺布置、室内各种饰物造型的设计。

2. 设计师责任

家装设计师对所承接的家装工程设计负责，其职责是：取得委托设计的依据，方案设计前的资料准备工作，方案设计，施工图设计，技术交底和答疑，设计变更，处理在施工过程中出现的有关图纸内容中一切技术性问题并参加竣工验收。

(1) 设计说明书。根据业主的委托进行家装工程设计构思及设计内容和图面表示而选用的材料所作的工程预算。工程预算或合同工程造价要根据《家装工程预算参考价》，结合市场的人工工资、材料价格的实际情况进行编制。在工程报价单中每项工程子目都要附有材料和工艺说明，同时附工程材料使用一览表。

(2) 图纸范围依据实测图纸按一定比例进行设计。

3. 方案图设计要求

(1) 平面布置图。注明图内设计的各种物件与建筑之间的尺寸，物件自身的尺寸。所注尺寸之和应与总图纸尺寸相符。

(2) 顶棚平面图。注明顶棚内灯具位置布置尺寸，顶棚变化部位尺寸。

(3) 主要剖面图。要按建筑标高绘制装修剖面图，注明所剖部分尺寸，尺寸总和与整体建筑标高相符。

(4) 主要立面图。图中注明所设计内容、形式的主要尺寸。

(5) 主要部位效果图。

(6) 家装工程设计方案。附室内空气污染控制达标预评价计算书。

(7) 提供材料样品。

1) 依据方案及效果图的设计，主要装饰材料应附样品或彩色照片，注明规格、型号、材质等。

2）电气设备及灯具选用应有样本及规格、型号和质量说明。

3）纺织品：各种室内设计选用的帘、罩、巾类纺织品材料，样品要注明使用范围、规格、花色、质量和阻燃等级。

4）选用的厨房设备、卫生洁具要注明生产厂家、产品说明书和型号、规格、色彩。

5）图纸及材料装订：方案图、效果图及材料样品、产品说明书等用统一规格的纸板装订成册。装订封面要详细注明工程名称、设计单位名称、单位负责人、项目设计师、日期。

4．施工图设计要求

依据方案图的平、立、剖面图和结构、水、暖、电专业图纸及配线要求、有关技术资料详细绘制施工图。施工图设计阶段的设计要求如下。

（1）平面图。注明地面使用的材料、材料的尺寸、做法、详图索引必须准确；注明地面上不动和可动物件与地面的关系，做法、索引详图必须准确。

（2）顶平面图。

1）顶棚布置形式、龙骨排列图、表面装饰材料的使用、详图索引必须明确。

2）灯具的布置和使用要按照电气图设计，注明灯具位置尺寸，灯具名称、规格及详图做法。

3）装饰物件的悬挂位置：注明悬挂物件与建筑结构的关系、做法及节点详图。

（3）剖面图。

1）标明室内建筑标高，注明所剖部位吊顶高度，灯具灯槽悬挂物的高度尺寸。

2）所剖部位材料做法、节点详图。

（4）立面图。注明立面图上设计物件与地面或顶棚的尺寸和物体自身的尺寸。

（5）水、暖、电专业图纸的设计符合专业设计规范的要求，竣工后要绘制竣工图。

（6）门窗。注明门窗的种类、开启方式、规格、表面色彩、五金件名称、安装节点详图。

（7）设计制作室内家具。

1）设计尺寸符合人体工程学的要求，符合国际颁发的有关家具设计规范。

2）设计制作的家具要有平、立、剖面及节点详图。

3）注明使用材料的名称、色彩及做法要求。

（8）卫生间。

1）卫生洁具的布置：注明尺寸、颜色、型号及安装做法和节点详图。

2）注明防水材料和做法。

3）注明排气口材料和做法。

4）注明墙面、地面材料的分格尺寸和做法。

5）注明镜面、五金件、电气设备的位置、尺寸及节点详图做法。

（9）防火。

1）室内装饰设计必须遵守有关建筑防火规范，对防火设施及设备的装饰必须首先满足使用方便、开启顺利的要求。

2）装饰材料应使用耐燃或不燃材质，木制品必须涂刷防火涂料。

3）电气设计必须注明防火，顶棚及物件内的电气配件注明防火的外护材料。

（10）室内环保设计。

1）必须满足中华人民共和国住房和城乡建设部颁发的民用建筑工程室内环境污染控制规范的要求。

2）家装设计必须对室内环境污染物含量进行预评价，并做出预评价计算书，评价达标后方可进行施工。

3）装饰装修设计选材：要求材料必须符合国家质检总局颁布的室内装饰装修材料挥发有害物质限量强制性的国家标准。

5. 设计费取费标准

（1）凡持有北京人事局颁发的建筑装饰设计等级职称证书和北京市建筑装饰协会颁发的设计师从业资格等级证书的设计人员，对家装工程进行设计可收取设计费。

（2）设计费按居室装饰工程的套内面积和设计师从业资格等级的高低进行计取。

设计费标准：初级职称 20～40 元/m^2；中级职称 40～60 元/m^2；高级职称 60～80 元/m^2。在此范围内由设计单位自行掌握，如遇到技术含量过高或有特殊要求的设计，其设计费由企业根据具体内容进行调剂。

6. 设计师岗位资格

为了规范家庭居室装饰装修设计人员队伍，充分发挥家装设计人员的积极性，提高家装设计人员的专业水平，促进家装设计水平的提高，在全行业实行设计持证上岗制度。具有岗位资格的设计师应在《北京家庭居室装饰装修设计服务规范及取费标准（试行初级、中级、高级）》的要求下进行从业。

10.2 居室装饰装修工程参考价格

本居室装饰装修分项工程参考价格共计 8 大工程 80 个子目。

10.2.1 地面工程

地面工程共计 13 个子目，其具体内容见表 10－1。

表 10－1　　地 面 工 程

编号	项目	工艺标准	单价（元）	单位	工程量和造价计算规则	工 艺 做 法
1－1	地板铺装（木龙骨衬底）	普通	160.50	m^2	（1）工程量按图示尺寸，以 m^2 计算。（2）参考价内含木龙骨刷三防涂料。如使用高档或甲方指定材料时，价格另议	（1）约 30mm×40mm 规格的木龙骨，净面后刷三防涂料（防腐、防火、防虫蛀）。（2）木龙骨衬底铺装实木地板（榫接或地板专用钉固定），地板与墙面留 10mm 伸缩缝。（3）实木地板及另行放置防潮、防虫剂由甲方提供
		高级	215.00	m^2		
1－2	地板铺装（复合木地板）	普通	33.00	m^2	工程量按图示尺寸，以 m^2 计算。如使用高档或甲方指定材料时，价格另议	（1）甲方提供复合地板及防潮垫。（2）在防潮垫上铺装复合地板与墙面保留 10mm 伸缩缝
		高级	46.00	m^2		
1－3	木地台	普通	189.00	m^2	（1）工程量按铺装的面积，以 m^2 计算。（2）地台上面层做法另计。如使用高档或甲方指定材料时，价格另议	（1）约 30mm×35mm 规格的木方做木龙骨架，龙骨刷三防涂料，上铺大芯板。（2）高度≤200mm
		高级	265.00	m^2		
1－4	地面水泥砂浆找平层	普通	36.00	m^2	（1）工程量按房间净面积，以 m^2 计算。（2）如找平层厚度超过 30mm 时，每增加 10mm，增加 10 元/m^2。如超过 50mm 时，需先做垫层，再做找平以保证质量，但垫层价格另计	（1）原地面清扫刷浆处理，水泥砂浆找平、抹平、压实。（2）找平厚度应≤30mm。（3）水泥抹光地面需先凿毛处理，凿毛价格另计
		高级	49.50	m^2		

续表

编号	项目	工艺标准	单价（元）	单位	工程量和造价计算规则	工 艺 做 法
1-5	地面铺地砖	普通	55.00	m^2	（1）工程量按图示尺寸，以 m^2 计算。 （2）如采用专用勾缝剂时。由甲方提供。 （3）斜铺、圈边时价格调增。 如用高档材料或有规格差异时，价格另议	（1）清扫原地面，进行凿毛处理（不包括特殊基层处理）。 （2）水泥砂浆基底，32.5 普通硅酸盐水泥、中砂，用白水泥嵌缝。 （3）甲方提供地砖，规格≤600mm
		高级	76.00	m^2		
1-6	地面铺石材	普通	85.00	m^2	（1）工程量按图示尺寸，以 m^2 计算。 （2）白水泥勾缝，如采用专用勾缝剂时，由甲方提供。 （3）斜铺、圈边时价格调增。 如用高档材料或有规格差异时，价格另议	（1）清扫原地面，进行凿毛处理（不包括特殊基层处理）。 （2）水泥砂浆基底，32.5 普通硅酸盐水泥、中砂，石材背面挂胶抹水泥素浆粘贴（浅色石材用白水泥）。 （3）甲方提供石材，规格≤600mm ×600mm
		高级	127.50	m^2		
1-7	拼花理石铺装	普通	170.00	m^2	（1）工程量按实铺面积，以 m^2 计算。 （2）如采用专用勾缝剂时，价格另议。 如使用高档材料或有特殊处理，价格另议	（1）甲方提供加工成型的拼花大理石，每组面积在 1.2m^2 以内。 （2）清扫原地面，进行凿毛处理（不包括特殊基层处理）。 （3）刷界面剂，水泥砂浆垫底（32.5 普通硅酸盐水泥、中砂），石材背面挂胶抹水泥素浆粘贴（浅色石材用白水泥）
		高级	250.00	m^2		
1-8	阳台轻质垫层	普通	125.00	m^2	工程量按实际铺垫的面积，以 m^2 计算	（1）铺垫加气混凝土碎块，高度不大于 150mm。 （2）加气混凝土碎块上铺填水泥砂浆并找平。 （3）如按设计要求铺设面层，价格另计
		高级	170.00	m^2		
1-9	铺嵌卵石	普通	125.00	m^2	（1）工程量按实铺面积，以 m^2 计算。 （2）如铺拼艺术图案或甲方另有要求时，价格另议	（1）清扫原地面，进行凿毛处理（不包括特殊基层处理）。 （2）刷界面剂，水泥砂浆垫底（32.5 普通硅酸盐水泥、中砂）。 （3）排铺简单图案，甲方提供卵石。 （4）卵石上刷清漆
		高级	180.00	m^2		
1-10	贴瓷砖踢脚线（清工、辅料）	普通	25.50	m	（1）工程量按房间周长，以延长米计算。 （2）如采用专用勾缝剂时，由甲方提供（或每米增加 2.50 元）。 如用高档材料或有特殊处理时，价格另议	（1）不含主材，含辅料。 （2）含基层处理（凿毛），不含原踢脚线拆除。 （3）水泥砂浆粘贴踢脚线
		高级	38.00	m		
1-11	贴石材踢脚线（清工、辅料）	普通	36.50	m	（1）工程量按房间周长，以延长米计算。 （2）如采用专用勾缝剂时，由甲方提供（或每米增加 3.00 元）。 如用高档材料或有特殊处理时，价格另议	（1）不含主材，含辅料。 （2）含基层处理（凿毛），不含原踢脚线拆除。 （3）水泥砂浆粘贴踢脚线
		高级	50.00	m		

续表

编号	项目	工艺标准	单价（元）	单位	工程量和造价计算规则	工 艺 做 法
1-12	实木踢脚线安装（清工、辅料）	普通	43.00	m	（1）工程量按房间周长，以延长米计算。 （2）如踢脚线为素板，油漆价格另议。 如用高档材料或有特殊处理时，价格另议	（1）含基层清理，不含原踢脚线拆除。 （2）甲方提供油漆实木踢脚线，线高≤80mm。 （3）墙面打孔下木塞（点抹胶），装钉实木踢脚线
		高级	58.00	m		
1-13	地板龙骨刷三防涂料	普通	50.00	m^2	（1）工程量面积，以 m^2 计算（同地板面积）。 （2）施工前应对此项内容进行明确约定	地板龙骨及大芯板（单面）均刷三防涂料
		高级	66.50	m^2		

10.2.2 顶棚工程

顶棚工程共计12个子目，其具体内容见表10-2。

表10-2 顶 棚 工 程

编号	项目	工艺标准	单价（元）	单位	工程量和造价计算规则	工 艺 做 法
2-1	木龙骨石膏板吊顶（平顶）	普通	145.50	m^2	（1）工程量按房间净面积，以 m^2 计算。 （2）含木龙骨刷三防涂料。 （3）层高超过2.70m时，价格调增	（1）木龙骨刷三防涂料。龙骨用膨胀螺栓固定，栓距≤600mm。 （2）石膏板为9mm龙牌纸面石膏板，用蘸有清漆或乳蜡的自攻螺钉固定，钉帽点刷防锈漆。 （3）石膏板接缝处填嵌石膏贴绷带
		高级	195.00	m^2		
2-2	轻钢龙骨石膏板吊顶（平顶）	普通	160.50	m^2	（1）工程量按房间净面积，以 m^2 计算。 （2）层高超过2.70m时，价格调增	（1）轻钢龙骨吊件吊平顶，膨胀螺栓固定，栓距≤600mm。 （2）石膏板为9mm龙牌纸面石膏板，用蘸有清漆或乳蜡的自攻螺钉固定，钉帽点刷防锈漆。 （3）石膏板接缝处填嵌石膏贴绷带
		高级	208.00	m^2		
2-3	木龙骨石膏板吊顶（造型直线吊顶）	普通	225.80	m^2	（1）工程量按展开面积以 m^2 计算。 （2）含木龙骨刷三防涂料。 （3）层高超过2.70m时，价格调增	（1）木龙骨刷三防涂料。龙骨用膨胀螺栓固定，栓距≤600mm。 （2）石膏板为9mm龙牌纸面石膏板，用蘸有清漆或乳蜡的自攻螺钉固定，钉帽点刷防锈漆。 （3）石膏板接缝处填嵌石膏贴绷带
		高级	298.50	m^2		
2-4	木龙骨石膏板吊顶（造型曲线吊顶）	普通	275.50	m^2	（1）工程量按展开面积，以 m^2 计算。 （2）含木龙骨刷三防涂料。 （3）层高超过2.70m时，价格调增	（1）木龙骨刷三防涂料。龙骨用膨胀螺栓固定，栓距≤600mm。 （2）石膏板为9mm龙牌纸面石膏板（用蘸有清漆或乳蜡的自攻螺钉固定），造型处局部采用多层板或大芯板。 （3）石膏板接缝处填嵌石膏贴绷带，固定石膏板的钉帽点刷防锈漆
		高级	370.00	m^2		
2-5	木龙骨石膏板吊顶灯槽	普通	75.00	m	（1）工程量按灯槽长度，以延长米计算。 （2）灯槽宽度≤150mm。 （3）层高超过2.70m时，价格调增	（1）木龙骨刷三防涂料。龙骨用膨胀螺栓固定，栓距≤600mm。 （2）石膏板为9mm龙牌纸面石膏板，造型处局部采用多层板或大芯板（用蘸有清漆或乳蜡的自攻螺钉固定）。 （3）石膏板接缝处填嵌石膏贴绷带，固定石膏板的钉帽点刷防锈漆
		高级	105.00	m		

续表

编号	项目	工艺标准	单价（元）	单位	工程量和造价计算规则	工 艺 做 法
2-6	吊顶木龙骨刷三防涂料（防火、防腐、防虫处理）	普通	45.00	m^2	（1）工程量按吊顶展开面积，以 m^2 计算。（2）施工前应对此项内容在吊顶项目中明确约定	吊顶木龙骨刷三防涂料
		高级	60.00	m^2		
2-7	木桑拿板吊顶刷清漆	普通	225.00	m^2	（1）工程量按展开面积，以 m^2 计算。（2）木龙骨刷三防涂料。（3）如使用刷清漆板条时价格酌减。（4）层高超过 2.70m 时，价格调增如使用高档材料或有特殊处理，价格另议	（1）甲方提供木桑拿板条素板。（2）木龙骨衬底，刷三防涂料，桑拿板条饰面。（3）板面油漆打磨成活
		高级	298.00	m^2		
2-8	塑钢板吊顶（条形）	普通	138.00	m^2	（1）工程量按面积，以 m^2 计算。（2）价格中含国产塑钢板，边角收口条及配件。如使用高档材料时，价格另议	（1）木龙骨固定。（2）条形塑钢板及边条安装
		高级	186.00	m^2		
2-9	铝扣板吊顶（长条形）	普通	195.50	m^2	（1）工程量按面积，以 m^2 计算。（2）价格中含国产铝扣板，边角收口条及配件。如使用高档材料时，价格另议	（1）吊顶龙骨安装。（2）条形铝扣板及边条安装
		高级	270.00	m^2		
2-10	铝扣板吊顶（方形板）	普通	228.00	m^2	（1）工程量按面积，以 m^2 计算。（2）价格中含国产铝扣板，边角收口条及配件。如使用高档材料时，价格另议	（1）吊顶龙骨安装。（2）方形铝扣板及边条安装
		高级	298.50	m^2		
2-11	塑钢板吊顶（清工、辅料）	普通	42.50	m	（1）工程量按实际面积，以 m^2 计算。（2）甲方提供塑钢板，边角收口条及配件。如使用高档材料时，价格另议	含零星辅料及人工安装
		高级	57.00	m		
2-12	铝扣板吊顶（清工、辅料）	普通	65.50	m^2	（1）工程量按面积，以 m^2 计算。（2）甲方提供铝扣板，边角收口条及配件。如使用高档材料时，价格另议	含零星辅料及人工安装
		高级	85.50	m^2		

10.2.3 隔墙及贴砖工程

隔墙及贴砖工程共计 10 个子目，其具体内容见表 10-3。

表 10-3 隔墙及贴砖工程

编号	项目	工艺标准	单价（元）	单位	工程量和造价计算规则	工 艺 做 法
3-1	墙面贴瓷砖	普通	63.00	m^2	（1）工程量按图示尺寸，以 m^2 计算。 （2）如采用专用勾缝剂或彩色勾缝剂时，由甲方提供，参考价中不含 （3）如拼花、斜铺、有腰线时价格调增。 如使用高档材料或有规格差异时，价格另议	（1）原墙面清理凿毛，素灰拉毛。 （2）刷界面剂，水泥砂浆粘贴，白水泥擦缝。 （3）甲方提供瓷砖，规格 150mm≤边长≤450mm
		高级	88.00	m^2		
3-2	墙面贴瓷砖（小规格）	普通	75.50	m^2	（1）工程量按图示尺寸，以 m^2 计算。 （2）如采用专用勾缝剂或彩色勾缝剂时，由甲方提供，参考价中不含 （3）如拼花、斜铺、有腰线时价格调增。 如使用高档材料或有规格差异时，价格另议	（1）原墙面清理凿毛，素灰拉毛。 （2）刷界面剂，水泥砂浆粘贴，白水泥擦缝。 （3）甲方提供瓷砖，规格 100mm≤边长≤150mm
		高级	105.00	m^2		
3-3	厨卫包管道（水泥板）	普通	192.50	m^2	（1）工程量按展开面积，以 m^2 计算。 （2）面层处理费用另计	（1）轻钢龙骨骨架，单面封包水泥板。 （2）水泥板上挂丝网并抹水泥砂浆拉毛。 （3）如使用木龙骨时须做防腐处理。 （4）不含面层贴瓷砖
		高级	250.00	m^2		
3-4	厨卫包管道（轻质砖）	普通	125.50	m^2	（1）工程量按展开面积，以 m^2 计算。 （2）面层处理费用另计	（1）轻体转、32.5 普通硅酸盐水泥砂浆砌单墙。 （2）单面水泥砂浆打底。 （3）不含面层贴瓷砖
		高级	163.00	m^2		
3-5	轻钢龙骨双面石膏板隔墙	普通	205.50	m	（1）工程量按内墙间图示净长线乘以高度，以 m^2 计算。 （2）如贴岩棉时价格另计。 （3）面层刮腻子及刷漆另计	（1）75 轻钢龙骨骨架，双面封 12mm 厚纸面石膏板（双面单层）。 （2）石膏板接缝处填嵌缝石膏，贴绷带，自攻螺钉固定，钉帽点涂防锈漆
		高级	268.00	m		
3-6	墙面抹水泥砂浆找平	普通	38.50	m^2	（1）工程量按内墙间图示净长线乘以高度，以 m^2 计算。 （2）找平层厚度≤200mm	（1）原墙面基层凿毛处理。 （2）水泥砂浆抹灰（常规）
		高级	50.00	m^2		
3-7	阳台保温墙	普通	169.50	m^2	（1）工程量按实际面积，以 m^2 计算。 （2）采用石膏板或水泥板视面层做法而定。 （3）面层贴砖或刷漆另计	（1）木龙骨框架，内衬保温板（岩棉板或聚苯乙烯泡沫板≤5mm）。 （2）12mm 厚纸面石膏板或水泥板封面，钉帽点涂防锈漆。 （3）含木龙骨刷三防涂料
		高级	228.00	m^2		
3-8	包暖气立管（石膏板）	普通	140.50	m^2	（1）工程量按展开面积，以 m^2 计算。 （2）面层涂层另计	（1）75 轻钢龙骨骨架，面封 12mm 厚纸面石膏板。 （2）石膏板接缝处填嵌缝石膏，贴绷带，自攻螺钉固定，钉帽点涂防锈漆
		高级	188.00	m^2		

续表

编号	项目	工艺标准	单价（元）	单位	工程量和造价计算规则	工艺做法
3-9	包暖气横管（石膏板）	普通	145.80	m^2	（1）工程量按展开面积计算。 （2）面层涂层另计	（1）75轻钢龙骨骨架，面封12mm厚纸面石膏板。 （2）石膏板接缝处填嵌缝石膏，贴绷带，自攻螺钉固定，钉帽点涂防锈漆
		高级	196.00	m^2		
3-10	门窗洞口抹灰修整		28.50	m	（1）工程量按门窗洞口周长，以延长米计算。 （2）墙体厚度≤240mm，超过此厚度时，价格另计	（1）门窗拆除后剔除松动灰浆及水泥块并进行堵抹水泥修整。 （2）根据成品门要求进行修整

10.2.4 涂饰工程

涂饰工程共计10个子目，其具体内容见表10-4。

表10-4　　　　涂　饰　工　程

编号	项目	工艺标准	单价（元）	单位	工程量和造价计算规则	工艺做法
4-1	墙、顶面立邦漆（多乐士皓朗全效）	普通	60.00	m^2	（1）工程量按图示尺寸，以m^2计算。 （2）做门窗套时，扣除门窗面积，不做门窗套时扣除门窗面积的一半。 （3）每套房刷漆的颜色超过2种时，每增加1色费用另计。 如使用高档材料或甲方指定材料时，价格另议	（1）清理原墙面基底，铲除原墙面普通亲水性涂层。 （2）刷界面剂1遍，批刮耐水腻子2～3遍并打磨平整。 （3）刷立邦漆3遍（1底2面）。 （4）若遇到油漆、壁纸、喷涂等非亲水性涂层，铲灰皮等费用另计
		高级	78.50	m^2		
4-2	墙、顶面立邦漆（清工、辅料）	普通	29.00	m^2	（1）工程量按图示尺寸，以m^2计算。 （2）做门窗套时，扣除门窗面积，不做门窗套时扣除门窗面积的一半。 （3）涂料由甲方提供。 如使用高档材料或甲方指定材料时，价格另议	（1）清理原墙面基底，铲除原墙面普通亲水性涂层。 （2）刷界面剂1遍，批刮耐水腻子2～3遍并打磨平整。 （3）刷立邦漆3遍。 （4）若遇到油漆、壁纸、喷涂等非亲水性涂层，铲灰皮等费用另计
		高级	40.00	m^2		
4-3	墙面贴壁纸	普通	38.50	m^2	（1）工程量按图示尺寸，以m^2计算。 （2）壁纸和壁纸胶由甲方提供。 （3）如使用高档材料时，价格另议	（1）清理原墙面基底，刷界面剂，批刮耐水腻子并打磨平整。 （2）打磨后刷清漆。 （3）贴壁纸，参照厂家的处理要求施工
		高级	52.00	m^2		
4-4	墙顶贴的确良或玻纤布（防裂处理）	普通	13.80	m^2	（1）工程量按面积，以m^2计算。 （2）面层涂料价格另计	（1）墙面基层清理。轻体墙及抹灰墙等基层差的墙体应选择防裂处理。 （2）打磨平整后贴的确良布或玻纤网格布
		高级	17.50	m^2		
4-5	旧门窗刷混油漆（钢门窗）	普通	32.00	m	工程量按门窗框外围尺寸，以m^2计算	（1）原门窗砂纸打磨清理。 （2）清洁面层后刷漆
		高级	43.50	m		
4-6	旧木制品脱漆重新刷油漆（含木门窗）	普通	118.50	m^2	木制品按图示尺寸，木门窗按框外围尺寸，以m^2计算	（1）原有油漆面脱漆处理。 （2）砂纸打磨清洁面层。 （3）刷清漆打磨成活
		高级	175.00	m^2		

续表

编号	项目	工艺标准	单价（元）	单位	工程量和造价计算规则	工　艺　做　法
4-7	石膏角线安装（直型素线）	普通	19.50	m	（1）石膏线安装，以延长米来计算。 （2）层高超过2.7m及弧形石膏线安装价格另计。 （3）甲方指定品牌价格另计。 （4）线体涂层计入墙顶面涂料内	（1）石膏线宽≤10mm素线。 （2）快粘粉粘贴石膏线并补缝。 （3）修补打磨石膏线边棱及接头
		高级	25.50	m		
4-8	石膏角线安装（直型花线）	普通	24.80	m	（1）石膏线安装，以延长米来计算。 （2）层高超过2.7m及弧形石膏线安装价格另计。 （3）甲方指定品牌价格另计。 （4）线体涂层计入墙顶面涂料内	（1）石膏线宽≤10mm花线。 （2）快粘粉粘贴石膏线并补缝。 （3）修补打磨石膏线边棱及接头
		高级	33.00	m		
4-9	石膏角线安装高级（泛太平洋线）	普通	63.00	m	（1）石膏线安装，以延长米来计算。 （2）层高超过2.7m及弧形石膏线安装价格另计。 （3）甲方指定品牌价格另计。 （4）线体涂层计入墙顶面涂料内	（1）石膏线宽≤10mm素线。 （2）快粘粉粘贴石膏线并补缝。 （3）修补打磨石膏线边棱及接头
		高级	88.00	m		
4-10	石膏角线安装（清工）	普通	14.50	m	（1）石膏线安装，以延长米来计算。 （2）层高超过2.7m及弧形石膏线安装价格另计。 （3）甲方指定品牌价格另计。 （4）线体涂层计入墙顶面涂料内	（1）快粘粉粘贴石膏线并补缝。 （2）修补打磨石膏线边棱及接头
		高级	20.00	m		

10.2.5　门窗、细木制品工程

门窗、细木制品工程共计11个子目，其具体内容见表10-5和表10-6。

表10-5　　　　门窗、细木制品工程（一）

编号	项目	饰面材质	工艺标准	单价（元）	单位	工程量和造价计算规则	工　艺　做　法
5-1	木门套及哑口制作安装（双面贴脸线刷油漆）	混油	普通	155.00	m	（1）工程量按门框的周长，以延长米计算。 （2）墙体厚度≤240mm，如果超过或造型时，价格另计	（1）大芯板衬底，外贴饰面板，实木线条收口。 （2）贴脸线宽度≤55mm。 （3）打磨刷油漆成活
			高级	220.00	m		
		沙比利	普通	185.00	m	（1）工程量按门框的周长，以延长米计算。 （2）墙体厚度≤240mm，如果超过或造型时，价格另计。 （3）油漆如擦色漆时价格另计。 如使用高档材料时，价格另议	（1）大芯板衬底，外贴饰面板，用与饰面板同材质的实木线条收口。 （2）贴脸线宽度≤55mm。 （3）打磨刷油漆成活
			高级	265.00	m		
		泰柚木	普通	210.00	m		
			高级	298.00	m		
		樱桃木	普通	185.00	m		
			高级	265.00	m		
		胡桃木	普通	210.00	m		
			高级	298.00	m		

续表

编号	项目	饰面材质	工艺标准	单价（元）	单位	工程量和造价计算规则	工 艺 做 法
5－2	木窗套、单面门套制作安装（单面贴脸线刷油漆）	混油	普通	115.50	m	（1）工程量按门框的周长，以延长米计算。 （2）墙体厚度≤240mm，如果超过或造型时，价格另计	（1）大芯板衬底，外贴饰面板，实木线条收口。 （2）贴脸线宽度≤55mm。 （3）打磨刷油漆成活
			高级	170.00	m		
		沙比利	普通	138.50	m	（1）工程量按门框的周长，以延长米计算。 （2）墙体厚度≤240mm，如果超过或造型时，价格另计。 （3）油漆如擦色漆时价格另计。 如使用高档材料时，价格另议	（1）大芯板衬底，外贴饰面板，用与饰面板同材质的实木线条收口。 （2）贴脸线宽度≤55mm。 （3）打磨刷油漆成活
			高级	201.00	m		
		泰柚木	普通	170.50	m		
			高级	250.00	m		
		樱桃木	普通	155.00	m		
			高级	230.00	m		
		胡桃木	普通	170.50	m		
			高级	250.00	m		
5－3	木吊柜制作安装油漆	混油	普通	520.00	m	（1）吊柜按长度，以延长米计算，不足1m的按1m计算。 （2）柜体厚度≤500mm，高度≤550mm。 （3）柜内刷油漆时，价格另议。 （4）五金件由甲方提供	（1）柜体框架大芯板，内衬背板（厚度为9mm胶合板）。 （2）柜门大芯板龙骨衬底，贴饰面板，实木收边。 （3）内背板、侧板不贴饰面板，不刷油。 （4）刷混油打磨成活
			高级	675.00	m		
		沙比利	普通	595.00	m	（1）吊柜按长度，以延长米计算，不足1m的按1m计算。 （2）柜体厚度≤500mm，高度≤550mm。 （3）柜内刷油漆时，价格另计。 （4）油漆如擦色漆时价格另计。 （5）五金件由甲方提供如使用高档材料时，价格另议	（1）柜体框架大芯板，内衬背板（厚度为9mm胶合板）。 （2）柜门大芯板龙骨衬底，贴饰面板，实木收边。 （3）内背板、侧板不贴饰面板，不刷油。 （4）刷混油打磨成活
			高级	770.00	m		
		泰柚木	普通	700.00	m		
			高级	895.00	m		
		樱桃木	普通	633.00	m		
			高级	810.00	m		
		胡桃木	普通	700.00	m		
			高级	895.00	m		
5－4	鞋柜制作安装油漆	混油	普通	580.00	m	（1）鞋柜按长度，以延长米计算，不足1m的按1m计算。 （2）柜体厚度≤400mm，高度≤1100mm。 （3）如背板、侧板、格板贴饰面板时，价格另计。 （4）五金件由甲方提供	（1）柜体框架大芯板，内衬背板（厚度为9mm胶合板）。 （2）柜门大芯板龙骨衬底，贴饰面板（3mm厚胶合板），实木收边。 （3）鞋柜含隔板3块，实木收边。 （4）内背板、侧板不贴饰面板，打磨刷清漆2遍。 （5）刷混油打磨成活
			高级	785.00	m		
		沙比利	普通	625.00	m	（1）鞋柜按长度，以延长米计算，不足1m的按1m计算。 （2）柜体厚度≤400mm，高度≤1100mm。 （3）鞋柜含隔板3块，实木收边，如贴饰面板或其他做法价格另计。 （4）油漆如擦色漆时价格另计。 （5）五金件由甲方提供。 如使用高档材料时，价格另议	（1）柜体框架大芯板，内衬背板（厚度为9mm胶合板）。 （2）柜门大芯板龙骨衬底，贴饰面板（3mm厚胶合板），实木收边。 （3）内背板、侧板不贴饰面板，打磨刷清漆2遍。 （4）五金件由甲方提供。 （5）刷清漆打磨成活
			高级	830.00	m		
		泰柚木	普通	780.00	m		
			高级	995.00	m		
		樱桃木	普通	715.00	m		
			高级	920.00	m		
		胡桃木	普通	780.00	m		
			高级	995.00	m		

续表

编号	项目	饰面材质	工艺标准	单价（元）	单位	工程量和造价计算规则	工艺做法
5－5	衣帽柜制作安装油漆（带门）	混油	普通	600.00	m^2	（1）按柜体体长乘以宽，以 m^2 计算。 （2）柜体厚度≤600mm。 （3）每组柜内含3块隔板，实木收边。 （4）抽屉、拉盘单独收费	（1）柜体框架大芯板，内衬背板（厚度为9mm胶合板）。 （2）柜门大芯板龙骨衬底，贴饰面板（3mm厚胶合板），实木收边。 （3）内部无饰面板，打磨刷清漆2遍。 （4）五金件由甲方提供。 （5）刷混油打磨成活
			高级	785.00	m^2		
		沙比利	普通	690.00	m^2	（1）按柜体体长乘以宽，以 m^2 计算。 （2）柜体厚度≤600mm。 （3）每组柜内含3块隔板，实木收边。 （4）抽屉、拉盘单独收费。 （5）油漆如擦色漆时价格另计。 如使用高档材料时，价格另议	（1）柜体框架大芯板，内衬背板（厚度为9mm胶合板）。 （2）柜门大芯板龙骨衬底，贴饰面板（3mm厚胶合板），实木收边。 （3）内部无饰面板，打磨刷清漆2遍。 （4）五金件由甲方提供。 （5）刷清漆打磨成活
			高级	895.00	m^2		
		泰柚木	普通	855.00	m^2		
			高级	1080.00	m^2		
		樱桃木	普通	765.00	m^2		
			高级	980.00	m^2		
		胡桃木	普通	855.00	m^2		
			高级	1080.00	m^2		
5－6	挂衣板制作安装（清漆）	沙比利	普通	358.00	m^2	（1）按背高度乘以宽，以 m^2 计算。 （2）该衣板以贴墙板式做法为准，如遇有厚度或有造型帽头时，价格另议。 （3）油漆如擦色漆时价格另计。 （4）背板上的五金件由甲方提供。 如使用高档材料时，价格另议	（1）贴墙大芯板衬底，外贴相应厚度为3mm的胶合板饰面，实木收边。 （2）刷清漆打磨成活
			高级	465.00	m^2		
		泰柚木	普通	420.00	m^2		
			高级	555.00	m^2		
		樱桃木	普通	365.00	m^2		
			高级	475.00	m^2		
		胡桃木	普通	420.00	m^2		
			高级	555.00	m^2		
5－7	木角线、挂镜线安装（清漆）	沙比利	普通	58.00	m	（1）工程量按安装长度，以延长米计算。 （2）相应实木木线，规格50mm×15mm以内。 （3）油漆如擦色漆时价格另计	（1）打孔下木塞。 （2）安装木线条。 （3）打磨刷清漆成活
			高级	75.00	m		
		泰柚木	普通	78.00	m		
			高级	98.00	m		
		樱桃木	普通	72.00	m		
			高级	95.00	m		
		胡桃木	普通	78.00	m		
			高级	98.00	m		
5－8	木护墙板制作安装油漆（清漆）	沙比利	普通	395.00	m^2	（1）工程量按长度乘以高，以 m^2 计算。 （2）护墙板面造型、凹凸起线时，价格另议。 （3）油漆如擦色漆时价格另计。 如使用高档材料时，价格另议	（1）木龙骨打底（墙面下木塞），厚度为5mm的奥松板衬底或厚度为9mm的胶合板衬底。 （2）贴相应饰面板及相应实木线条收口。 （3）刷清漆打磨成活
			高级	555.00	m^2		
		泰柚木	普通	435.00	m^2		
			高级	588.00	m^2		
		樱桃木	普通	400.50	m^2		
			高级	565.00	m^2		
		胡桃木	普通	435.00	m^2		
			高级	588.00	m^2		

续表

编号	项目	饰面材质	工艺标准	单价（元）	单位	工程量和造价计算规则	工　艺　做　法
5－9	贴面踢脚线制作安装（清漆）	沙比利	普通	45.00	m	（1）工程量按安装长度，以延长米计算。 （2）清工辅料，线高≤800mm以内。 （3）油漆如擦色漆时价格另计。 如使用高档材料时，价格另议	（1）墙身打孔下木塞，贴厚度为9mm的胶合板衬底，外贴相应厚度3mm的胶合板饰面。 （2）实木线条收口。 （3）打磨刷清漆成活
			高级	60.00	m		
		泰柚木	普通	55.00	m		
			高级	75.00	m		
		樱桃木	普通	45.00	m		
			高级	65.00	m		
		胡桃木	普通	55.00	m		
			高级	75.00	m		

表 10－6　　　　门窗、细木制品工程（二）

编号	项目	单价（元）	单位	工程量和造价计算规则	工　艺　做　法
5－10	门窗洞口木帮框修整找方	85.00	m	（1）工程量按门洞口周长，以延长米计算。 （2）原门洞口厚度≤240mm，厚度每增加50mm时，每米增加12元	（1）帮框采用双层大芯板衬底。 （2）根据成品门要求进行修整
5－11	窗帘杆安装	50.00	套	（1）窗帘杆安装以套计算。 （2）安装高度在2.7m以内	（1）打孔下胀塞。 （2）专用螺丝固定杆座。 （3）安装窗帘杆固定脚以2个为准，如超过或杆座超过2个时，价格协商增加

10.2.6　电路工程

电路工程共计9个子目，其具体内容见表10－7和表10－8。

表 10－7　　　　电 路 工 程（一）

编号	项目	单价（元）	单位	工程量和造价计算规则	工　艺　做　法
6－1	电路改造（砖墙开槽）	45.00	m	（1）工程量按开槽长度，以延长米计算，不足1m按1m计算。 （2）面板由甲方提供，面板连接费用另计。 （3）空调等大功率电管布线径采用4平方塑铜线，每米增加15元	（1）墙面开槽，埋设PVC阻燃管，穿国标2.5平方塑铜线，分色布线。管内电线不得有接头，不得超过3根。 （2）剔槽埋管后用水泥砂浆或石膏堵抹填平。 （3）埋管后面层另计
6－2	电路改造（轻体墙开槽）	45.00	m	（1）工程量按开槽长度，以延长米计算，不足1m按1m计算。 （2）面板由甲方提供，面板连接费用另计。 （3）空调等大功率电管布线径采用4平方塑铜线，每米增加15元	（1）墙面开槽，埋设PVC阻燃管，穿国标2.5平方塑铜线，分色布线。管内电线不得有接头，不得超过3根。 （2）剔槽埋管后用水泥砂浆或石膏堵抹填平。 （3）埋管后面层另计

表 10－8　　电路工程（二）

编号	项目	适用于	单价（元）	单位	工程量和造价计算规则	工艺做法
6－3	电路敷设（不开槽）	—	35.00	m	（1）工程量按布线长度，以延长米计算，不足1m按1m计算。（2）面板由甲方提供，面板连接费用另计。（3）空调等大功率电管布线径采用4平方塑铜线，每米增加15元	（1）在吊顶及石膏线内不开槽部位敷设线路。（2）用PVC阻燃线管及配件，穿国标2.5平方塑铜线，分色布线，管内电线不得接头，分线处用分线盒
6－4	网络、音响、数据、光纤电缆、电话、电视等线路敷设	轻质及砖墙开槽	36.00	m	（1）工程量按布线长度，以延长米计算，不足1m按1m计算。（2）乙方只负责穿管，不负责连接。（3）面板由甲方提供，面板连接费用另计	（1）网络、音响、电话等线料由甲方提供。（2）乙方负责提供PVC阻燃管及施工穿管工费。（3）按照施工规范施工，注意强弱电施工标准
		不开槽	23.00	m		
6－5	原管穿线	—	29.00	m	工程量按长度以延长米计算	室内原管不动，更换国标2.5平方塑铜线，分色布线，管内不得有接头，不得超过3根
6－6	阻燃盒安装（镀锌暗盒）	混凝土墙埋线盒	23.00	个	按埋设个数计算	
		砖墙埋线盒	16.00	个		
6－7	阻燃盒安装（PVC暗盒）	混凝土墙埋线盒	18.00	个		
		砖墙埋线盒	14.50	个		
6－8	开关、插座面板安装	—	10.50	个	按埋设个数计算	剔槽埋线盒后，用水泥砂浆抹平
6－9	灯具安装（甲方提供）	花灯	65.00	个	（1）花灯直径在500mm以内。（2）艺术灯另计（高档灯具另行协商）。（3）工程量按个数计算	清工、辅料，线路连接，灯具设备安装固定
		吸顶灯	23.00	个		
		筒灯、射灯、牛眼灯	13.00	个		
		管灯、镜前灯	25.00	个		
		排风扇	50.00	个		

10.2.7　水路工程

水路工程共计7个子目，其具体内容见表10－9。

表 10－9　　水路工程

编号	项目	单价（元）	单位	工程量和造价计算规则	工艺做法
7－1	水管线路安装（暗装线路）	90.00	m	（1）工程量按开槽长度，以延长米计算。不足1m按1m计算。（2）不包含水龙头、阀门、软管或设备安装	（1）砖墙、轻质墙面开槽，ppr4分管，热熔焊接，沿墙在槽内走管敷设。（2）开槽处墙面应作防水处理，槽内补做防水。（3）线管及配件埋入后，用水泥砂浆抹平。（4）按规定打压试验
7－2	水管线路安装（明装线路）	75.00	m	（1）工程量按开槽长度，以延长米计算。不足1m按1m计算。（2）不包含水龙头、阀门、软管或设备安装	（1）砖墙、轻质墙面开槽，ppr4分管，热熔焊接，沿墙在槽内走管敷设。（2）卡子固定。（3）按规定打压试验

续表

编号	项目	单价（元）	单位	工程量和造价计算规则	工 艺 做 法
7-3	厨房、卫生间管道防噪声、防结露处理	35.00	m	工程量按长度，以延长米计算。不足1m按1m计算	管道用橡胶板（或发泡聚氨酯材料）包裹缠绕
7-4	墙地面做防水	145.00	m^2	工程量按实刷面积计算	（1）基层处理。 （2）在基层处理后的地面、墙面上涂刷防水涂料2遍（价格以东方雨虹防水涂料为参考）。 （3）做完后进行24h闭水试验
7-5	洁具安装	350.00	套	（1）价格含安装柱式盆及座便各1个。 （2）不论座便为后出水或侧排水，均参考此价格。 （3）高档洁具安装费另行协商	（1）洁具、龙头、软管均由甲方提供。 （2）洁具固定连接
7-6	浴室镜子安装	60.00	块	镜子由甲方提供	（1）清工及辅料。 （2）镜子安装
7-7	花洒、混水阀安装	250.00	套	（1）按1个花洒1个混水阀为1套安装。 （2）高档设备安装费也可按设备的百分比提取	（1）材料由甲方提供。 （2）清工及辅料由乙方提供

10.2.8 其他项目工程

其他项目工程共计8个子目，其具体内容见表10-10。

表10-10　　其他项目工程

编号	项目	适用于	单价（元）	单位	工程量和造价计算规则	工 艺 做 法
8-1	垃圾清运费	有电梯	5.50	m^2	（1）该费用按建筑面积，以m^2计算。 （2）无电梯搬运费按6层砖混结构参考，超过此标准时，协商调增	（1）垃圾清运指由装修楼层运至小区指定地点堆放。 （2）垃圾的外运价格中不含。 （3）旧房拆除改造的（渣土）费用，参考价中不含
		无电梯	7.50	m^2		
8-2	厨房、卫生间五金安装	—	170.00	套	此价格为一厨一卫的五金安装	此价格中含毛巾杆、毛巾环、浴巾架、肥皂盒、杯架、浴盆拉手及厨房中的五金安装等
8-3	甲供材料搬运费	—	5.00	m^2	（1）按建筑面积收取该费用。 （2）此项为甲方提供的材料，灯具等搬运费用	（1）材料由施工现场楼下搬运到施工楼层。 （2）此价格按有电梯楼房计算，无电梯楼房，每增加一层，协商调增
8-4	旧墙面基层处理（铲除、处理）	清工	6.00	m^2	（1）工程量按面积，以m^2计算。 （2）垃圾运输费另计	铲除壁纸、壁布
		清工	12.00	m^2		油漆及非亲水性材料、防水腻子铲除
		清工	16.50	m^2		老房砂灰层整体铲除及其他特殊情况等
8-5	墙、地砖剔凿拆除	清工	25.50	m^2	（1）工程量按面积，以m^2计算。 （2）渣土运输费另计	（1）拆除包括各种面层及结合层的拆除。 （2）如遇到踢脚线拆除时，可并入墙地面拆除内计算
8-6	墙身开门窗洞口（清工辅料）	清工辅料	340.00	个	（1）工程量按面积，以m^2计算。 （2）渣土运输费另计	（1）在240mm厚砖墙上掏砌门窗洞口。 （2）开洞后插砌砖抹灰修整洞口

续表

编号	项目	适用于	单价（元）	单位	工程量和造价计算规则	工艺做法
8-7	墙体拆除	砖墙拆除	230.00	m^3	（1）按实拆墙体的体积，以 m^3 计算。 （2）渣土运输费另计	包括拆后渣土清理，归堆装袋
		轻质墙拆除	150.00	m^3		
8-8	混凝土墙凿毛	清工 辅料	18.50	m^2	（1）按内墙净长线乘以高度，以 m^2 计算。 （2）渣土运输费另计	在混凝土墙面上砍凿麻面

10.3 施工合同文本与验收标准

本居室装饰装修工程施工合同文本以及居室装饰工程质量验收标准，在原 2003 年标准的基础上，进行了修改。现将 2008 年修订的合同文本与施工质量验收标准介绍如下，仅供参考。

10.3.1 装修施工合同文本

1. 装修施工合同的组成内容

（1）封面。包括标题，如×××家庭居室装饰装修施工合同；甲乙双方名称，甲方（业主），乙方（施工单位名称）；合同编号；监制单位，如×××工商行政管理局监制，以及合同编制时间等内容。

（2）使用说明。包括合同适用范围；施工方具备的条件；开工、竣工、验收方式，以及工期延误的解释；工程质量问题投诉程序等内容。

（3）合同条款。主要包括甲乙双方的概况简介；工程概况；工程监理；施工图纸和室内环境污染控制预评价计算书；甲乙双方各自的工作；工程变更；材料供应方式；工期延误；质量标准；工程验收；工程款支付方式；违约责任；争议解决方式；附则内容及其他事项；附录等内容。

2. 装修施工合同范本

北京市家庭居室装饰装修工程施工合同

（2008 版）

发包方（甲方）：______________________________

承包方（乙方）：______________________________

合同编号：________________________________

北京市工商行政管理局监制

二〇〇八年十月修订

使 用 说 明

1. 本市行政区域内的家庭居室装饰装修工程适用此合同文本。此版合同文本适用期至新版合同文本发布时止。

2. 工程承包方（乙方），应当具备工商行政管理部门核发的营业执照和建设行政主管部门核发的建筑业企业资质证书。

3. 甲乙双方当事人直接签订此合同的，应当一式两份，合同双方各执一份；凡在本市各市场内签订此合同的，应当一式三份（甲乙双方及市场主办单位各执一份）。

4. 开工：双方通过设计方案、首期工程款到位、工程技术交底等前期工作完成后，材料、施工人员到达施工现场开始运作视为开工。

5. 竣工：合同约定的工程内容（含室内空气质量检测）全部完成，经承包方、监理单位、发包方验收合格视为竣工。

6. 验收合格：承包方、监理单位、发包方在《工程竣工验收单》上签字盖章或虽未办理验收手续但发包方已入住使用的，均视为验收合格。

7. 工期顺延：是指非因乙方的责任导致工程进度受到影响后，工程期限予以相应延展。在工期顺延的情况下，乙方不承担违约责任。

8. 甲方需调查乙方施工资质或企业投诉情况的，可向北京市建筑装饰协会家装委员会咨询，电话：63379795，北京市建筑装饰协会网站：http：//www.bcda.org.cn。

9. 甲方有预先对环保评估要求的，可登录家装委员会官方网站家居消费网，上传户型图、用料清单。申请免费评估，网址：http：/www.xiaofeicn.com。

10. 甲方可在北京市建筑装饰协会家装委员会网站上申请施工期间免费质量检查一次。

11. 施工中，甲、乙双方的任意一方均可向北京市建筑装饰协会家装委员会咨询，申请调节、质量检查、环保检测、法律服务等。

北京市家庭居室装饰装修工程施工合同协议条款

发包方（以下简称甲方）：____________________

委托代理人（姓名）：____________________民族：____________________

现住址：____________________身份证号：____________________

联系电话：____________________手机号：____________________

承包方（以下简称乙方）：____________________

营业执照号：____________________

住所：____________________

法定代表人：____________________联系电话：____________________

委托代理人：____________________联系电话：____________________

建筑资质等级证书号：____________________

本工程设计人：____________________联系电话：____________________

施工队负责人：____________________联系电话：____________________

依照《中华人民共和国合同法》及其他有关法律、法规的规定，结合本市家庭居室装饰装修的特点，甲、乙双方在平等、自愿、协商一致的基础上，就乙方承包甲方的家庭居室装饰装修工程（以下简称工程）的有关事宜，达成如下协议：

第一条 工程概况

1.1 工程地点：____________________。

1.2 工程装饰装修面积：____________________。

1.3 工程户型：____________________。

1.4 工程内容及做法（见报价单和图纸）。

1.5 工程承包，采取下列第______种方式：

(1) 乙方包工、包全部材料（见附表3)。

(2) 乙方包工、包部分材料，甲方提供其余部分材料（见附表2、附表3）。

1.6 工程期限____日（以实际工作日计算）；

开工日期______年____月____日；竣工日期______年____月____日。

1.7 工程款和报价单：

(1) 工程款：本合同工程造价为（人民币）________________________________。

金额大写：____。

(2) 报价单应当以《北京市家庭装饰工程参考价格》为参考依据，根据市场经济运作规则，本着优质优价的原则由双方约定，作为本合同的附件。

(3) 报价单应当与材料质量标准、制安工艺配套编制共同作为确定工程价款的根据。

第二条 工程监理

若本工程实行工程监理，甲方应当与具有经建设行政主管部门核批的工程监理公司另行签订《工程监理合同》，并将监理工程师的姓名、单位、联系方式及监理工程师的职责等通知乙方。

第三条 施工图纸和室内环境污染控制预评价计算书

3.1 施工图纸采取下列第______种方式提供：

(1) 甲方自行设计的，需提供施工图纸和室内环境污染控制预评价计算书一式三份，甲方执一份，乙方执二份。

(2) 甲方委托乙方设计的，乙方需提供施工图纸和室内环境污染控制预评价计算书一式三份，甲方执一份，乙方执二份。

3.2 双方提供的施工图纸和室内环境污染控制预评价计算书必须符合《民用建筑工程室内环境污染控制规范》(GB 50325) 的要求。

3.3 双方应当对施工图纸和室内环境污染控制预评价计算书予以签收确认。

3.4 双方不得将对方提供的施工图纸、设计方案等资料擅自复制或转让给第三方，也不得用于本合同以外的项目。

第四条 甲方工作

4.1 开工三日前要为乙方入场施工创造条件，以不影响施工为原则。

4.2 无偿提供施工期间的水源、电源和冬季供暖。

4.3 负责办理物业管理部门开工手续和应当由业主支付的有关费用。

4.4 遵守物业管理部门的各项规章制度。

4.5 负责协调乙方施工人员与邻里之间的关系。

4.6 不得有下列行为：

(1) 随意改动房屋主体和承重结构。

(2) 在外墙上开门窗或扩大原有门窗尺寸，拆除连接阳台门窗的墙体。

(3) 在楼面铺贴厚一厘米以上石材或砌筑墙体，增加楼面荷载。

(4) 破坏厨房、厕所地面防水层和拆改热、暖、燃气等管道设施。

(5) 强令乙方违章作业施工的其他行为。

4.7 凡必须涉及4.6款所列内容的，甲方应当向房屋管理部门提出申请，由原设计单位或者具有相应资质等级的设计单位对改动方案的安全使用性进行审定并出具书面证明，再由房屋管理部门批准。

4.8 施工期间甲方仍需部分使用该居室的，甲方应当负责配合乙方做好保卫及消防工作。

4.9 参与工程质量进度的监督，参加工程材料验收、隐蔽工程验收、竣工验收。

第五条 乙方工作

5.1 施工中严格执行施工规范、质量标准、安全操作规程、防火规定，安全、保质、按期完成合同约定的工程内容。

5.2 严格执行市建设行政主管部门施工现场管理规定：

(1) 无房屋管理部门审批手续和设计变更图纸，不得拆改建筑主体和承重结构，不得加大楼地面荷载，不得改动室内原有热、暖、燃气等管道设施。水电暖管线改造时，不得破坏建筑主体和承重结构。

(2) 不得扰民及污染环境，每日12：00～14：00、18：00至次日8：00之间不得从事敲、凿、刨、钻等产生噪声的装饰装修活动。

(3) 因进行装饰装修施工造成相邻居民住房的管道堵塞、渗漏、停水、停电等，由乙方承担修理和损失赔偿的责任。

(4) 负责工程成品、设备和居室留存家具陈设的保护。

(5) 保证居室内上、下水管道畅通和卫生间的清洁。

(6) 保证施工现场的整洁，每日完工后清扫施工现场。

5.3 通过告知网址、统一公示等方式为甲方提供本合同签订及履行过程中涉及的各种标准、规范、计算书、参考价格等书面资料的查阅条件。

5.4 甲方为少数民族的，乙方在施工过程中应当尊重其民族风俗习惯。

第六条 工程变更

在施工期间对合同约定的工程内容如需变更，双方应当协商一致。由合同双方共同签订书面变更协议，同时调整相关工程费及工期。工程变更协议，作为竣工结算和顺延工期的根据。

在施工期间对增项部分非甲方意愿的增项不允许超出本合同额的10%。施工期间经甲乙双方协商增项部分金额应纳入本合同工程造价总额，并按合同的约定付款比例执行。

第七条 材料供应

按由乙方编制的本合同家装《工程材料、设备明细表》所约定的供料方式和内容进行提供。

(1) 应当由甲方提供的材料、设备，甲方在材料设备到施工现场前通知乙方。双方就材料、设备质量、环保标准共同验收并办理交接手续。

(2) 应当由乙方提供的材料、设备，乙方在材料、设备到施工现场前通知甲方。双方就材料、设备质量、环保标准共同验收，由甲方确认备案。

(3) 双方所提供的建筑装饰装修材料，必须符合国家质量监督检验检疫总局发布的《室内装饰装修有害物质限量标准》，并具有由有关行政主管部门认可的专业检测机构出具的检测合格报告。

(4) 如一方对对方提供的材料持有异议需要进行复检的，检测费用由其先行垫付；材料经检测确实不合格的，检测费用则最终由对方承担。

(5) 甲方所提供的材料、设备经乙方验收、确认办理完交接手续后，在施工使用中的保管和质量控制责任均由乙方承担。

第八条 工期延误

8.1 对以下原因造成竣工的日期延误，经甲方确认，工期应当顺延；

(1) 工程量变化或设计变更。

(2) 不可抗力。

(3) 甲方同意工期顺延的其他情况。

8.2 对以下原因造成竣工的日期延误，工期应当顺延：

(1) 甲方未按合同约定完成其应当负责的工作而影响工期的。

(2) 甲方未按合同约定支付工程款影响正常施工的。

(3) 因甲方责任造成工期延误的其他情况。

8.3 因乙方责任不能按期完工的，工期不顺延；因乙方原因造成工程质量存在问题的返工费用由乙方承担，工期不顺延。

8.4 判断造成工期延误以“双方认定的文字协议”为确定双方责任的依据。

第九条 质量标准

9.1 装修室内环境污染控制方面，应当严格按照《民用建筑工程室内环境污染控制规范》（GB

50325）的标准执行。

9.2 本工程施工质量按下列第__________项标准执行：

(1)《北京市家庭居室装饰工程质量验收标准》(DBJ/T 01—43)。

(2)《北京市高级建筑装饰工程质量验收标准》(DBJ/T 01—27)。

9.3 在竣工验收时双方对工程质量、室内空气质量发生争议时，应当申请由相关行政主管部门认可的专业检测机构予以认证；认证过程支出的相关费用由申请方垫付，并最终由责任方承担。

第十条 工程验收

10.1 在施工过程中分下列阶段对工程质量进行联合验收：

(1) 材料验收。

(2) 隐蔽工程验收。

(3) 竣工验收。

10.2 工程完工后，乙方应通知甲方验收，甲方自接到竣工验收通知单后三日内组织验收。验收合格后，双方办理移交手续，结清尾款，签署保修单，乙方应向甲方提交其施工部分的水电改造图。

10.3 双方进行竣工验收前，乙方负责保护工程成品和工程现场的全部安全。

10.4 双方未办理验收手续，甲方不得入住，如甲方擅自入住视同验收合格，由此而造成的损失由甲方承担。

10.5 竣工验收在工程质量、室内空气质量及经济方面存在个别的不涉及较大问题时，经双方协商一致签订“解决竣工验收遗留问题协议”（作为竣工验收单附件）后亦可先行入住。

10.6 本工程自验收合格双方签字之日起，在正常使用条件下室内装饰装修工程保修期限为二年，有防水要求的厨房、卫生间防渗漏工程保修期限为五年。

第十一条 工程款支付方式

11.1 合同签字生效后，甲方按下列几种方式的约定向乙方支付工程款：

11.1.1 甲方按下表的约定向乙方支付：

支付次数	支付时间	工程款支付比率（%）	应支付金额（元）
第一次	开工三日前	55	
第二次	工程进度过半	40	
第三次	竣工验收合格	5	

11.1.2 按照工程总造价的3∶3∶3∶1的支付方式，即：工程开工支付30%，中期验收合格支付30%，具备初验条件支付30%，竣工验收合格支付10%。

11.1.3 本着平等、自愿、公平、公正的原则，经双方协商一致的其他支付方式，______。

11.2 工程进度过半指工程中水、电、管线全部铺设完成，墙面、顶面、基层工程处理完成，墙地砖工程铺装完成。

11.3 工程验收合格后，甲方对乙方提交的工程结算单进行审核。自提交之日起二日内如未有异议，即视为甲方同意支付乙方工程尾款。

11.4 工程款全部结清后，乙方向甲方开具正式统一发票为工程款结算凭证。

第十二条 违约责任

12.1 一方当事人未按约定履行合同义务给对方造成损失的，应当承担赔偿责任；因违反有关法律规定受到处罚的，最终责任由责任方承担。

12.2 一方当事人无法继续履行合同的，应当及时通知另一方，并由责任方承担因合同解除而造成的损失。

12.3　甲方无正当理由未按合同约定期限支付第二、三次工程款，每延误一日，应当向乙方支付迟延部分工程款2‰的违约金。

12.4　由于乙方责任延误工期的，每延误一日，乙方支付给甲方本合同工程造价金额2‰的违约金。

12.5　由于乙方责任导致工程质量和室内空气质量不合格，乙方按下列约定进行返工修理、综合治理和赔付：

(1) 对工程质量不合格的部位，乙方必须进行彻底返工修理。因返工造成工程的延期交付视同工程延误，按12.4的标准支付违约金。

(2) 对室内空气质量不合格，乙方必须进行综合治理。因治理造成工程的延期交付视同工程延误，按12.4的标准支付违约金。

(3) 室内空气质量经治理仍不达标且确属乙方责任的，乙方应当向甲方返还工程款在扣除乙方提供的与不达标无关的材料的成本价后的剩余部分；甲方对不达标也负有责任的，乙方可相应减少返还比例。

第十三条　争议解决方式

本合同项下发生的争议，双方应当协商或向市场主办单位、北京市建筑装饰协会消费者协会等申请调解解决，协商或调解解决不成时，向__________人民法院起诉，或按照另行达成的仲裁条款或仲裁协议申请仲裁。

第十四条　附则

14.1　本合同经甲乙双方签字（盖章）后生效。

14.2　本合同签订后工程不得转包。

14.3　双方可以书面形式对本合同进行变更或补充，但变更或补充减轻或免除本合同规定应当由乙方承担的责任的，仍应以本合同为准。

14.4　因不可归责于双方的原因影响了合同履行或造成损失的，双方应当本着公平原则协商解决。

14.5　乙方撤离市场的，由市场主办单位先行承担赔偿责任；主办单位承担责任之后，有权向乙方追偿。

14.6　本合同履行完毕后自动终止。

第十五条　其他约定事项

____

____

____

____

____

____

____

____

____

____

____

____

____

____

第十六条　附则

16.1　工程报价表（见附表1）。

16.2　甲方供给工程材料、设备明细表（见附表2）。
16.3　乙方供给工程材料、设备明细表（见附表3）。
16.4　工程竣工验收单（见附表4）
16.5　家庭工程保修单（见附表5）

甲方（签字）：　　　　　　　　　　　乙方（盖章）：
　　　　　　　　　　　　　　　　　　法定代表人：
　　　　　　　　　　　　　　　　　　委托代理人：
年　月　日　　　　　　　　　　　　　年　月　日

市场主办单位（盖章）：
法定代表人：
委托代理人：
联系电话：
年　月　日

附表1

工程报价单

序号	项　目	单位	单价	数量	合计金额	工艺做法、用料说明

甲方代表（签字盖章）：　　　　　　　　　　　　乙方代表（签字盖章）：

注　此表用量较多企业可复印作为合同附件。

附表 2　　　　甲方供给工程材料、设备明细表

序号	材料名称	单位	品种	规格	数量	供应时间	供应验收地点

甲方代表（签字盖章）：　　　　　　　　　　　　　乙方代表（签字盖章）：

注　所供给的材料、设备须有经行政管理部门批准的专业检验单位提供的检测合格报告。

附表 3　　　　乙方供给工程材料、设备明细表

序号	材料名称	单位	品种	规格	数量	供应时间	供应验收地点

甲方代表（签字盖章）：　　　　　　　　　　　　　乙方代表（签字盖章）：

注　所供给的材料、设备须有经行政管理部门批准的专业检验单位提供的检测合格报告。

附表4　　工程竣工验收单

验收时间：　年　月　日

<table>
<tr><td colspan="4">工程名称：</td></tr>
<tr><td colspan="4">工程地点：</td></tr>
<tr><td rowspan="3">竣工验收意见</td><td>甲方</td><td></td><td>签字（盖章）：</td></tr>
<tr><td>监理单位</td><td></td><td>签字（盖章）：</td></tr>
<tr><td>乙方</td><td></td><td>签字（盖章）：</td></tr>
</table>

注　竣工验收中，尚有不影响整体工程质量问题，经双方协商一致可以入住，但必须签订竣工后遗留问题协议作为入住后解决遗留问题的依据。

附表5　　家装工程保修单

<table>
<tr><td>甲　方</td><td colspan="3"></td></tr>
<tr><td>甲方代理人</td><td></td><td>联系电话</td><td></td></tr>
<tr><td>乙　方</td><td colspan="3"></td></tr>
<tr><td>法定代表人</td><td></td><td>联系电话</td><td></td></tr>
<tr><td>家装工程地址</td><td colspan="3"></td></tr>
<tr><td>开工日期</td><td></td><td>竣工日期</td><td></td></tr>
<tr><td>保修期限</td><td colspan="3">自　年　月　日到　年　月　日</td></tr>
</table>

甲方代表（签字盖章）：　　　　乙方代表（签字盖章）：

注　1. 自竣工验收之日起，计算装饰装修保修期为两年，有防水要求的厨房、卫生间防渗漏工程保修期为5年。
2. 保修期内因乙方施工、用料不当的原因造成的装饰装修质量问题，乙方须及时无条件进行维修。
3. 保修期内因甲方使用、维护不当造成饰面损坏或不能正常使用，乙方酌情收费维修。
4. 本保修单在甲、乙双方签字盖章后生效。

10.3.2　质量验收标准简介

根据北京市建设委员会（京建科教〔2002〕371号）《关于开展全面修订北京市工程建设标准工作的通知》要求，北京市建筑装饰协会组织有关单位成立修订小组，对《北京市家庭居室装饰工程质量验收标准》（DBJ/T 01—43—2000）进行了修订。

修订小组在修订标准过程中进行了广泛地调查研究，结合近几年各级建设行政管理部门颁发的有关法规、规范、办法的规定，按照充实标准内容，加大量化指标，强化专业验收，便于检验的原则，进行了修订。最后经北京市建委审查定稿。本标准在修订过程中参照了中华人民共和国住房和城乡建设部颁发的《建筑装饰装修工程质量验收规范》（GB 50210—2001）、《住宅装饰装修施工规范》（GB 50327—2001）、和《民用建筑工程室内环境污染控制规范》（GB 50325—2001）以及中华人民共和国住房和城乡建设部《关于加强建设工程室内环境质量管理若干意见》和《住宅室内装饰装修管理办法》的精神，做到本标准与国家规范的协调一致。修订后的标准为《高级建筑装饰工程质量验收标准》（DBJ/T 01—20—2003）、《家庭居室装饰工程质量验收标准》（DBJ/T 01—43—2003），并按此标准执行。

10.4　居室装饰装修工程报价实例

家居装饰工程预算书应包含：工程项目名称、工程数量、数量单位、项目单价与总价、施工工艺、工程用料说明、工程量的计算方法等内容。下面以具体居室装饰工程报价实例，介绍居室装饰工程预算报价的过程。

北京市某商业区火锅城室内装饰装修工程预算报价（见附录10－2）；

北京市郊区某住宅小区别墅室内装饰装修工程预算报价（见附录10－3）。

本章小结

本章主要介绍了北京市2008年修订版家庭居室装饰装修工程参考价格的制订，以及家庭居室装饰装修施工合同条款的内容。并结合实际居室装饰装修工程，进行了居室装饰装修工程预算报价的编制。

思考题

1. 居室装饰装修常见工程项目种类有哪些？
2. 居室装饰装修工程分项综合单价有几种承包方式？
3. 居室装饰装修工程分项综合单价包括哪些费用？
4. 居室装饰装修分项综合单价编制的依据？
5. 居室装饰装修施工合同包括哪些内容？
6. 如何编制居室装饰装修工程预算报价？

【推荐阅读书目】

[1] 朱志杰．2008版建筑装饰工程参考定额与报价［M］．北京：中国计划出版社，2008.

[2] 北京市建筑装饰协会．家装管理指南［M］．北京：中国建筑工业出版社，2008.

[3] 刘雅云．家居装饰工程预算［M］．北京：机械工业出版社，2010.

【相关链接】

1. 中国工程预算网（http：//www.yusuan.com）
2. 建设部中国工程信息网（http：//www.cein.gov.cn）

附　　录

附录 10－1

北京市家庭居室装饰装修设计服务规范及取费参考标准（试行）

一、前言

家装工程设计长期存在设计师水平参差不齐、设计制图与标准不符、工程图不全等问题。为促进统一认识，规范家装工程设计服务标准，增强设计人员的责任感，提高设计人员的专业水平，在结合我市家装工程设计的具体情况及参照国家规定的建筑设计制图与取费标准后，特制定本市《北京市家庭居室装饰装修设计服务规范及取费参考标准》。此标准经行业理事扩大会审议后，将于 2007 年 1 月 1 日起，在行业内实行设计师持证上岗，执行《北京市家庭居室装饰装修设计服务规范及取费参考标准》。

设计规范要求：

（1）设计图纸应符合《北京市建筑装饰装修工程设计制图标准》（DBJ 01—613—2002）。

（2）进行家装设计必须保证建筑物的结构安全。

（3）进行家装设计要满足《民用建筑室内环境污染控制规范》（GB 50325）的要求，选材应符合《室内装饰装修材料有害物质限量》（GB 18508—10588）的标准。

（4）家装设计内容。应包括室内顶面、墙面、柱面、地面、非承重分隔墙面的装饰设计，家具、灯具、帷帘、织物、陈设、绿化园艺布置、室内各种饰物造型的设计。

二、设计师责任

家装设计师对所承接的家装工程设计负责，其职责是取得委托设计的依据、方案设计前的资料准备工作、方案设计、施工图纸设计、技术交底和答疑、设计变更、处理在施工过程中出现的有关图纸内容中一切技术性问题并参加竣工验收。

1. 设计说明书

根据业主的委托进行家装工程设计构思及设计内容和图面表示而选用的材料所作的工程预算。工程预算（或合同工程造价）要根据北京市建委于 2001 年颁发的《北京市建设工程预算定额》装饰工程分册，参考北京市建筑装饰协会编制的《家装工程预算参考价》结合市场的人工工资材料价格的实际情况进行编制。在工程报价单中每项工程子目都要附有用料和工艺说明，同时附工程材料使用一览表。

2. 图纸范围

图纸范围依据实测图纸按一定比例进行设计。

三、方案图设计要求

1. 平面布置图

注明图内设计的各种物件与建筑之间的尺寸，物件自身的尺寸。所注尺寸之和应与总图纸尺寸相符。

2. 天花平面图

注明天花内灯具位置布置尺寸、天花变化部位尺寸。

3. 主要剖面图

要按建筑标高绘制装修剖面图，注明所剖部分尺寸，尺寸总合与整体建筑标高相符。

4. 主要立面图

图中注明所设计内容、形式的主要尺寸。

5. 主要部位效果图

效果图要多角度，尽量全面地还原真实效果。

6. 家装工程设计方案

附室内空气污染控制达标预评价计算书。

7. 提供材料样品

(1) 依据方案及效果图的设计主要装饰材料应附样品或彩色照片，注明规格、型号、材质等。

(2) 电气设备及灯具选用应有样本及规格、型号和质量说明。

(3) 纺织品各种室内设计选用的帘、罩、巾类纺织品材料，样品要注明使用范围、规格、花色质量和阻燃等级。

(4) 选用的厨房设备、卫生洁具要注明生产厂家、产品说明书和型号、规格、色彩。

(5) 图纸及材料装订。方案图、效果图及材料样品、产品说明书等用统一规格的纸板装订成册，装订封面要详细标注工程名称、设计单位名称、单位负责人、项目设计师、日期。

四、施工图设计要求

依据方案图的平、立、剖面图和结构、水、暖、电专业图纸及配线要求、有关技术资料详细绘制施工图。施工图阶段的设计要求。

1. 平面图

注明地面使用的材料、材料的尺寸、做法、索引详图必须准确，注明地面上不动和可动物件与地面的关系、做法、索引详图必须准确。

2. 天花图

(1) 天花布置形式、龙骨排列图、表面装饰材料的使用、详图索引必须明确。

(2) 灯具的布置和使用要按照电气图设计，注明灯具位置尺寸、灯具名称、规格及详图做法。

(3) 装饰物件的悬挂位置。注明悬挂物件与建筑结构的关系、做法及节点详图。

3. 剖面图

(1) 标明室内建筑标高；注明所剖部位吊顶高度；灯具灯槽悬挂物的高度尺寸。

(2) 所剖部位材料做法、节点详图。

4. 立面图

注明立面图上设计物件与地面或天花的尺寸和物体自身的尺寸。

5. 水、暖、电专业图纸

水、暖、电专业图纸的设计符合专业设计规范的要求，竣工后要绘制竣工图。

6. 门窗

注明门窗的种类、开启方向、规格、表面色彩、五金件名称、安装节点详图。

7. 设计制作室内家具

(1) 设计尺寸符合人体工程学的要求，符合国家颁发的有关家具设计规范。

(2) 设计制作的家具要有平、立、剖面及节点详图。

(3) 注明使用材料名称、色彩及做法要求。

8. 卫生间

(1) 卫生洁具的布置，注明尺寸、颜色、型号及安装做法和节点详图。

(2) 注明防水材料和做法。

(3) 注明排气口材料和做法。

(4) 注明墙面、地面材料的分格尺寸和做法。

(5) 注明镜面、五金件、电气设备的位置、尺寸及节点详图做法。

9. 防火

(1) 室内装饰设计必须遵守有关建筑防火规范。对防火设施及设备的装饰必须首先满足使用方便、开启顺利的要求。

(2) 装饰材料应使用耐燃或不燃材质。木制品必须涂刷防火涂料。

(3) 电气设计必须注意防火。天花及物件内的电气配件注明防火的外护材料。

10. 室内环保设计

（1）必须满足建设部颁发的《民用建筑室内环境污染控制规范》的要求。

（2）家装设计必须对室内环境污染物含量进行预评价，并做出预评价计算书，评价达标后方可进行施工。

（3）装饰装修设计选材。要求材料必须符合国家质检总局颁布的室内装饰装修材料挥发有害物质限量强制性的国家标准。

五、设计费取费标准

凡持有北京市人事局颁发的建筑装饰设计等级职称证书和北京市建筑装饰协会颁发的设计师从业等级资格证书的设计人员，对家装工程进行设计可收取设计费。根据设计内容的繁简和客户的要求按实际的需要进行设计和出图，设计费应随之浮动。

一般户型的一般性设计套内装饰面积在 $80m^2$ 以内（含 $80m^2$）工程造价在 3 万元以内（含 3 万元）的工程设计按项目收费，每项工程设计费为 500 元。

四层以上复式户型、独栋别墅的高档次装修设计套内装饰面积在 $80m^2$ 以上（不含 $80m^2$）的工程设计，按套内装饰面积并根据从事工程设计的设计师资格等级收取设计费。设计费标准为 20～50 元/m^2。在此范围内由设计单位自行掌握。

六、设计师岗位资格

为了规范家庭居室装修装饰设计人员队伍，充分发挥家装设计人员的积极性，提高家装设计人员的专业水平，促进家装设计水平提高，在全行业实行设计师持证上岗。具有岗位资格的设计师应在《北京市家庭居室装饰装修设计服务规范及取费标准》的要求下进行从业。

设计师从业资格包括以下类别：

（1）北京市建筑装饰协会家装设计师。

（2）2006 年人事局关于建筑装饰设计系列职称。

（3）国际商业美术设计师职业资格。

注：以上三类证书均可作为北京市家装设计师行业从业证书，今后如有经国家或地方认可资格证书经行业评定后也可加入行业从业证书认可范围内。

北京市建筑装饰协会

家装委员会

2006 年 10 月 18 日

附录 10－2

室内装饰工程预算书

工程名称：某商业区火锅城

项目名称：装饰工程

建设单位：某商贸有限公司

结构类型：框架

建筑面积：280.80m^2

工程总造价：230450.00 元

人民币大写：贰拾叁万零肆百伍拾元整

编 制 人：×××

审 核 人：×××

编制单位：北京某装饰工程有限责任公司

编制时间：2011 年 6 月 18 日

编 制 说 明

工程名称：火锅城装饰装修工程　　　　第 1 页　共 1 页

1. 本预算参考依据 2008《北京市家庭居室装饰装修参考价格》。
2. 本预算依据施工图给定的尺寸计算的工程量，工程量计算规则按照《2001 年北京市建设工程预算定额》（装饰工程部分）的规定。
3. 人工费、材料费均参考当时的北京装饰市场价格。
4. 本报价中装饰装修材料均按环保材料计价。
5. 本报价中包括人工费、材料费、管理费、利润、税金和分包管理费。
6. 本预算中未包括消防工程、通风工程、空调设备、音响设备、家具、电器、厨房设备、窗帘。
7. 实际施工时若有改动，经甲乙双方协商解决，其改动费用另订。

工 程 预 算 表

工程名称：火锅城装饰装修工程　　　　第1页　共2页

序号	子　目　名　称	工程量		价值（元）		其中：人工（元）	
		单位	数量	单价	合价	单价	合价
	就餐区						
1	顶棚“多乐士”漆	m^2	35.24	24.00	846.00	12.42	438.00
2	墙面“多乐士”漆	m^2	380.04	24.00	9121.00	12.42	4720.00
3	原墙刮嵌缝石膏、部分贴无纺布	m^2	380.04	5.50	2090.00	3.00	1140.00
4	纸面石膏板造型吊顶	m^2	35.24	110.00	3876.00	35.00	1233.00
5	金属铝格栅吊顶	m^2	442.49	60.00	26549.00	28.00	12390.00
6	地面600mm×600mm地砖	m^2	473.42	95.00	44975.00	25.00	11836.00
7	地砖踢脚板	m	138.61	18.00	2495.00	6.00	832.00
8	“金线米黄”石材窗台板	m	14.4	160.00	2304.00	40.00	576.00
9	不锈钢玻璃窗（12厚钢化玻璃）	m^2	35.28	500.00	17640.00	60.00	2117.00
10	不锈钢玻璃门（12厚钢化玻璃）	m^2	5.04	850.00	4284.00	80.00	403.00
11	木门及木门套制安（单扇）	樘	4.00	900.00	3600.00	80.00	320.00
12	木门及木门套制安（双扇）	樘	2.00	1300.00	2600.00	95.00	190.00
13	木门锁	把	6.00	80.00	480.00	15.00	90.00
14	收银台及吧柜制安	m	5.00	1800.00	9000.00	280.00	1400.00
15	轻钢龙骨石膏板隔墙制安	m^2	178.41	95.00	16949.00	35.00	6244.00
16	钢板网及水泥砂浆抹灰	m^2	178.41	25.00	4460.00	8.00	1427.00
17	楼梯踏步及栏杆扶手	m	8.00	850.00	6800.00	95.00	760.00
18	包柱（暂估）	根	6.00	900.00	5400.00	150.00	900.00
	合计	元			163470.00		
	厨房、卫生间						
1	铝条板吊顶	m^2	83.87	75.00	6290.00	35.00	2935.00
2	地面300mm×300mm地砖	m^2	83.87	70.00	5871.00	25.00	2097.00
3	墙面釉面砖	m^2	223.02	65.00	14496.00	25.00	5576.00
4	卫生间隔板	间	6.00	650.00	3900.00	80.00	480.00
5	玻璃洗手台及盆、镜子、龙头	套	4.00	1350.00	5400.00	100.00	400.00
6	卫生间地面防水	m^2	28.09	45.00	1264.00	8.00	225.00
7	渣土清运	项	1.00	1500.00	1500.00	800.00	800.00
	合计	元			202191.00		59528.00

工 程 预 算 表

工程名称：火锅城装饰装修工程　　　　第2页　共2页

序号	子 目 名 称	工程量		价值（元）		其中：人工（元）	
		单位	数量	单价	合价	单价	合价
	给排水工程						
1	排水塑料管安装管径100mm	m	11.40	59.26	676.00	5.65	64.00
2	排水塑料管安装管径50mm	m	12.60	27.78	350.00	4.29	54.00
3	给水塑料管安装管径65mm	m	5.30	39.36	209.00	4.86	26.00
4	给水塑料管安装管径20mm	m	30.20	22.12	668.00	3.84	116.00
5	蹲便器	组	6.00	280.00	1680.00	30.00	180.00
6	壁挂式小便器	组	4.00	200.00	800.00	20.00	80.00
7	拖布池给排水安装	组	2.00	162.25	325.00	28.50	57.00
8	地漏安装（直径75mm）	组	6.00	98.82	593.00	13.00	78.00
	合计	元			5300.00		655.00
	电气工程						
1	墙上照明配电箱暗装（8回路）	台	2.00	173.70	347.00	76.60	153.00
2	照明配电箱（8回路）设备费	台	2.00	620.00	1240.00	0.00	0.00
3	照明支路管线敷设	个	25.00	127.72	3193.00	45.81	1145.00
4	插座支路管线敷设	个	30.00	128.17	3845.00	24.98	749.00
5	电话支路管线敷设	个	4.00	52.70	211.00	12.17	49.00
6	电视支路管线敷设	个	2.00	71.23	142.00	16.08	32.00
7	防潮灯安装	套	17.00	79.35	1349.00	29.35	499.00
8	小型吊灯安装	套	65.00	152.07	9885.00	22.07	1435.00
9	筒灯安装	套	16.00	57.06	913.00	22.06	353.00
10	软管灯安装	m	7.36	26.60	196.00	10.60	78.00
11	二三孔安全暗插座安装	套	30.00	17.79	534.00	2.79	84.00
12	跷板式暗开关安装	套	14.00	17.78	249.00	2.78	39.00
13	电话插座安装	套	4.00	22.79	91.00	2.79	11.00
14	电视插座安装	套	2.00	32.85	66.00	2.85	6.00
15	网络插座安装	套	1.00	49.35	49.00	4.35	4.00
16	卫生间排风扇安装	套	4.00	162.27	649.00	17.09	68.00
	合计	元			22959.00		4705.00
	工程总造价	元			230450.00		

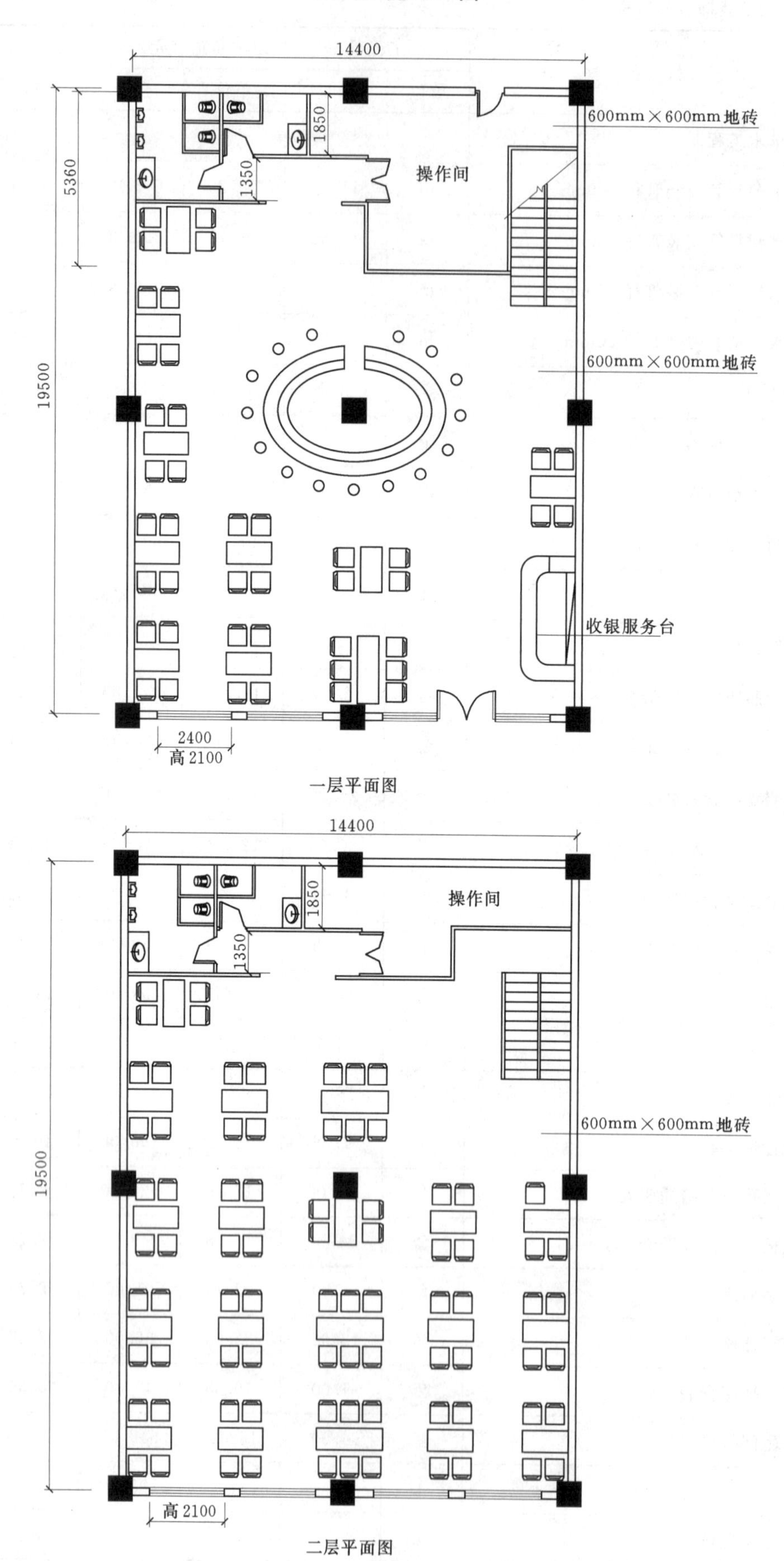
14400
1850
1350
5360
操作间
600mm×600mm地砖
600mm×600mm地砖
19500
收银服务台
2400
高2100
一层平面图
14400
1850
1350
操作间
600mm×600mm地砖
19500
高2100
二层平面图

工 程 施 工 图

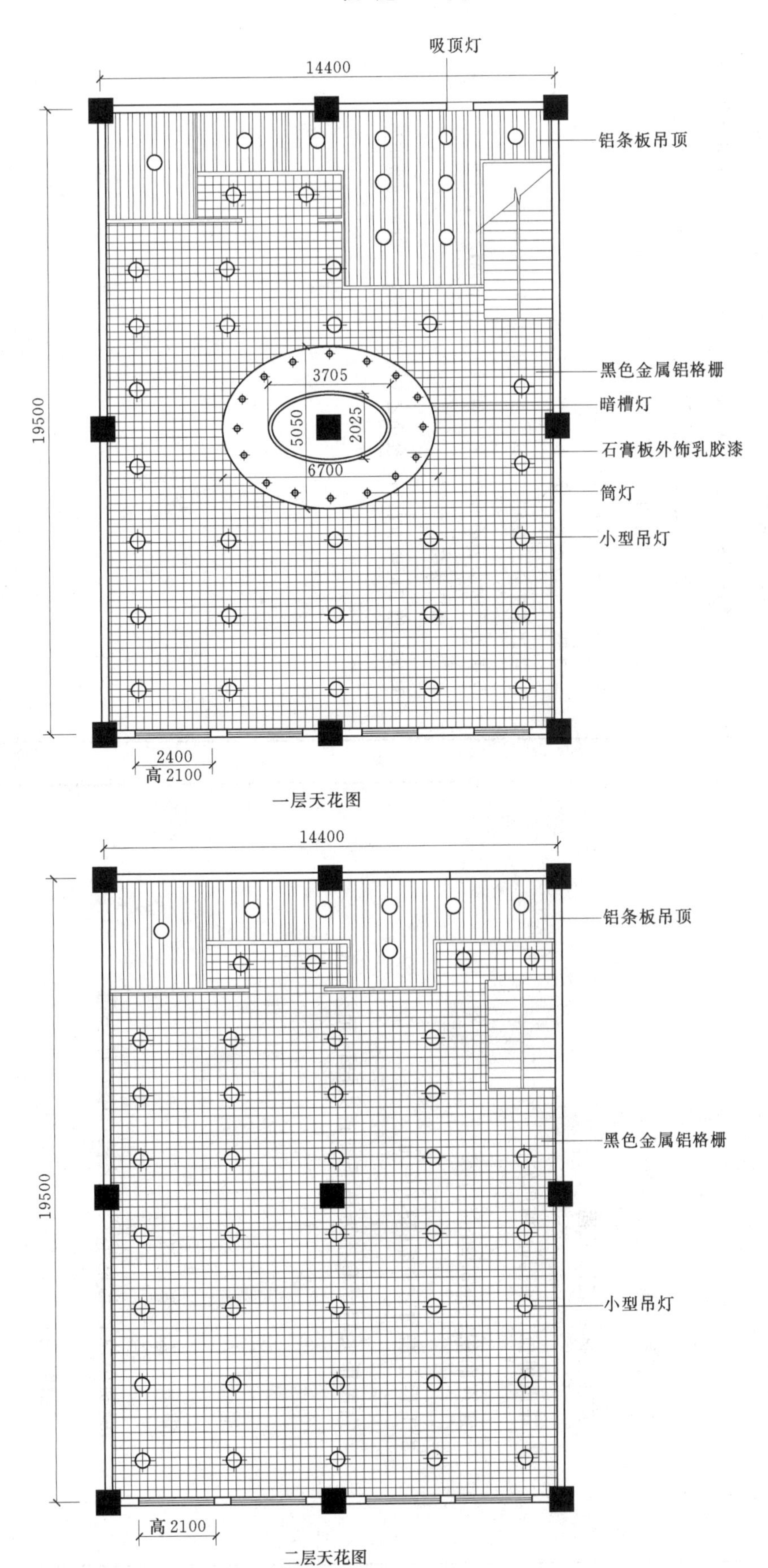

吸顶灯
14400
铝条板吊顶
黑色金属铝格栅
3705
暗槽灯
5050
2025
石膏板外饰乳胶漆
6700
筒灯
小型吊灯
19500
2400
高2100
一层天花图
14400
铝条板吊顶
黑色金属铝格栅
19500
小型吊灯
高2100
二层天花图

附录 10－3

室内装饰工程预算书

工程名称：某住宅小区别墅

项目名称：装饰工程

建设单位：某房地产开发商

建筑面积：185.86m^2

工程总造价：305179.00 元

人民币大写：叁拾万伍千壹百柒拾玖元整

编　制　人：×××

审　核　人：×××

编制单位：北京某装饰工程有限责任公司

编制时间：2011 年 10 月 25 日

编　制　说　明

工程名称：别墅室内装饰装修工程　　　　第 1 页　共 1 页

1. 本预算参考依据 2008《北京市家庭居室装饰装修参考价格》。
2. 本预算依据施工图给定的尺寸计算的工程量，工程量计算规则按照《2001 年北京市建设工程预算定额》（装饰工程部分）的规定。
3. 人工费、材料费均参考当时的北京装饰市场价格。
4. 本报价中装饰装修材料均按环保材料计价。
5. 本报价中包括人工费、材料费、管理费、利润、税金和分包管理费。
6. 本报价中含五金件、灯具、卫生洁具以及开关插座等。
7. 本预算中未包括消防工程、通风工程、空调设备、音响设备、家具、电器、厨房设备、窗帘。
8. 实际施工时若有改动，经甲乙双方协商解决，其改动费用另订。

工程预算表

名称：别墅装修工程

	子目名称	工程量		价值（元）		其中：人工（元）	
		单位	数量	单价	合价	单价	合价
	客厅及						
1	顶棚“多乐士	m^2	47.50	26.00	1235.00	12.42	590.00
2	墙面“多乐士”漆	m^2	108.78	26.00	2828.00	12.42	1351.00
3	墙顶部分贴无纺布刮嵌缝石	m^2	156.28	4.50	703.00	3.80	594.00
4	地面800mm×800mm米黄色地砖	m^2	47.50	125.00	5938.00	25.00	1188.00
5	地砖踢脚板	m	33.45	32.00	1070.00	12.60	421.00
6	胡桃木木门及门套（子母门）	套	1.00	1500.00	1500.00	360.00	360.00
7	胡桃木包哑口	m	11.30	125.00	1413.00	55.00	622.00
8	胡桃木包窗套	m	11.50	98.00	1127.00	42.00	483.00
9	“金线米黄”石材窗台板	m^2	2.15	320.00	688.00	80.00	172.00
10	更换壁挂式暖气片（暂估）	组	2.00	800.00	1600.00	100.00	200.00
11	木门锁	把	1.00	100.00	100.00	15.00	15.00
12	木门合页	付	2.00	20.00	40.00	8.00	16.00
13	地门吸	个	1.00	15.00	15.00	5.00	5.00
14	窗帘杆（双杆）	m	5.10	45.00	230.00	7.50	38.00
15	吸顶花灯	套	2.00	650.00	1300.00	38.00	76.00
16	普通吸顶灯	套	3.00	300.00	900.00	28.00	84.00
17	更换开关插座面板	项	1.00	200.00	200.00	50.00	50.00
	合计	元			20887.00		6265.00
	餐厅						
1	顶棚“多乐士”漆	m^2	23.76	26.00	618.00	12.42	295.00
2	墙面“多乐士”漆	m^2	65.46	26.00	1702.00	12.42	813.00
3	墙顶部分贴无纺布刮嵌缝石膏	m^2	89.22	4.50	401.00	3.80	339.00
4	地面800mm×800mm米黄色地砖	m^2	23.76	125.00	2970.00	25.00	594.00
5	地砖踢脚板	m	20.40	32.00	653.00	12.60	257.00
6	胡桃木木门及门套	套	1.00	1350.00	1350.00	300.00	300.00
7	胡桃木包哑口	m	5.40	125.00	675.00	55.00	297.00
8	胡桃木包窗套	m	6.30	98.00	617.00	42.00	265.00
9	“金线米黄”石材窗台板	m^2	0.84	320.00	269.00	80.00	67.00

工 程 预 算 表

工程名称：别墅装修工程

第 2 [illegible]（元）

序号	子 目 名 称	工程量		价值（元）		[illegible]	
		单位	数量	单价	合价	[illegible]	合价
10	更换壁挂式暖气片（暂估）	组	1.00	800.00	800[illegible]	[illegible].00	100.00
11	木门锁	把	1.00	100.00	[illegible]	15.00	15.00
12	木门合页	付	1.00	20.0[illegible]	[illegible]0.00	8.00	8.00
13	地门吸	个	1.00	[illegible]	15.00	5.00	5.00
14	窗帘杆（双杆）	m	2.50	45.00	113.00	7.50	19.00
15	吸顶花灯	套	[illegible].00	600.00	600.00	40.00	40.00
16	普通吸顶灯	套	1.00	150.00	150.00	25.00	25.00
17	更换开关插座面板	项	1.00	90.00	90.00	50.00	50.00
	合计	元			11143.00		3489.00
	主卧						
1	顶棚“多乐士”漆	m²	21.00	26.00	546.00	12.42	261.00
2	墙面“多乐士”漆	m²	53.21	26.00	1383.00	12.42	661.00
3	墙顶部分贴无纺布刮嵌缝石膏	m²	74.21	4.50	334.00	3.80	282.00
4	地面实木地板	m²	21.00	200.00	4200.00	25.00	525.00
5	胡桃木木门及门套	套	1.00	1350.00	1350.00	300.00	300.00
6	胡桃木包窗套	m	5.70	98.00	559.00	42.00	239.00
7	“金线米黄”石材窗台板	m²	0.84	320.00	269.00	80.00	67.00
8	更换壁挂式暖气片（暂估）	组	1.00	650.00	650.00	100.00	100.00
9	木门锁	把	1.00	90.00	90.00	15.00	15.00
10	木门合页	付	1.00	20.00	20.00	8.00	8.00
11	地门吸	个	1.00	15.00	15.00	5.00	5.00
12	窗帘杆（双杆）	m	2.50	45.00	113.00	7.50	19.00
13	吸顶花灯	套	1.00	400.00	400.00	40.00	40.00
14	更换开关插座面板	项	1.00	80.00	80.00	50.00	50.00
	合计	元			10029.00		2562.00
	次卧						
1	顶棚“多乐士”漆	m²	20.25	26.00	527.00	12.42	252.00
2	墙面“多乐士”漆	m²	53.87	26.00	1401.00	12.42	669.00
3	墙顶部分贴无纺布刮嵌缝石膏	m²	74.21	4.50	334.00	3.80	282.00
4	地面800mm×800mm米黄色地砖	m²	20.25	125.00	2531.00	25.00	506.00

工 程 预 算 表

工程名称：别墅装修工程　　　　第3页　共11页

序号	子 目 名 称	工程量		价值（元）		其中：人工（元）	
		单位	数量	单价	合价	单价	合价
5	地砖踢脚板	m	17.20	32.00	550.00	12.60	217.00
6	胡桃木木门及门套	套	1.00	1350.00	1350.00	300.00	300.00
7	胡桃木包窗套	m	4.80	98.00	470.00	42.00	202.00
8	“金线米黄”石材窗台板	m^2	0.48	320.00	154.00	80.00	38.00
9	更换壁挂式暖气片（暂估）	组	1.00	650.00	650.00	100.00	100.00
10	木门锁	把	1.00	90.00	90.00	15.00	15.00
11	木门合页	付	1.00	20.00	20.00	8.00	8.00
12	地门吸	个	1.00	15.00	15.00	5.00	5.00
13	窗帘杆（双杆）	m	1.60	45.00	72.00	7.50	12.00
14	吸顶花灯	套	1.00	400.00	400.00	40.00	40.00
15	更换开关插座面板	项	1.00	80.00	80.00	50.00	50.00
	合计	元			8642.00		2696.00
	卫生间						
1	顶棚 300mm×300mm 铝扣板吊顶	m^2	5.22	105.00	548.00	35.00	183.00
2	顶棚条形铝扣板吊顶	m^2	5.40	90.00	486.00	35.00	189.00
3	地面 300mm×300mm 防滑地砖	m^2	10.62	75.00	797.00	25.00	266.00
4	墙面 225mm×325mm 釉面砖	m^2	57.02	85.00	4847.00	28.00	1597.00
5	胡桃木木门及门套	套	2.00	1350.00	2700.00	300.00	600.00
6	更换壁挂式暖气片（暂估）	组	2.00	400.00	800.00	100.00	200.00
7	木门锁	把	2.00	80.00	160.00	15.00	30.00
8	木门合页	付	2.00	20.00	40.00	8.00	16.00
9	地门吸	个	2.00	15.00	30.00	5.00	10.00
10	浴霸	个	1.00	360.00	360.00	50.00	50.00
11	防潮灯	套	1.00	60.00	60.00	10.00	10.00
12	坐便器	套	2.00	850.00	1700.00	30.00	60.00
13	浴缸	套	1.00	1100.00	1100.00	40.00	40.00
14	淋浴房	套	1.00	2600.00	2600.00	80.00	80.00
15	洗脸台	套	2.00	1200.00	2400.00	60.00	120.00
16	五金配件	套	2.00	400.00	800.00	50.00	100.00
17	更换开关插座面板	项	2.00	70.00	140.00	20.00	40.00
	合计	元			19567.00		3590.00

工 程 预 算 表

工程名称：别墅装修工程　　　　　　　　　　　　　　　　　　　　　　第 4 页　共 11 页

序号	子　目　名　称	工程量		价值（元）		其中：人工（元）	
		单位	数量	单价	合价	单价	合价
	厨房						
1	顶棚 300mm×300mm 铝扣板吊顶	m^2	8.10	105.00	851.00	35.00	284.00
2	地面 300mm×300mm 防滑地砖	m^2	8.10	75.00	608.00	25.00	203.00
3	墙面 225mm×325mm 釉面砖	m^2	30.00	85.00	2550.00	28.00	840.00
4	胡桃木木门及门套	套	2.00	1350.00	2700.00	300.00	600.00
5	包暖气	项	1.00	180.00	180.00	60.00	60.00
6	木门锁	把	2.00	80.00	160.00	15.00	30.00
7	木门合页	付	2.00	20.00	40.00	8.00	16.00
8	地门吸	个	2.00	15.00	30.00	5.00	10.00
9	防潮灯	套	1.00	60.00	60.00	10.00	10.00
10	橱柜	m	4.50	1200.00	5400.00	60.00	270.00
11	更换开关插座面板	项	1.00	70.00	70.00	20.00	20.00
	合计	元			12648.00		2342.00
	佣人房						
1	顶棚“多乐士”漆	m^2	5.78	26.00	150.00	12.42	72.00
2	墙面“多乐士”漆	m^2	30.75	26.00	800.00	12.42	382.00
3	墙顶部分贴无纺布刮嵌缝石膏	m^2	36.53	4.50	164.00	3.80	139.00
4	地面 300mm×300mm 地砖	m^2	5.78	75.00	434.00	25.00	145.00
5	地砖踢脚板	m	9.30	32.00	298.00	12.60	117.00
6	胡桃木木门及门套	套	1.00	1350.00	1350.00	300.00	300.00
7	木门锁	把	1.00	80.00	80.00	15.00	15.00
8	木门合页	付	5.00	20.00	100.00	8.00	40.00
9	地门吸	个	1.00	15.00	15.00	5.00	5.00
10	普通吸顶灯	套	1.00	150.00	150.00	25.00	25.00
11	更换开关插座面板	项	1.00	50.00	50.00	10.00	10.00
	合计	元			3590.00		1249.00
	室外新建房						
1	地基基础	m^3	5.28	252.20	1332	75.00	396.00
2	24 墙砌筑	m^2	56.32	77.16	4346	26.40	1487.00
3	墙顶抹灰	m^2	131.64	12.20	1606	8.40	1106.00

工 程 预 算 表

工程名称：别墅装修工程 第5页 共11页

序号	子 目 名 称	工程量		价值（元）		其中：人工（元）	
		单位	数量	单价	合价	单价	合价
4	预制屋面板	m^2	19.00	141.84	2695.00	6.00	114.00
5	外墙贴砖	m^2	56.32	75.00	4224.00	28.00	1577.00
6	顶棚“多乐士”漆	m^2	13.00	26.00	338.00	12.42	161.00
7	顶棚条形铝扣板吊顶	m^2	3.80	90.00	342.00	35.00	133.00
8	墙面“多乐士”漆	m^2	44.32	26.00	1152.00	12.42	550.00
9	墙顶部分贴无纺布刮嵌缝石膏	m^2	57.32	4.50	258.00	3.80	218.00
10	地面600mm×600mm地砖	m^2	13.00	95.00	1235.00	25.00	325.00
11	地面300mm×300mm地砖	m^2	3.80	75.00	285.00	25.00	95.00
12	地砖踢脚板	m	13.54	32.00	433.00	12.60	171.00
13	墙面225mm×325mm釉面砖	m^2	28.83	85.00	2451.00	28.00	807.00
14	胡桃木木门及门套	套	2.00	1350.00	2700.00	300.00	600.00
15	木门锁	把	2.00	80.00	160.00	15.00	30.00
16	木门合页	付	2.00	20.00	40.00	8.00	16.00
17	地门吸	个	2.00	15.00	30.00	5.00	10.00
18	浴霸	个	1.00	360.00	360.00	50.00	50.00
19	普通吸顶灯	套	1.00	100.00	100.00	20.00	20.00
20	坐便器	套	1.00	600.00	600.00	30.00	30.00
21	淋浴花洒	套	1.00	150.00	150.00	12.00	12.00
22	立柱式洗脸盆	套	1.00	450.00	450.00	60.00	60.00
23	五金配件	套	1.00	300.00	300.00	50.00	50.00
24	开关插座面板	项	1.00	80.00	80.00	15.00	15.00
	合计	元			25667.00		8034.00
	二层						
	阳光起居室						
1	顶棚“多乐士”漆	m^2	21.32	26.00	554.00	12.42	265.00
2	墙面“多乐士”漆	m^2	55.38	26.00	1440.00	12.42	688.00
3	墙顶部分贴无纺布刮嵌缝石膏	m^2	76.70	4.50	345.00	3.80	291.00
4	地面实木地板	m^2	21.32	200.00	4264.00	25.00	533.00
5	胡桃木木门及门套	套	1.00	1350.00	1350.00	300.00	300.00
6	胡桃木包窗套	m	5.10	98.00	500.00	42.00	214.00

工程预算表

工程名称：别墅装修工程 第6页 共11页

序号	子目名称	工程量		价值（元）		其中：人工（元）	
		单位	数量	单价	合价	单价	合价
7	“金线米黄”石材窗台板	m^2	0.60	320.00	192.00	80.00	48.00
8	更换壁挂式暖气片（暂估）	组	1.00	650.00	650.00	100.00	100.00
9	木门锁	把	1.00	95.00	95.00	15.00	15.00
10	木门合页	付	1.00	20.00	20.00	8.00	8.00
11	地门吸	个	1.00	15.00	15.00	5.00	5.00
12	窗帘杆（双杆）	m	1.90	45.00	86.00	7.50	14.00
13	吸顶花灯	套	1.00	350.00	350.00	40.00	40.00
14	更换开关插座面板	项	1.00	100.00	100.00	20.00	20.00
	合计	元			9971.00		2806.00
	主卧						
1	顶棚“多乐士”漆	m^2	21.00	26.00	546.00	12.42	261.00
2	墙面“多乐士”漆	m^2	53.21	26.00	1383.00	12.42	661.00
3	墙顶部分贴无纺布刮嵌缝石膏	m^2	74.21	4.50	334.00	3.80	282.00
4	地面实木地板	m^2	21.00	200.00	4200.00	25.00	525.00
5	胡桃木木门及门套	套	1.00	1350.00	1350.00	300.00	300.00
6	胡桃木包窗套	m	5.70	98.00	559.00	42.00	239.00
7	“金线米黄”石材窗台板	m^2	0.84	320.00	269.00	80.00	67.00
8	更换壁挂式暖气片（暂估）	组	1.00	600.00	600.00	100.00	100.00
9	木门锁	把	1.00	90.00	90.00	15.00	15.00
10	木门合页	付	1.00	20.00	20.00	8.00	8.00
11	地门吸	个	1.00	15.00	15.00	5.00	5.00
12	窗帘杆（双杆）	m	2.50	45.00	113.00	7.50	19.00
13	吸顶花灯	套	1.00	350.00	350.00	40.00	40.00
14	更换开关插座面板	项	1.00	80.00	80.00	20.00	20.00
	合计	元			9908.00		2542.00
	次卧						
1	顶棚“多乐士”漆	m^2	40.83	26.00	1062.00	12.42	507.00
2	墙面“多乐士”漆	m^2	101.58	26.00	2641.00	12.42	1262.00
3	墙顶部分贴无纺布刮嵌缝石膏	m^2	142.41	4.50	641.00	3.80	541.00
4	地面800mm×800mm米黄色地砖	m^2	40.83	125.00	5104.00	25.00	1021.00

工 程 预 算 表

工程名称：别墅装修工程 第7页 共11页

序号	子 目 名 称	工程量		价值（元）		其中：人工（元）	
		单位	数量	单价	合价	单价	合价
5	地砖踢脚板	m	32.70	32.00	1046.00	12.60	412.00
6	胡桃木木门及门套	套	2.00	1350.00	2700.00	300.00	600.00
7	胡桃木包窗套	m	18.30	98.00	1793.00	42.00	769.00
8	“金线米黄”石材窗台板	m^2	1.56	320.00	499.00	80.00	125.00
9	更换壁挂式暖气片（暂估）	组	2.00	600.00	1200.00	100.00	200.00
10	木门锁	把	2.00	80.00	160.00	15.00	30.00
11	木门合页	付	2.00	20.00	40.00	8.00	16.00
12	地门吸	个	2.00	15.00	30.00	5.00	10.00
13	窗帘杆（双杆）	m	3.90	45.00	176.00	7.50	29.00
14	吸顶花灯	套	2.00	350.00	700.00	40.00	80.00
15	更换开关插座面板	项	2.00	80.00	160.00	20.00	40.00
	合计	元			17953.00		5642.00
	书房						
1	顶棚“多乐士”漆	m^2	24.44	26.00	635.00	12.42	304.00
2	墙面“多乐士”漆	m^2	58.59	26.00	1523.00	12.42	728.00
3	墙顶部分贴无纺布刮嵌缝石膏	m^2	83.03	4.50	374.00	3.80	316.00
4	地面实木地板	m^2	24.44	200.00	4888.00	25.00	611.00
5	胡桃木木门及门套（子母门）	套	1.00	1450.00	1450.00	300.00	300.00
6	胡桃木包窗套	m	5.10	98.00	500.00	42.00	214.00
7	“金线米黄”石材窗台板	m^2	0.60	320.00	192.00	80.00	48.00
8	更换壁挂式暖气片（暂估）	组	1.00	600.00	600.00	100.00	100.00
9	木门锁	把	1.00	80.00	80.00	15.00	15.00
10	木门合页	付	2.00	20.00	40.00	8.00	16.00
11	地门吸	个	1.00	15.00	15.00	5.00	5.00
12	窗帘杆（双杆）	m	1.90	45.00	86.00	7.50	14.00
13	吸顶花灯	套	1.00	350.00	350.00	40.00	40.00
14	更换开关插座面板	项	1.00	80.00	80.00	15.00	15.00
	合计	元			10813.00		2725.00

工 程 预 算 表

工程名称：别墅装修工程　　　　第8页　共11页

序号	子 目 名 称	工程量		价值（元）		其中：人工（元）	
		单位	数量	单价	合价	单价	合价
	卫生间						
1	顶棚 300mm×300mm 铝扣板吊顶	m^2	5.22	105.00	548.00	35.00	183.00
2	地面 300mm×300mm 防滑地砖	m^2	5.22	75.00	392.00	25.00	131.00
3	墙面 225mm×325mm 釉面砖	m^2	28.19	85.00	2396.00	28.00	789.00
4	胡桃木木门及门套	套	1.00	1350.00	1350.00	300.00	300.00
5	更换壁挂式暖气片（暂估）	组	1.00	400.00	400.00	100.00	100.00
6	木门锁	把	1.00	80.00	80.00	15.00	15.00
7	木门合页	付	1.00	20.00	20.00	8.00	8.00
8	地门吸	个	1.00	15.00	15.00	5.00	5.00
9	浴霸	个	1.00	360.00	360.00	50.00	50.00
10	坐便器	套	1.00	800.00	800.00	30.00	30.00
11	浴缸	套	1.00	1100.00	1100.00	40.00	40.00
12	洗脸台	套	1.00	1200.00	1200.00	60.00	60.00
13	五金配件	套	1.00	400.00	400.00	50.00	50.00
14	更换开关插座面板	项	1.00	50.00	50.00	10.00	10.00
	合计	元			9111.00		1771.00
	露台、阳台						
1	顶棚“多乐士”漆	m^2	17.35	26.00	451.00	12.42	215.00
2	墙面“多乐士”漆	m^2	86.48	26.00	2248.00	12.42	1074.00
3	墙顶部分贴无纺布刮嵌缝石膏	m^2	103.83	4.50	467.00	3.80	395.00
4	地面 600mm×600mm 地砖	m^2	34.45	85.00	2928.00	25.00	861.00
5	塑钢门	m^2	2.10	320.00	672.00	85.00	179.00
6	胡桃木包哑口	m	5.20	125.00	650.00	55.00	286.00
7	普通吸顶灯	套	2.00	150.00	300.00	25.00	50.00
8	更换开关插座面板	项	1.00	40.00	40.00	8.00	8.00
	合计	元			7757.00		3068.00
	过道						
1	顶棚“多乐士”漆	m^2	7.61	26.00	198.00	12.42	95.00
2	墙面“多乐士”漆	m^2	26.17	26.00	680.00	12.42	325.00
3	墙顶部分贴无纺布刮嵌缝石膏	m^2	33.78	4.50	152.00	3.80	128.00

工 程 预 算 表

工程名称：别墅装修工程　　　　第9页　共11页

序号	子目名称	工程量		价值（元）		其中：人工（元）	
		单位	数量	单价	合价	单价	合价
4	地面800mm×800mm米黄色地砖	m^2	7.61	125.00	951.00	25.00	190.00
5	地砖踢脚板	m	5.60	32.00	179.00	12.60	71.00
6	胡桃木包哑口	m	5.55	125.00	694.00	55.00	305.00
7	普通吸顶灯	套	2.00	100.00	200.00	25.00	50.00
	合计	元			3054.00		1164.00
	阁楼						
	库房						
1	顶棚“多乐士”漆	m^2	81.57	26.00	2121.00	12.42	1013.00
2	墙面“多乐士”漆	m^2	100.94	26.00	2624.00	12.42	1254.00
3	墙顶部分贴无纺布刮嵌缝石膏	m^2	182.51	4.50	821.00	3.80	694.00
4	地面复合木地板	m^2	81.57	85.00	6933.00	25.00	2039.00
5	胡桃木木门及门套	套	1.00	1350.00	1350.00	300.00	300.00
6	胡桃木包窗套	m	14.40	98.00	1411.00	42.00	605.00
7	木门锁	把	1.00	80.00	80.00	15.00	15.00
8	木门合页	付	1.00	20.00	20.00	8.00	8.00
9	地门吸	个	1.00	15.00	15.00	5.00	5.00
10	柜体及柜门制安	m^2	4.44	520.00	2309.00	60.00	266.00
11	更换开关插座面板	项	1.00	100.00	100.00	30.00	30.00
	合计	元			17785.00		6229.00
	卫生间						
1	顶棚300mm×300mm铝扣板吊顶	m^2	8.00	105.00	840.00	35.00	280.00
2	地面300mm×300mm防滑地砖	m^2	8.00	75.00	600.00	25.00	200.00
3	墙面225mm×325mm釉面砖	m^2	34.59	85.00	2940.00	28.00	969.00
4	胡桃木木门及门套	套	1.00	1350.00	1350.00	300.00	300.00
5	更换壁挂式暖气片（暂估）	组	1.00	400.00	400.00	100.00	100.00
6	木门锁	把	1.00	80.00	80.00	15.00	15.00
7	木门合页	副	1.00	20.00	20.00	8.00	8.00
8	地门吸	个	1.00	15.00	15.00	5.00	5.00
9	防潮灯	套	1.00	60.00	60.00	10.00	10.00
10	坐便器	套	1.00	800.00	800.00	30.00	30.00

工 程 预 算 表

工程名称：别墅装修工程

序号	子 目 名 称	工程量		价值（元）		其中：人工（元）	
		单位	数量	单价	合价	单价	合价
11	洗脸台	套	1.00	1200.00	1200.00	60.00	60.00
12	五金配件	套	1.00	400.00	400.00	50.00	50.00
13	更换开关插座面板	项	1.00	50.00	50.00	8.00	8.00
	合计	元			8755.00		2035.00
	过道						
1	顶棚“多乐士”漆	m^2	4.55	26.00	118.00	12.42	57.00
2	墙面“多乐士”漆	m^2	9.47	26.00	246.00	12.42	118.00
3	墙顶部分贴无纺布刮嵌缝石膏	m^2	14.02	4.50	63.00	3.80	53.00
4	地面800mm×800mm米黄色地砖	m^2	4.55	125.00	569.00	25.00	114.00
5	地砖踢脚板	m	1.25	32.00	40.00	12.60	16.00
6	塑钢门	m^2	10.71	320.00	3427.00	85.00	910.00
7	胡桃木包哑口	m	19.05	125.00	2381	55.00	1048.00
8	普通吸顶灯	套	1.00	100.00	100.00	25.00	25.00
	合计	元			6945.00		2340.00
	地下室						
1	地面500mm×500mm地砖	m^2	164.64	80.00	13171.00	25.00	4116.00
2	普通木门及门套	套	2.00	800.00	1600.00	260.00	520.00
3	包哑口	m	5.90	90.00	531.00	40.00	236.00
4	木门锁	把	2.00	80.00	160.00	15.00	30.00
5	木门合页	副	2.00	20.00	40.00	8.00	16.00
6	地门吸	个	2.00	15.00	30.00	5.00	10.00
7	普通吸顶灯	套	3.00	100.00	300.00	25.00	75.00
8	吊灯	套	4.00	80.00	320.00	15.00	60.00
9	更换开关插座面板	项	1.00	100.00	100.00	25.00	25.00
	合计	元			16252.00		5088.00

工 程 预 算 表

工程名称：别墅装修工程　　　　第11页　共11页

序号	子目名称	工程量		价值（元）		其中：人工（元）	
		单位	数量	单价	合价	单价	合价
	楼梯及楼梯间						
1	顶棚“多乐士”漆	m^2	40.35	26.00	1049.00	12.42	501.00
2	墙面“多乐士”漆	m^2	117.77	26.00	3062.00	12.42	1463.00
3	墙顶部分贴无纺布刮嵌缝石膏	m^2	158.12	4.50	712.00	3.80	601.00
4	地面800mm×800mm米黄色地砖	m^2	54.47	125.00	6809.00	25.00	1362.00
5	地砖踢脚板	m	40.24	32.00	1288.00	12.60	507.00
6	胡桃木包哑口	m	5.40	125.00	675.00	55.00	297.00
7	胡桃木包窗套	m	8.40	98.00	823.00	42.00	353.00
8	楼梯栏杆及扶手	m	15.43	320.00	4938.00	60.00	926.00
9	普通吸顶灯	套	4.00	100.00	400.00	25.00	100.00
10	更换开关插座面板	项	1.00	80.00	80.00	10.00	10.00
	合计	元			19835.00		6119.00
	室外及其他						
1	地面草坪砖	m^2	206.18	80.00	16494.00	25.00	5155.00
2	台阶及踏步地砖	m^2	41.29	120.00	4955.00	25.00	1032.00
3	水电线路改造安装（暂估）	项	1.00	4000.00	4000.00	600.00	600.00
4	渣土外运	项	1.00	2000.00	2000.00	400.00	400.00
	合计	元			27449.00		7187.00
	工程总造价	元			305179.00		85871.00

第11章

计算机软件辅助室内工程预算

【本章重点与难点】

1. 图形算量软件 GCL7.0 的操作流程（重点）。
2. 软件 GCL7.0 主要构件的定义、基本画法及操作。
3. 清单计价软件 GBQ3.0 的操作流程（重点）。
4. 施工图预算的编制，市场价文件的选取（难点）。

本章以广联达软件为应用软件工具，简要讲解有关计算机软件辅助室内装饰装修工程算量及计价的相关知识。目前，工程清单算量软件 GCL 7.0 是传统定额模式向清单环境过渡时期非常实用的算量工具，适用于定额模式和清单模式下不同的算量需求。通过融合绘图和 CAD 识图功能，内置计算规则，计算工程量只需按照图纸提供的信息定义好各种构件的材质、尺寸等属性，同时定义好构件立面的楼层信息，然后将构件沿着定义好的轴线画入或布置到软件中相应的位置，在汇总过程中软件将会自动按照相应的规则进行扣减，即可计算出精确的工程量结果并可得到相应的报表。工程清单计价软件 GBQ 3.0 以完全符合清单计价原则和工程量清单编制方法为标准，融入计算机本身的优点，对庞大的数据集能够进行更加高效、快速、准确的处理。在清单算量软件 GCL 7.0 完成工程量的计算之后，可以直接将数据导入清单计价软件 GBQ 3.0 中进行组价，完成建筑工程的计价。本章将结合实例讲解建筑室内工程在计算机软件中的工程量计算及计价过程。

11.1 工程清单计价软件

11.1.1 工程清单的基本概念

在介绍计算机软件辅助室内工程预算之前，先回顾几个有关工程清单的基本概念，以便更好地学习软件。

“工程量清单”是表现拟建工程的分部分项工程项目、措施项目、其他项目、规费项目和税金项目的名称和相应数量等的明细清单。工程量清单是依据招标文件规定、施工设计图纸、计价规范（规则）计算分部分项工程量，并列在清单上作为招标文件的组成部分，可提供编制标底和供投标单位填报单价。工程量清单是工程量清单计价的基础，是编制招标标底（招标控制价、招标最高限价）、投标报价、计算工程量、调整工程量、支付工程款、调整合同价款、办理竣工结算以及工程索赔等的依据。

“分部分项工程量清单”是由构成工程实体的分部分项项目组成，分部分项工程量清单应包括项目编码、项目名称（项目特征）计量单位和工程数量。分部分项工程量清单应根据项目编码、项目名称、项目特征、计量单位和工程量计算规则（五个要件）进行编制。

“综合单价”是指完成工程量清单中一个规定计量单位项目所需的人工费、材料费、机械使用费、管理费和利润，并考虑风险因素。

“清单项”是由12位数字编码组成，前9位是国家统一编码，他们都有其具体的含义，后三位是软件自动进行编码的，如果有相同的实体清单项，只是项目特征描述不一样，就会用后三位编码来区分，如001、002、003等。例如020101001001表示水泥砂浆楼地面。

11.1.2 图形算量软件GCL7.0的操作流程

11.1.2.1 新建向导

首先单击桌面图标，然后单击工程量清单计价软件，启动软件，单击新建向导，即可按照窗口提示，来完成工程的创建过程。

(1) 首先切换到清单计价（定额计价只针对2005年房屋修缮定额），选择清单计价方式。工程量清单是针对招标方编制工程量清单，如果是招标方要做标底，投标方根据相应的清单项组价，则选择工程量清单计价（标底）。清单计价方式分为三种类型。三种类型的区别是，第一种只能输入清单项，第二种可输入清单项和定额项，第三种只能输入定额项。本书以第二种方式为例进行操作，在这种方式下，可以使用到软件的所有功能。

(2) 单击下一步，进行清单规则、专业、定额的选择。清单选择“工程量清单项目设置规则(2002—北京)”，清单分为几个专业，点开“专业”后面的下拉菜单选择需要的专业。清单项本身是没有价格的，需要操作者自己组价，全统清单规则还需和各地的消耗量定额进行挂接，所以还要再次选择中输入相应的消耗量定额，在“定额选项”的下拉菜单里，选择“北京市建筑工程预算定额(2001)”，如图11-1所示。

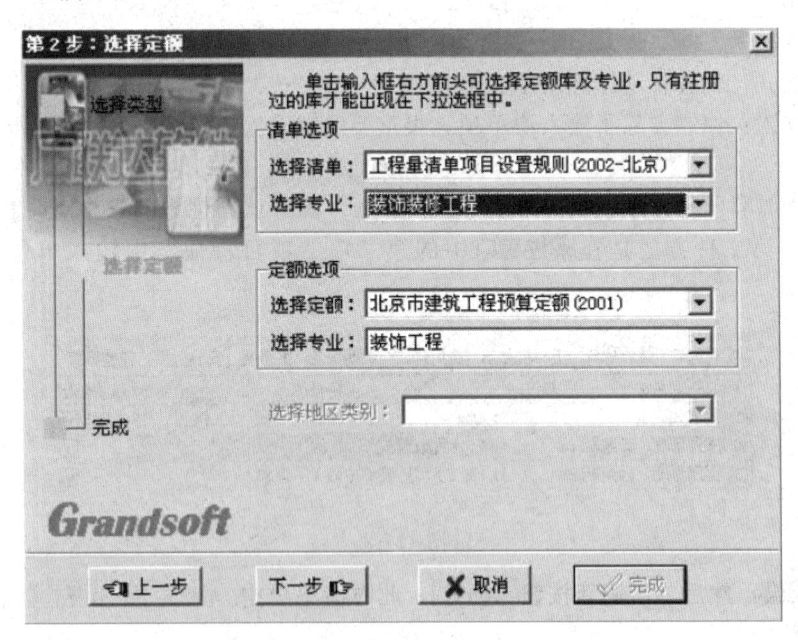

图11-1

(3) 然后输入工程名称，单击“完成”。此时文件创建完成，进入软件编辑界面。界面的左边，有工程概况、分部分项工程量清单等，这些是界面切换的页签。同时也符合编辑文件的操作顺序。

11.1.2.2 工程概况

工程概况是对工程的情况作文字性的标示，包括一些工程特征和属性等，一般在招标书中都有详细说明。这些可以方便工程建档、资料管理等。但是并不影响工程量的计算，使用者可自行编写。但工程信息中的“建筑面积”直接影响到单方造价的值，所以要据实填写。

11.1.2.3 分部分项工程量清单

此界面是实体性项目输入的界面。

1. 清单项的输入

(1) 直接输入法。

投标方当然可按照招标书直接在工程量清单表中输入12位编码，如 020101001001。

(2) 章节查询法。可以通过 查询窗口 中的“清单项查询”这个按钮查询所需要的清单项。

(3) 条件查询法。如果想输入某一部分的清单项，例如想输入有关墙面的清单项，那么就可以用条件查询。界面仍旧是单击 查询窗口 中的“清单项查询”，选择“条件查询”，在名称中输入“墙面”，然后单击 检索 。

(4) 外部数据导入。作为投标方，如果招标方提供Excel格式的工程量清单，软件和Excel有接口，通过“导入外部数据”这个按钮将数据导入，通过“浏览”找到Excel存放的路径，将文件打开，这时发现“导入”是灰色，看蓝色字体的提示，请在选择了Excel文件后，设置每列的对应值(编号对应列必须选择)，导入之前要注意将编号、名称、单位、工程量与相应的数据列对应起来。

(5) 预算书的导入。这种方法适用于两个人（或两个人以上）同时编制一份清单文件，可以同时在不同的电脑上操作，最后进行合并，功能按钮为 。

(6) GBQ3.0导入GCL7.0。以上四种方法都是针对清单计价软件本身重要的输入方法，如果是在GCL7.0中套好了做法，并且采用的是清单模式，可以直接将其做法导入，做法是新建一份空的清单文件，新建时所选的清单规则和定额必须与GCL7.0的一致。在分部分项工程量清单界面中，单击 导入GCL7.0工程数据，通过“浏览”找到文件存放的路径，单击 打开(O) 数据便可导入。

2. 工程量的输入

(1) 直接输入结果。

(2) 编辑表达式，软件自动计算结果。

特征项目的输入：编制方除了输入清单项，很重要的就是输入特征项目，投标方很大程度上要根据此项组价。输入时有两种方法，第一种是在 项目特征 ，点开此图标中的三个点，在编辑界面中输入项目特征的内容，第二种方法是在 属性窗口 中的第二项“项目特征”中输入单位和特征值，如图11-2所示。

工程内容 | 特征项目 | 工料机显示 | 费用构成 | 说明信息 | 变量表 | 安装费用 | 标准换算

	名称	单位	特征值	是否输出
1	踢脚线高度		100mm	☑
*2	底层厚度、砂浆配	mm	1：2水泥砂浆找平（20厚）	☑
3	面层厚度、砂浆配	mm	1：1.5水泥砂浆（中砂） 厚30	☑

图11-2

切换到 项目特征，然后单击刷新按钮 刷新，此时清单项中 名称及规格 一列中就会显示特征项目的内容。

清单项可以根据上述的过程将清单编号、特征值等一一输入，然后根据清单项用北京市建筑工程预算定额（2001）来组价。

下面以第一项“水泥砂浆楼地面”为例，首先选中这个清单项前面的行号，单击右键。选择“插入子项”一一输入要组的定额号，

13-1	定	水泥砂浆找平层 厚度(mm) 20 平面
13-3	定	水泥砂浆找平层 厚度(mm) 每增5 平面

（工程实际情况不同，所组的定额项也不同，此例仅供参考。）

对于刚接触清单组价的使用者，软件还提供了一项功能，这个功能的作用是将某一项清单项可能要组的定额项都列出来，使用者可以参考，此功能按钮在属性窗口中，单击 工程内容，接着单击“指引

项目”，如图 11－3 所示。

图 11－3

我们可以从中选择（选中时此项变为蓝色）相应的子目，然后单击“选择”。这里的指引项目是方便读者输入，实际工程的情况变化万千，如果有在指引里不能找到的子目，可通过“查询窗口”中的定额查询法查询到相关子目后直接输入。

3. 补充子目及其他

在用定额组价的过程中，也可能遇到一些定额中没有但是确实发生的子目，如人工、材料、机械，这时可以用补充子目，补充时的格式如下。

B：子目号，表示输入为子目；R：人工号，表示输入为人工；

C：材料号，表示输入为材料；J：机械号，表示输入为机械；

Z：主材号，表示输入为主材；S：设备号，表示输入为设备；

G：材料号，表示输入暂估价材料。

例如补充一条格式为“B：001”的子目，然后输入相应的名称及工程量、单位。

软件有一项“单价分摊”功能，在输入子目的单价时自动弹出下图（图 11－4），要求输入补充子目的人工费、材料费和机械费。

4. 换算的方法

（1）材料换算：将子目前的“＋”号点开，它包含的是所有材料都在下面，要修改哪条材料，只要点开本行后方的材料库，从中查询，找到后单击确定即可。这样新材料就会替换原来的材料。

（2）标准换算：此换算适用于地面厚度，混凝土标号，水泥砂浆标号的换算等，单击“属性窗口”中的“标准换算”将实际的厚度或混凝土标号输入此界面，如图 11－5 所示。

（3）直接换算：在定额号后面直接输入“R＊1.1，C＋12，J＊1.2”字样，表明这个定额号中人工单价乘以系数 1.1，机械单价乘以系数 1.2，材料单价加上 12 元，如图 11－6 所示。

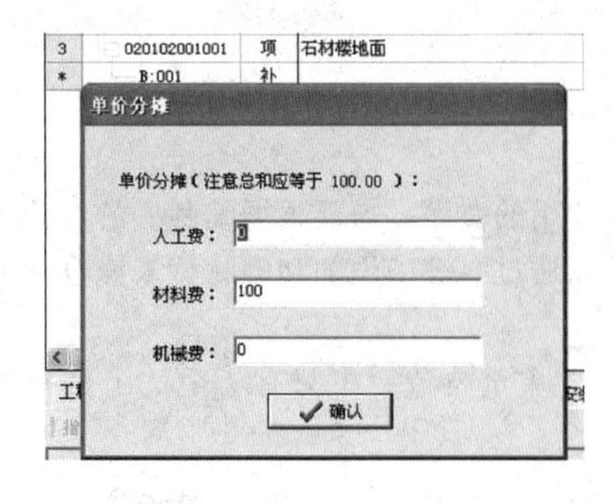

图 11－4

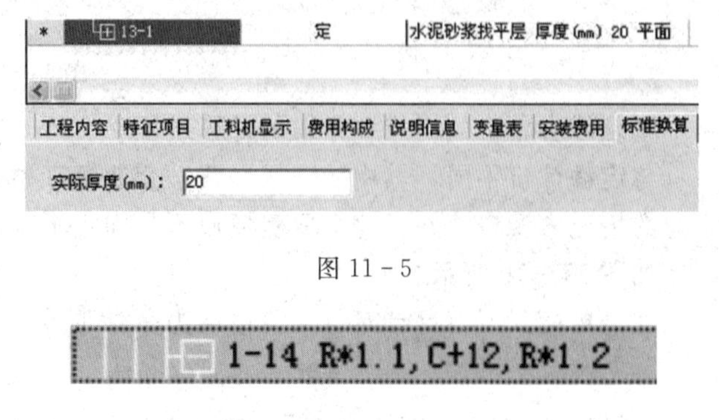

图 11－5

1-14 R*1.1，C+12，R*1.2

图 11－6

（5）批量换算：多条子目同时进行换算时，会用到此功能。单击选中要换算的子目，单击右键中的“批量换算”，填写相应的系数，如图 11-7 中圈定的部分所示。

5. 分部整理

进行换算之后，如果发现逐项输入的清单项显得很凌乱，可以通过“分部整理”将清单项按章节进行整理。

单击分部整理按钮，软件会按照清单中相应的章节自动排序，如图 11-8 所示，单击确认即可。

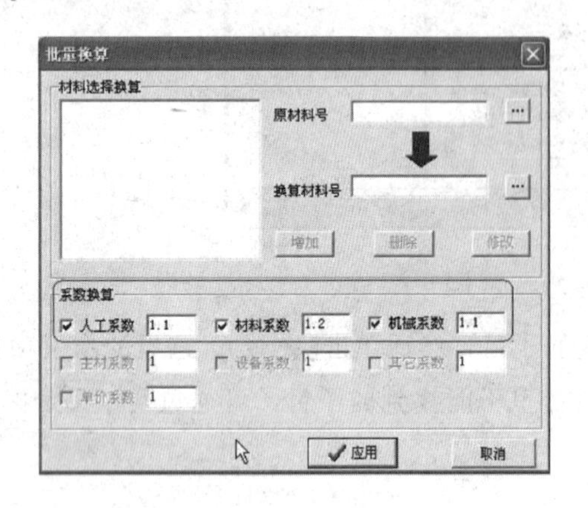

图 11-7

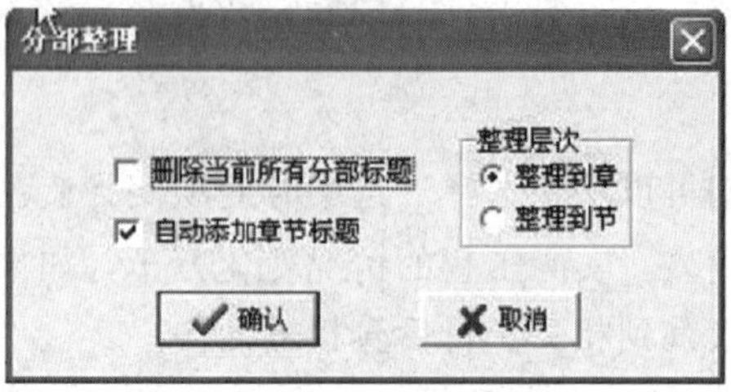

分部整理
删除当前所有分部标题
自动添加章节标题
整理层次
整理到章
整理到节
确认
取消

图 11-8

单价构成：定额组价及清单项整理完毕之后，我们发现综合单价中已经有了具体的数值。那么综合单价是如何计算出来的，我们如何控制综合单价的量？在“单价构成”中查看，单击单价构成按钮，进入“单价构成”界面，如图 11-9 所示。

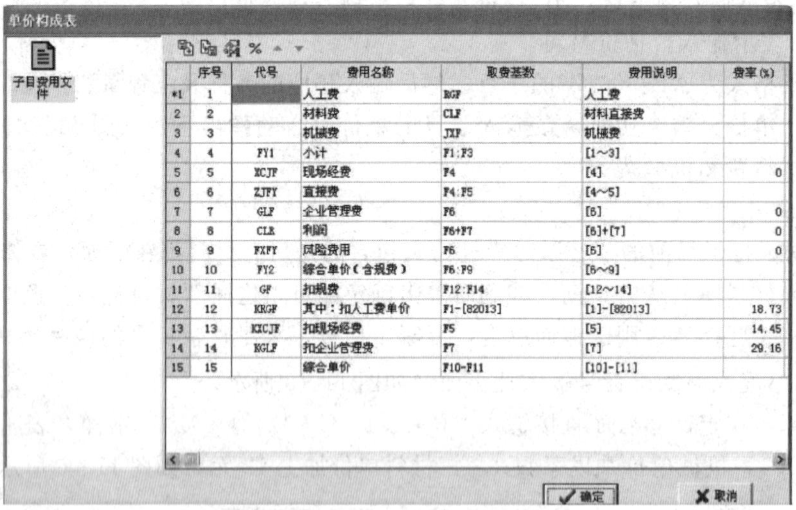

单价构成表

子目费用文件

	序号	代号	费用名称	取费基数	费用说明	费率(%)
*1	1		人工费	RGF	人工费	
2	2		材料费	CLF	材料直接费	
3	3		机械费	JXF	机械费	
4	4	FY1	小计	F1:F3	[1~3]	
5	5	XCJF	现场经费	F4	[4]	0
6	6	ZJFY	直接费	F4:F5	[4~5]	
7	7	GLF	企业管理费	F6	[6]	0
8	8	CLR	利润	F6+F7	[6]+[7]	0
9	9	FXFY	风险费用	F6	[6]	0
10	10	FY2	综合单价（含规费）	F6:F9	[6~9]	
11	11	GF	扣规费	F12:F14	[12~14]	
12	12	KRGF	其中：扣人工费单价	F1-[82013]	[1]-[82013]	18.73
13	13	KXCJF	扣现场经费	F5	[5]	14.45
14	14	KGLF	扣企业管理费	F7	[7]	29.16
15	15		综合单价	F10-F11	[10]-[11]	

确定　取消

图 11-9

这是综合单价的构成和详细的计算过程。

与定额计价不同，其中的现场经费，企业管理费等这些费用的费率，需要根据编制人的经验和本企业的情况来调整，并且整个取费模板不是固定不变的，可以通过右键中添加和删除行来修改费用模板，如图 11-10 所示。

在清单模式下，是针对每个清单项为个体取费的，如果“单价构成”中只有一个“子目费用文件”，也就是只有一个图标 子目费用文件，那么分部分项工程量中的所有清单项默认都按此模板取费。如果需要不同的取费模式或者选取的费率不同，可以通过单击右键新建子目费用文件，添加不同的费用文件，如图 11－11 所示。

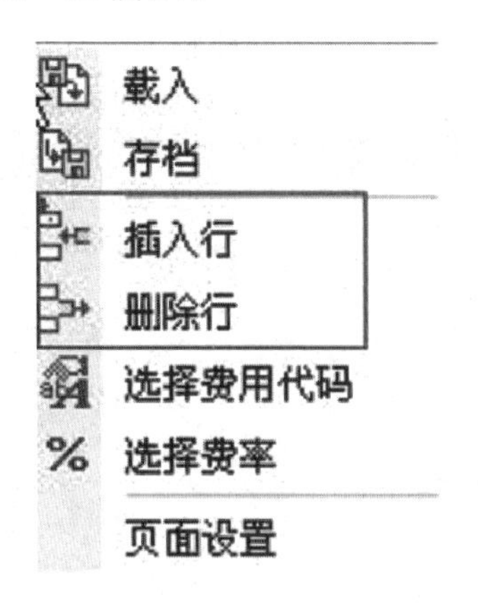

图 11－10

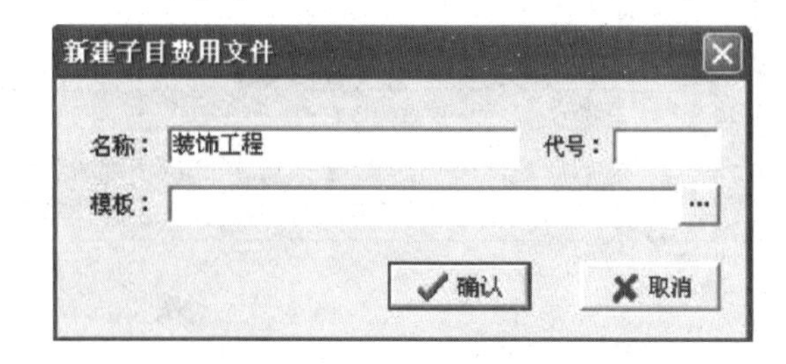

图 11－11

费用文件的名称可根据实际情况来修改。点开上图中三个点，选择相应的费用模板，如图 11－12 所示。

费用构成：单价构成中只有综合单价的计算过程，如果要进一步看其中某一项费用的具体数值，要在多次提到的“属性窗口”中的“费用构成”一项中查看。

11.1.2.4 措施项目界面

在招标文件中，除了实体项目清单，还有措施项目清单。软件处理措施项目是在“措施项目清单”页签中。在此页签中，可以看到“类别”列下有“费”和“定”字，“费”即普通费用行，“定”即定额组价行。不同的组价行代表着不同的组价形式。软件提供了三种组价方式，如图 11－13 所示。

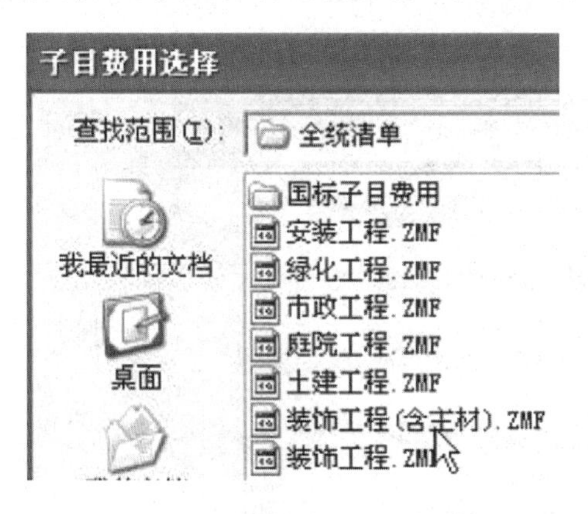

图 11－12

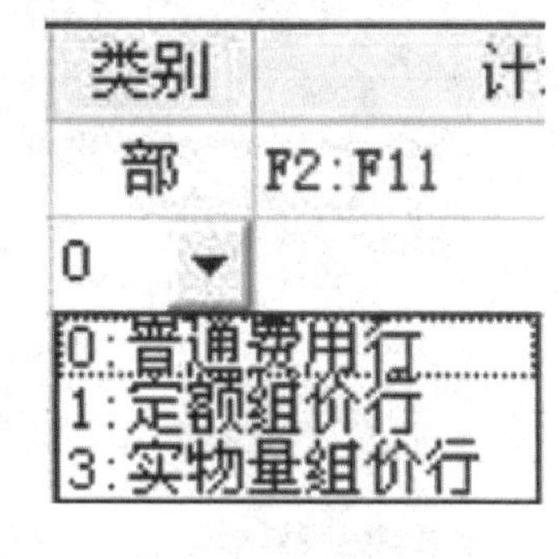

图 11－13

（1）普通费用行。大部分的措施费用不是以定额的形式给出的，这些需要在措施项目清单表中进行输入。

1）若招标文件的措施项目都是以费用的形式给出的。比如临时设施费给出的费用金额是 36000 元，单击“临时设施”行的“计算基数”栏，直接输入 36000，回车确定，这时可以看到 36000 这笔费用已经进入最后的合价，系统是自动汇总的。同样的方法，下一项垂直运输机械 100000 元，还有环境保护 6000 元。

计算基数	费率(%)
F2:F11	
DEZJF	5

图 11－14

2）光标放置在取费基数一栏，单击“费用代码”按钮，给出相应的费率，如图 11－14 所示。

（2）定额组价行。选中此行，单击“组价内容”，在此界面输入定额子目，定额组价方式很类似于分部分项工程量清单的组价方式，所以它的计价过程仍旧在单价构成中查看，各项费用的费率默认是分步分项工程量清单的费率，也可以调整。

（3）实物量组价。实物量组价方式如图 11－15 所示，在此界面输入发生的人工、材料、机械的费用。

实物量组价

载入组价包　保存组价包　人材机查询

序号	名称	单位	数量	单价	合价	备注
1	人工类					
1.1						
2	材料类					
2.1						
3	机械类					
3.1						

图 11－15

11.1.2.5　其他项目清单

1. 综述

招标人提出的一些与拟建工程有关的特殊要求，这些我们列到其他项目清单中，所需的金额也计入总报价。预留金属于招标人部分，零星工作费属于投标人部分。

2. 实际操作

例如招标文件的其他项目清单表共有两项，预留金和零星工作费。

（1）直接输入。单击“预留金”行的“取费基数”栏，直接输入 100000，回车即可。

（2）零星工作费。零星工作费的输入注意要分成若干详细的工作项目，所以需要一张项目明细表，便于甲乙双方核对。双击零星工作费的“取费基数”栏，然后单击右边的按钮，弹出零星工作费表，在此处输入各项零星工作项目的费用。此表共分四项：人工、材料、机械、其他类别。如图 11－16 所示。

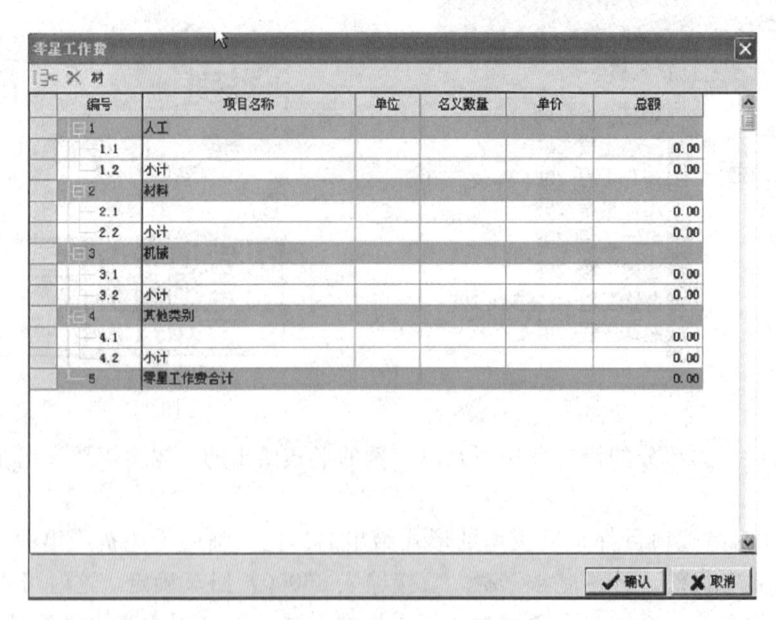

零星工作费

编号	项目名称	单位	名义数量	单价	总额
1	人工				
1.1					0.00
1.2	小计				0.00
2	材料				
2.1					0.00
2.2	小计				0.00
3	机械				
3.1					0.00
3.2	小计				0.00
4	其他类别				
4.1					0.00
4.2	小计				0.00
5	零星工作费合计				0.00

确认　取消

图 11－16

11.1.2.6　人材机界面

清单报价，材料的价格将是取胜中最关键的一个环节。我们套用的定额中，材料的价格是固定的，但我们经常要依照市场行情进行相应的调整。现在看一看如何来调整材料的市场价格。首先点开人材机汇总页签，人材机汇总，进入此界面后，我们看到每条材料均有定额价和市场价两个价格栏。选取市场价时有两种方法，直接输入法和查询法。

（1）直接输入法。如果市场价格是现成的，可直接在需要调整的材料市场价栏处输入实际的市场价格就可以了。我们把几条材料的市场价分别输入进去，软件会按照我们输入进去的市场价格来计算子目和清单的综合单价。

（2）查询法。如果需要调整的材料市场价格是按照造价主管部门发布的价格信息来收集的，我们也提供了相应的各期材料价格数据库，只需要单击右键中“载入市场价”按钮，或者单击右键“载入市场价”即可出现以下界面，如图 11－17 所示。

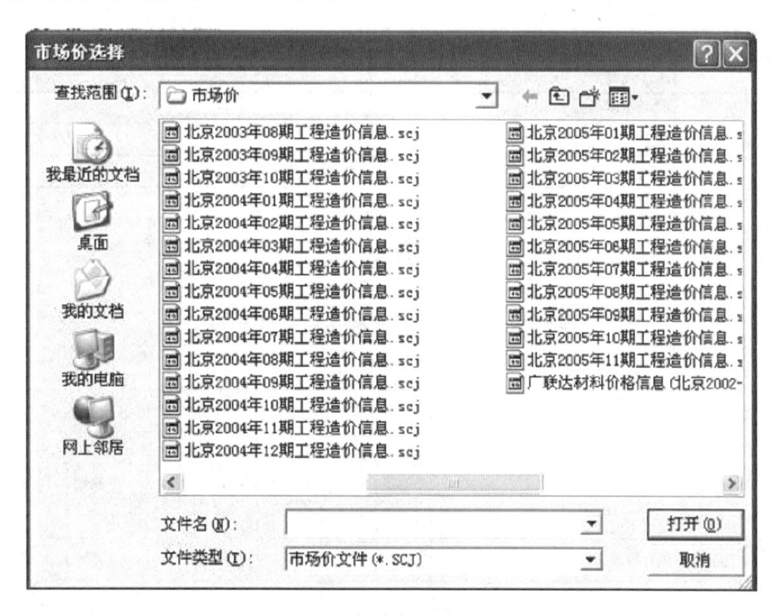

图 11－17

11.1.2.7 计价程序界面

1．综述

在材料调价进行完之后，我们就要确定最后的工程造价。单击“计价程序”页签，进入计价程序页面，这里就是整个工程造价的费用组成。第一项是分部分项工程量清单计价合计，也就是实体项目清单计价合计；第二项是措施项目清单计价合计；第三项是其他项目清单计价合计；第四项是规费；第五项是税金。

2．规费、税金简介

这里简要对规费、税金做一下介绍。规费是指政府和有关部门规定必须缴纳的费用。在前面分部分项工程量清单和措施项目中的单价构成中，我们已经把规费从相应的人工费、现场经费、企业管理费扣除，再次单独记取。税金则是前四项的合计为取费基数，乘以费率得出金额。

11.1.2.8 查看报表

1．综述

所有清单输入完毕，结果就体现在报表。进入报表页面，广联达软件提供了丰富多样的报表，左边界面的是报表的目录，以树状结构显示出各种报表。

2．单位工程费汇总表说明

单位工程费汇总表是一张总表，我们可清晰地看到工程的最终总造价是由哪几部分组成的，如图 11－18 所示。

3．分部分项工程量清单计价表

针对有些清单需要输出工作内容，有些需要输出定额子目，有些需要每项清单单列一张表。软件专门设置了多种分部分项工程量清单综合单价表，可根据不同需求进行选择。就以“分部分项工程量清单记价表”为例，如图 11－19 所示。

4．报表设计

在屏幕上单击右键，弹出的快捷菜单如图 11－20 所示。

单位工程费汇总表

工程名称：预算书1　　　　　　　　　　　　　　第 1 页　　共 1 页

序号	费用名称	费用金额
一、	分部分项工程量清单计价合计	2,177
二、	措施项目清单计价合计	1,225
三、	其他项目清单计价合计	786
四、	规费	42
1、	人工费部分	39
2、	现场经费部分	1
3、	企业管理费部分	2
4、	其他	
五、	税金	144

图 11－18

分部分项工程量清单综合单价分析表

工程名称：装饰装修工程

序号	编号	项目名称	定额编号	工程内容	单位	数量	综合单价组成（元）						综合费用单价（元）	备注
							人工费	材料费	机械使用费	管理费	利润	小计		主材价格
22	020507001020	刷喷涂料	5－126	内墙涂料　三遍	$100m^2$	0.01	2.71	2.76		0.35	0.81	7.9	23.26	
			5－179	室内刮大白　二遍　混凝土面	$100m^2$	0.01	1.89	2.52		0.25	0.57	6.14		
			5－181	室内刮大白　每增加一遍	$100m^2$	0.01	0.86	1.09		0.11	0.26	2.73		
			5－184	墙面抗碱封底涂料	$100m^2$	0.01	1.34	3.83		0.17	0.4	6.49		
				合　计			6.81	10.19		0.88	2.04	23.26		
23	020509001001	墙纸裱糊	5－171	裱糊墙纸、墙面　不对花	$100m^2$	0.01	10.81	30.36		1.41	3.24	51.82	60.13	
			5－179	室内刮大白　二遍　混凝土面	$100m^2$	0.01	1.89	2.52		0.25	0.57	6.14		
			5－118	抹灰面刷调和漆　每增减一遍调和漆	$100m^2$	0.01	0.7	0.83		0.09	0.21	2.17		
				合　计			13.41	33.7		1.74	4.02	60.13		
24	020302001004	天棚吊顶	3－40	不上人型轻钢天棚　龙骨　龙骨间距　600×600mm 以内	$100m^2$	0.01	9.92	25.85	0.39	1.29	2.98	45.86	90.01	
			3－182	吸音板面层　矿棉　吸音板	$100m^2$	0.01	6.36	30.87		0.83	1.91	44.15		
				合　计			16.28	56.73	0.39	2.12	4.88	90.01		
25	020209001006	隔断	2－393	塑钢隔断　全玻	$100m^2$	0.01	20.14	288.17	8.41	2.62	6.04	348.41	348.41	
				合　计			20.14	288.17	8.41	2.62	6.04	348.41		
26	020209001007	隔断	2－334	柱面龙骨　方管龙骨　双向 450mm	$100m^2$	0.01	6.84	70.95	9.17	0.89	2.05	96.56	292.75	
			2－315	双面石膏板墙面、墙裙　在轻钢龙骨上	$100m^2$	0.02	14.33	38.67		1.86	4.3	67.04		
			2－309	细木工板基层　墙面　墙裙	$100m^2$	0.02	8.78	94.21	0.91	1.14	2.63	116.06		
			3－287	石膏板缝贴无纺布带、刮腻子	$100m^2$	0.01	2.71	2.98		0.35	0.81	8.14		
			5－182	墙面批腻子	$100m^2$	0.01	1.72	1.7		0.22	0.52	4.95		
				合　计			34.38	208.51	10.08	4.47	10.31	292.75		

图 11－19

设计功能，对外观、页眉页脚、标题、表头等都可随意设计，包括企业的徽标。设计后存档，下次直接调用即可。

报表存档，将修改后的报表存起来，方便下次调用。

导出到 Excel 不仅可利用 Excel 强大的编辑功能对数据进行再加工，而且方便和没有软件的一方进行对量。

图 11-20

11.1.3 软件应用技能操作训练

1. 了解如何用软件编制预算书

了解清单计价软件的操作流程，学习实体性项目、非实体性项目清单的编制，了解市场价的调整及报表的输出。包括以下几点。

(1) 掌握清单项的输入方法。

(2) 熟悉综合单价的调整以及查看费用构成。

(3) 了解措施行性项目清单的编制。

(4) 了解其他项目清单的编制。

2. 环境的要求

安装 GBQ3.0 程序和计算规则，定额库数据，加密锁驱动程序。做正式文件必须插加密锁（练习时可用学习版）。

3. 分项能力标准及要求

(1) 掌握两种以上清单项的输入方法。

(2) 掌握项目特征的录入。

(3) 熟悉单价构成的调整。

(4) 了解措施项目中三种组价方式。

(5) 掌握选取市场价文件的操作方法。

(6) 了解报表导出到 Excel 的操作方法。

注意事项：清单项和定额项属于上下级的关系，组价时一定注意单击右键选择“插入子项”，而不是单击“插入”。

11.2 工程清单算量软件

11.2.1 算量软件操作流程

软件的整个操作流程为：

启动软件→新建工程→建立轴网→建立构件→绘制构件→汇总计算→查看报表→保存工程→退出软件。

首先单击桌面图标，然后单击启动软件启动软件。

11.2.1.1 新建向导

单击新建向导，进入“工程名称”界面。输入工程的名称。

选择标书模式，标书模式分为清单和定额模式。如果是作为招标方，只是计算清单项的工程量，那么只需要选择清单计算规则；若同时也要计算标底，那么两个计算规则都要选择。如果选择投标方，软件区别在于，投标方只能在甲方给的清单项中进行选择，但是招标方则可以在清单库中选择投标方，如图 11-21 所示。

此工程应根据招标方要求，选择清单模式。

工程信息：编制信息界面是对整个工程概况的编辑，便于日后的管理和查询，并不影响工程量的计算，（编制人可根据需要进行填写，也可不填写）。

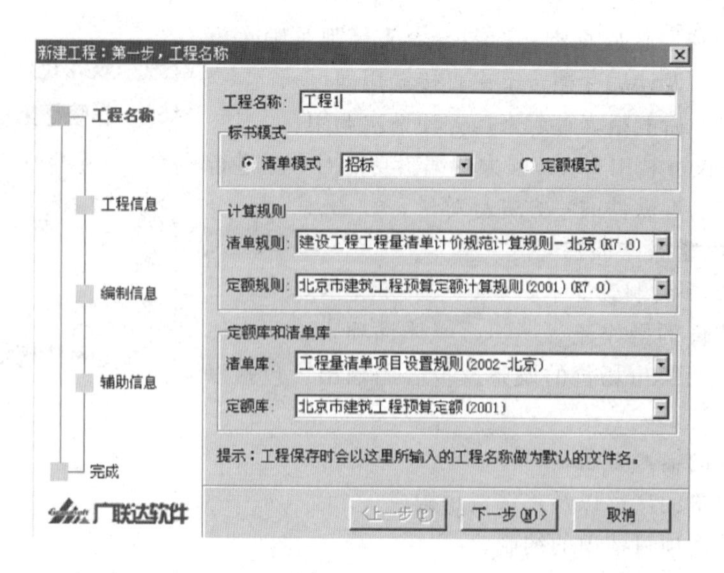

图 11-21

辅助信息：所填写内容中的“室外地坪相对标高”影响外墙装修的工程量，外墙裙高度如实填写，软件会据此算出外墙裙的面积，如图 11-22 所示。

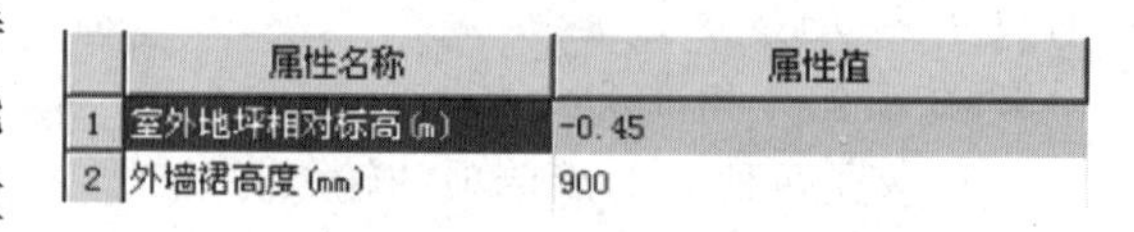

	属性名称	属性值
1	室外地坪相对标高(m)	-0.45
2	外墙裙高度(mm)	900

图 11-22

单击“完成”这时进入软件绘图状态（附图）特别提示，如果模式选择错了，是不能再修改的，只能在“工程”下“导出 GCL 工程”，同时所有的构件做法不会随之一起导出。画图之前要对图纸的大致情况进行了解，但是没有必要去记图纸，比如说阅读建筑总说明和结构总说明，必要的时候进行圈点，避免套做法时丢项和漏项；查看楼层剖面图，便于以后建立楼层。

软件的设置原则：以楼层管理控制构件的高度，以轴网管理控制构件的长度，以属性定义控制构件的截面。

11.2.1.2 楼层管理

首先对照图纸建立工程的相应楼层及其层高。

单击“楼层管理”，其中默认的楼层为基础层和首层，这两个楼层是不能删除的，其他楼层可通过“添加楼层”继续添加，如要添加地下室的时候，需要在楼层处输入“－1”，表示地下一层。遇到标准层时，可以输入类似“3—6”层然后分别设置层高，需要注意的是楼层高度是用来控制当前层竖向构件的高度，所有构件都不能超过当前层的层高，而且当出现电梯间等突出屋面或是局部高层的时候，要单独再设一层，全部添加完毕之后，单击 楼层排序(S)，对楼层顺序进行整理。

11.2.1.3 新建轴网

单击“轴网”中的“轴网管理”，新建一个轴网，轴网建立是通过开间和进深方向添加轴号和轴距来实现的。上下开间（左右进深）一致时，可只输入一个方向。建立方法：一是可以通过“添加”选中轴距进行添加；二是可以在下方的输入区手动输入，如图 11-23 所示。

轴网的修改：如果在检查轴网时，发现轴网建立有误，可以进行修改，单击 轴网(A) 中的 轴网管理(G)，然后单击 修改(E)，轴网的轴号和轴距都可以根据需要修改。

辅助轴网：有些局部构件可能在图纸上没有轴线，但是构件的绘制是建立在轴线上，那么可以通过建立一些辅助的轴线，最常用的是平行轴网，单击 轴网(A) 中的 平行辅轴(F)，选择基准轴线，输入偏移距离和轴号，向右为正，向左为负（上为正，下为负），如图 11-24 所示。

“圆弧轴网”中的开间指的是轴间夹角；进深指的是圆弧半径。发现轴号标示的方向反了，可以通过“轴号反向”来实现。

轴网建立好之后，防止以后误操作将轴网删除，可以将其存盘，下次通过“读取”调出。

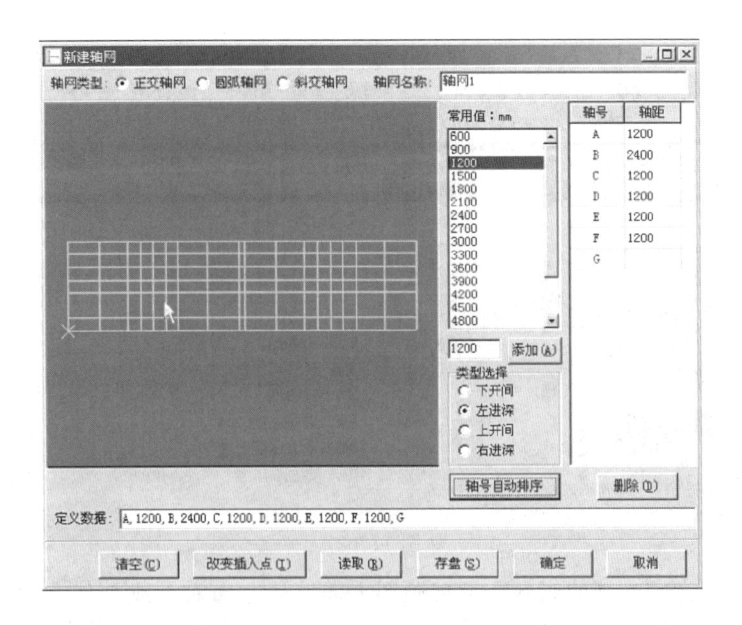

图 11－23

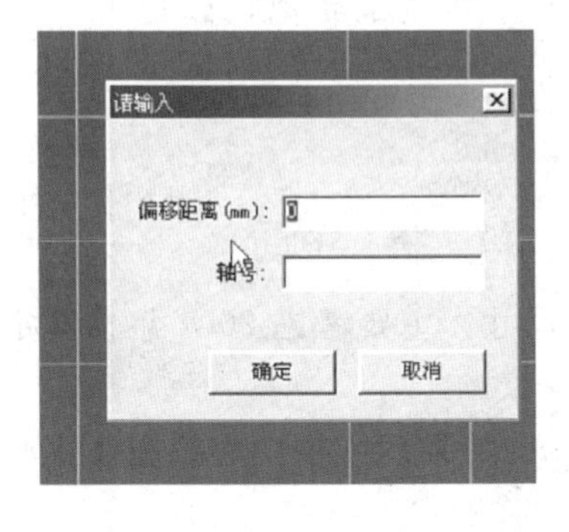

图 11－24

特别提示：我们向大家建议的绘图顺序是先地上后地下，先建筑后结构，先主体后装修，可能与手工算量稍有不同。

11.2.1.4 建立模型墙

1. 定义属性

(1) 先定义墙构件。切换到导航栏“普通墙”点开界面右上方的“定义构件”按钮，进入“构件管理”界面，新建“普通墙”，输入名称、厚度。墙体按类型分可分为五种：普通墙、分层墙、间壁墙、虚墙、女儿墙。普通的砖墙、混凝土墙都可以处理。分层墙是处理同一层内同一位置上不同材质，或者不同墙厚的墙。虚墙不计算工程量，起到分隔构件的作用。墙厚或材质不同都需要单独定义，如果遇到偏轴墙，可通过“轴线距左墙皮距离”实现（图 11－25）。

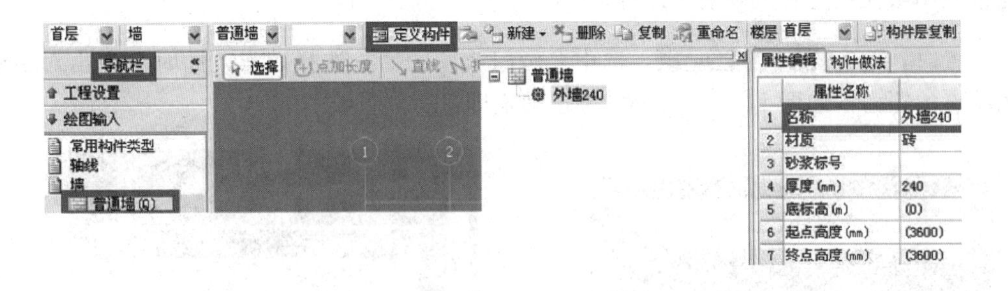

图 11－25

(2) 由“属性编辑窗口”切换到“构件做法”界面，进行墙套定额。在“查询定额库”界面，单击“查询定额库”，套取墙的定额（图 11－26）。

(3) 可以通过单击“章节查询”，选择工程、专业，查找相关定额，然后直接双击即可（图 11－27）。

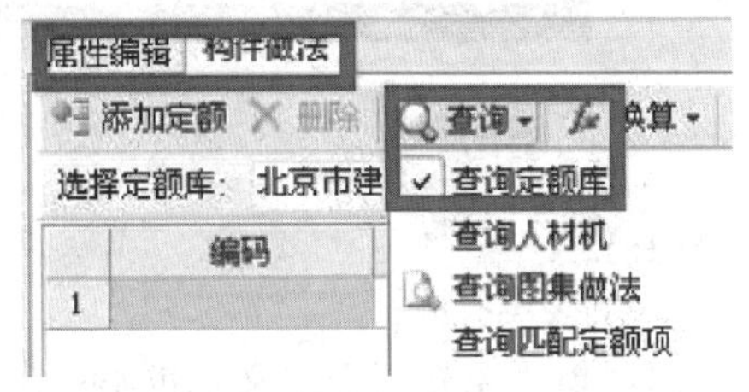

图 11－26

2. 绘制构件

墙体是线性构件，可以按折线画，鼠标捕捉到两个点就可画出一道墙体，捕捉点的时候鼠标状态是“＋”，这时单击左键即可。

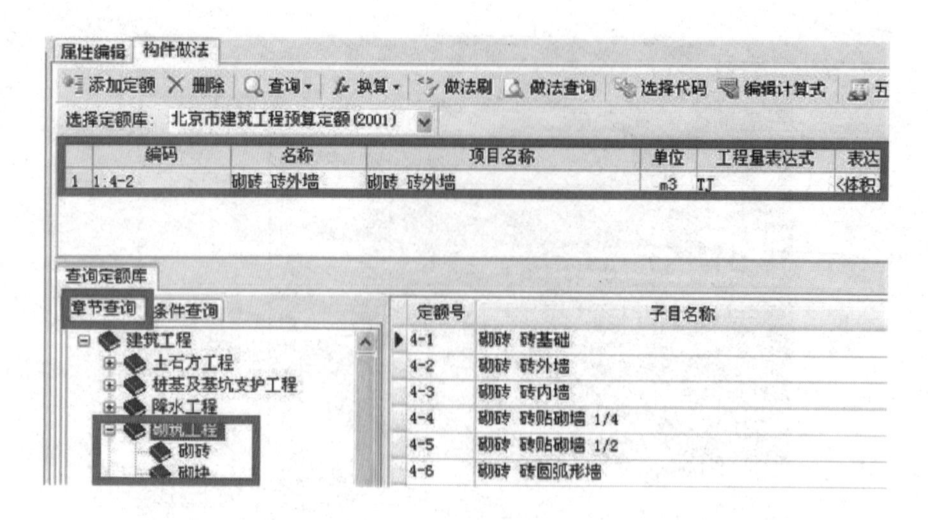

图 11－27

如果遇到偏轴墙，大家在画的时候会发现画图方向（从左向右，或是从右向左）不同，“轴线距左墙皮距离”是不同的，软件是这样设置的，轴线距左墙皮距离是指前进方向的左宽，可以形象地理解为假设人在这道墙上走，左手边即是在构件管理器中设置的轴箱距左墙皮的距离，如图 11－28 所示。

11.2.1.5 门、窗

1. 定义属性

依照图纸给定的门窗表，定义门窗的名称、洞口宽度和高度。

属性中的框扣尺寸，是指门、窗安装好后洞口与门、窗框间缝隙尺寸，主要考虑 2001 年预算定额中的计算规则（门窗是按框外围面积计算的）。

立樘距离。即门或窗框俯视图中心线与墙中心间的距离，默认为 0。如果门或框中心线在墙中心线左边（沿画墙方向），该值为负，否则为正。

2. 绘制构件

门和窗都是点性构件，可以“点画”，如果涉及到门窗两侧的装修做法不一致时，可以精确布置，一般情况依照图纸大致位置点画上去即可。

精确布置时，单击 中的 ，选中要画门或窗的墙，选择端点，此时会弹出对话框，填写门窗距此端点的距离，如图 11－29 所示，单击确定即可。

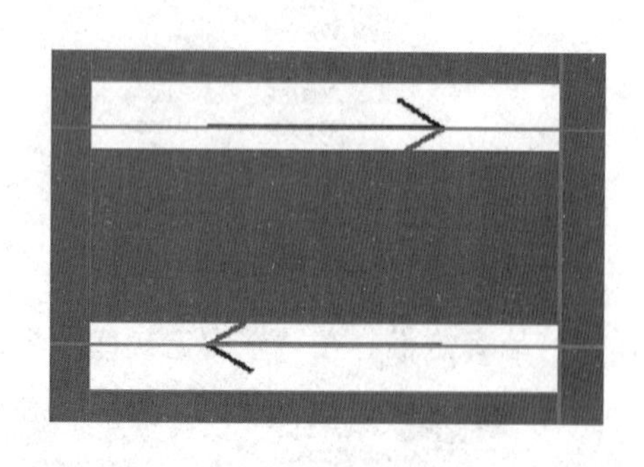

图 11－28

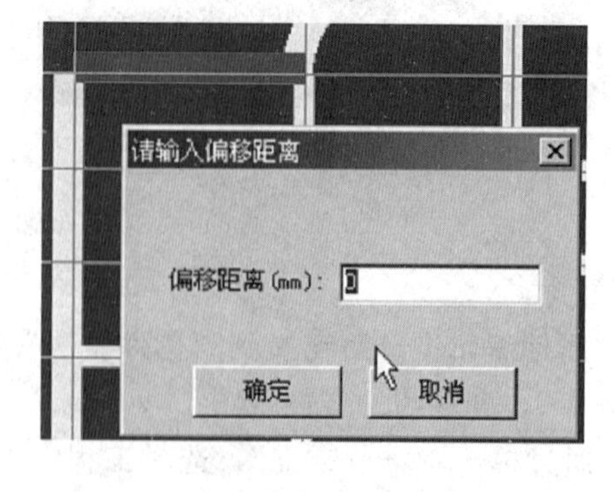

图 11－29

11.2.1.6 门联窗

1. 定义属性

门联窗既不在门中定义，也不在窗中定义，而作为单独的构件出现，洞口宽度是指门窗宽度之和，洞口高度是指门的高度，另外还需要填写窗的宽度和离地高度。

2. 绘制构件

同门窗画法。

特别提示：如果在画图的过程中，出现错误提示“顶标高非法，不能超过所在墙的顶标高”，导致根本画不上，处理方法是首先要检查窗的属性，看窗的洞口高度加上窗离地高有没有超出当前的层高，如果没有，检查所附属的墙体的高度是否低于窗的洞口高度加窗离地高（如果有过梁等构件，也要考虑在内）。

11.2.1.7 柱

1. 定义属性

柱分为矩形柱、圆形柱、参数化柱、异形柱。大家是否还记得软件设置原则之“属性定义控制截面”，柱也不例外，依照图纸输入名称，定义截面宽、高，选择柱的类型，类型的选择影响到混凝土体积的扣减规则，同时也涉及到模板的计算规则。

2. 绘制构件

柱也属于点性构件，画法如下。

（1）画点⊠，接将柱子点在相应的位置上。

（2）有些柱子是偏心的，那么可以用“Ctrl”＋单击，界面会弹出对话框，如图11－30所示，输入偏心距离即可。

（3）设置柱靠墙边。有的时候柱子是偏心的，可能会和某一墙边齐平，这个时候就可以用这个功能。具体操作：首先先将柱子放在墙上，单击右键取消画柱子的命令。之后单击其中一个柱子使之变蓝，继续单击右键选择“设置柱靠墙边”，单击左键选择柱子，或者拉框选择，之后单击右键，单击左键选择墙，按鼠标左键指定墙柱平齐的一侧方向，整个操作过程完成。

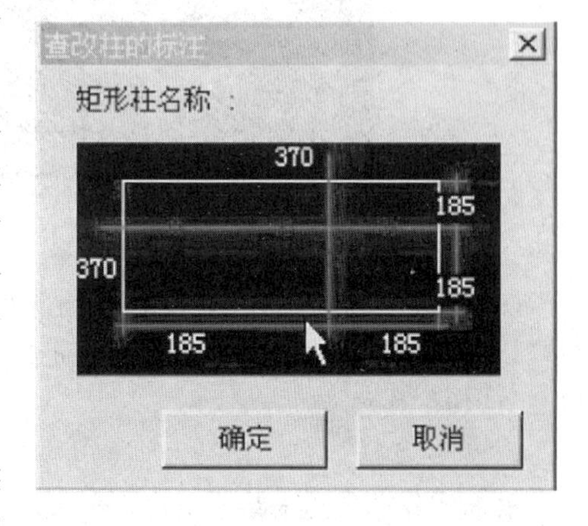

图11－30

11.2.1.8 梁

1. 定义属性

软件默认梁的标高为当前层的顶标高，新建梁的时候注意梁的类型（普通梁、框架梁、基础梁或其他梁）。梁的类型不同，所计算的混凝土扣减规则和模板的计算规则不同。

2. 绘制构件

画法同墙。

11.2.1.9 板

1. 定义属性

根据板厚不同赋予不同的板名称。

2. 绘制构件

板属于面性实体。可以分为点画、折线画、拉框画三种。点画：只要是用墙或梁封闭，即可在封闭范围内画上；折线画：此方法是最基本的画法，最适用于异形板；拉框画：此方法适用于画规则的矩形板。具体操作如下。

（1）切换到导航栏“现浇板”，点击“定义构件”。在“构件管理”界面点击“新建”中“新建现浇板”，在“属性编辑”窗口里按照图纸所给的板信息输入，属性编辑完后，切换到构件做法对板进行定额套用，如图11－31所示。

（2）做好套用后点击“选择构件”，切换回“绘图界面”。鼠标左键点击“自动生成板”，即在最小封闭区域生成板，如图11－32所示。

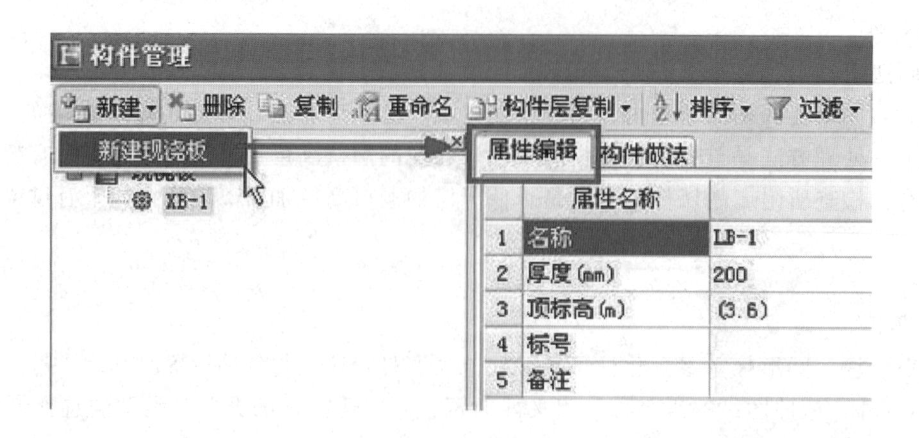

图 11－31

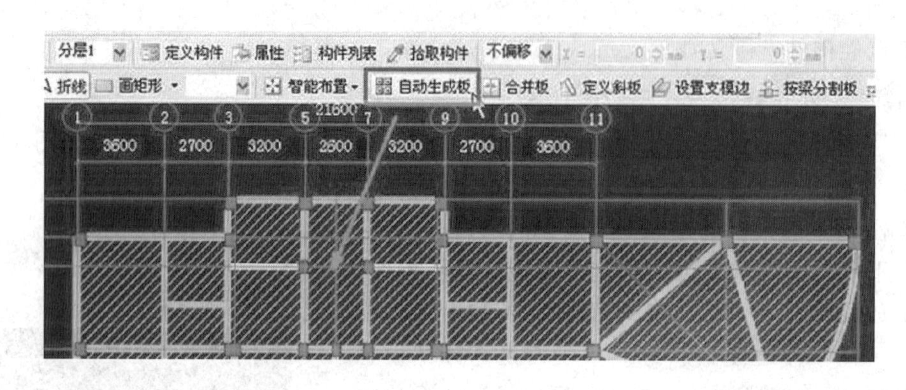

图 11－32

(3) 删除多余的板。选择需要删除的板，在主菜单点击“删除”，此时弹出确认窗口，点击“是”，即成功删除当前选中的构件单元。

11.2.1.10 楼梯

1. 定义属性

根据实际图纸给出踏步宽度、梯板厚度，软件会自动计算楼梯的体积、水平投影面积。

2. 绘制构件

直接在相应位置（墙的封闭区域内）绘制构件。

点画：如果踏步方向不对，可通过右键中的“设置矩形楼梯起始踏步边”来调整，如图 11－33 所示。

11.2.1.11 房间

1. 定义属性

软件中地面装修、墙面装修、天棚装修、踢角等都是在房间内处理的。房间的名称可以输入卧室、客厅、卫生间等字样。然后根据图纸定义房间的踢脚、墙裙的高度，软件会自动计算踢角和墙裙的面积。

吊顶高度指房间地面至吊顶下皮之间的高度。

注意：软件会自动计算抹灰和块料面积，另外如果有独立柱，软件也会自动考虑。

2. 绘制构件

直接点在相应的位置即可。

特别提示：在实际操作中，可能会画错房间，比如将“客厅”点画成“卧室”，我们第一个想到的就是单击右键把房间删除，然后重新布置。

软件可以这样简便操作：单击右键，“修改构件图元名称”，直接替换成正确的房间，此功能可以实现同类构件的替换，当然也可用于其他构件，如图 11－34 所示。

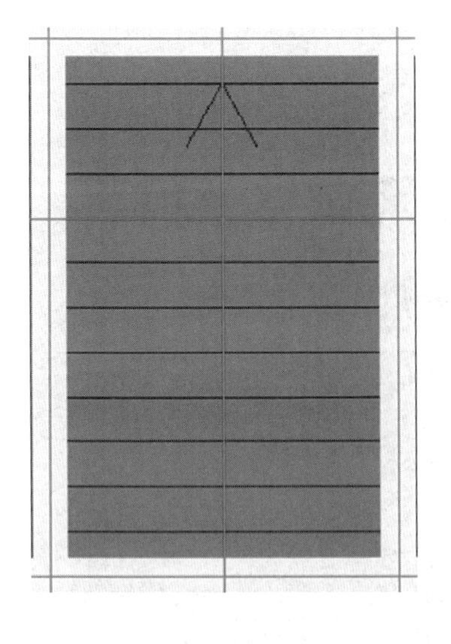

图 11－33

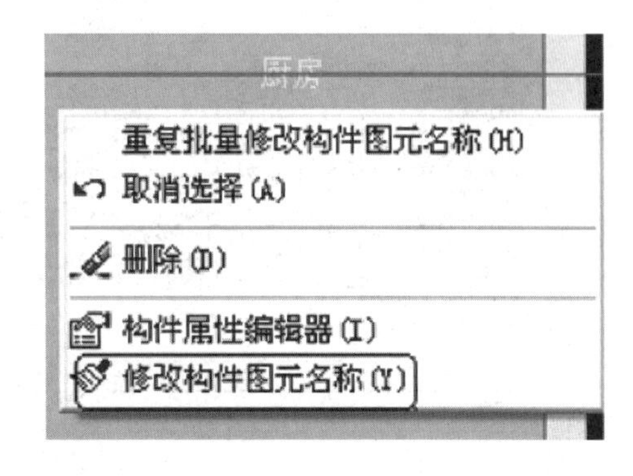

图 11－34

注意：对于房间中地面、天棚以及四周墙体局部装修不一样的情况，软件有单独的设定，会自动扣减。

套做法：套用相应的做法时，注意工程量代码的选择，如图 11－35 所示。

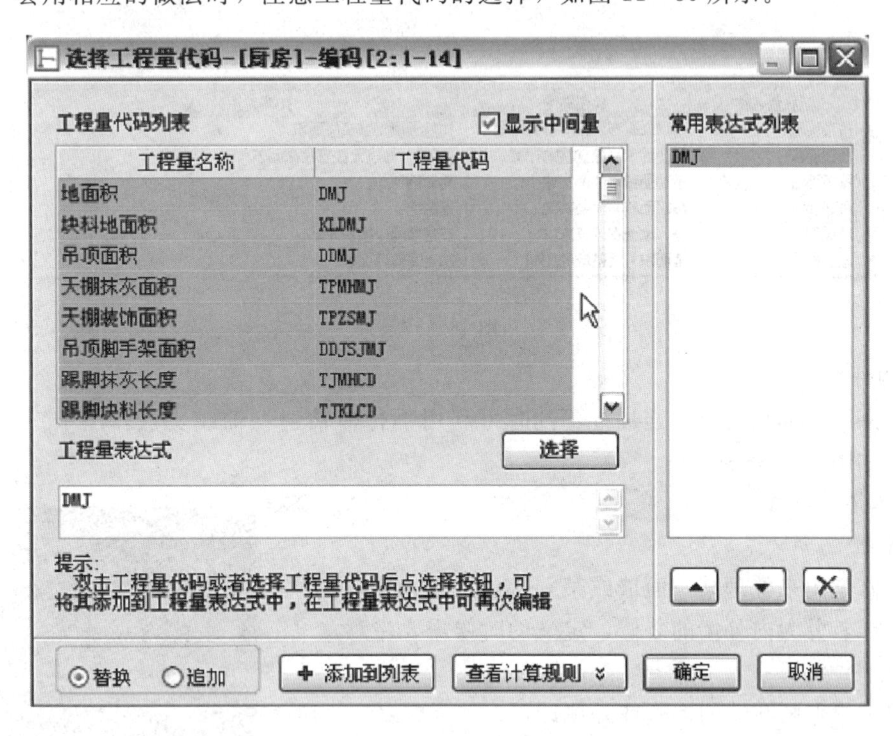

图 11－35

汇总计算：画好构件之后，如果想看一下墙面装修、天棚装修等工程量，那么先单击“汇总计算”，Σ 汇总计算(C)... F9，然后单击右键“查看构件图元工程量计算式” 查看构件图元工程量计算式(E) F11，选中某一个房间，此房间所有的量都在这里体现，我们只需从中选择，如图 11－36 所示。

另外还可以在手工算量一栏，输入手工的计算式，软件会自动计算结果，可与软件的量进行对比，以查证软件计算的准确性。同时还可以查看此构件的计算规则。单击右下角的按钮，即可出现下面的对话框，如图 11－37 所示。

11.2.1.12 地面、天棚局部装修

1. 定义属性

地面和天棚局部装修的图标分别是 地 和 棚，定义是只需新建，其他属性不需要填写。

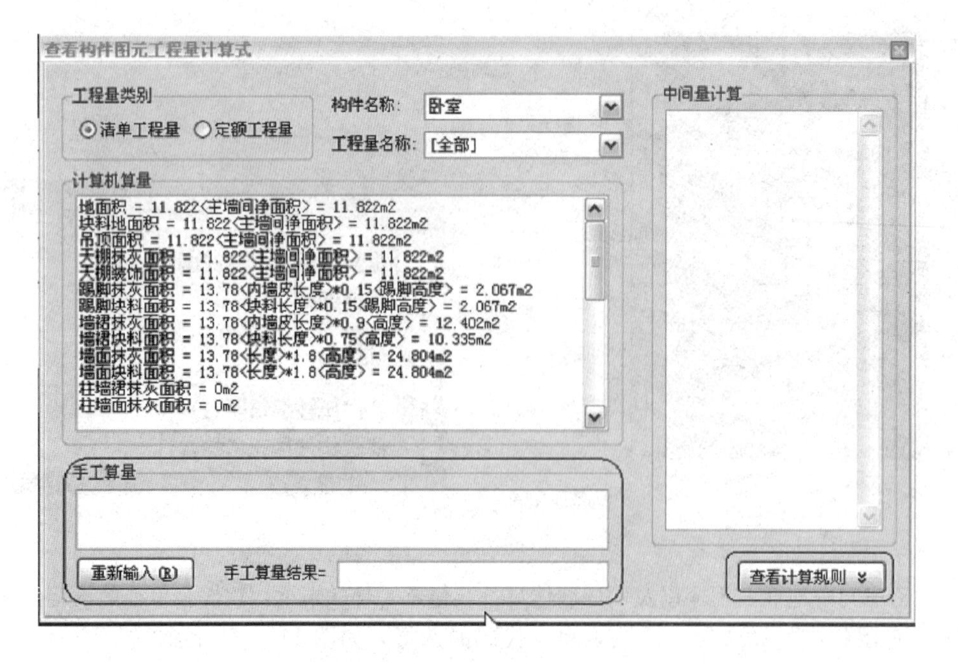

图 11-36

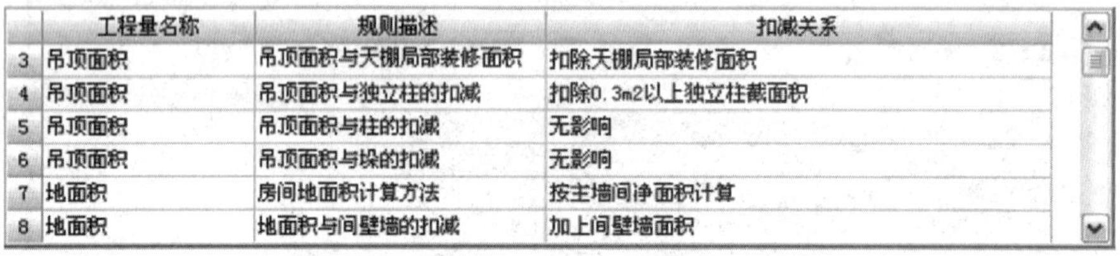

	工程量名称	规则描述	扣减关系
3	吊顶面积	吊顶面积与天棚局部装修面积	扣除天棚局部装修面积
4	吊顶面积	吊顶面积与独立柱的扣减	扣除0.3m2以上独立柱截面积
5	吊顶面积	吊顶面积与柱的扣减	无影响
6	吊顶面积	吊顶面积与梁的扣减	无影响
7	地面积	房间地面积计算方法	按主墙间净面积计算
8	地面积	地面积与间壁墙的扣减	加上间壁墙面积

图 11-37

2. 绘制构件

用“”来画，捕捉交点，当捕捉不到时可利用平行辅轴建立轴线交点，图中三角的部分是地面局部装修，如图 11-38 所示。

11.2.1.13 单墙面装修

1. 定义属性

单墙面装修是用来处理某一面墙或某一部位的墙面做法与主体的装修不一样，分为内外墙的装修，定义的时候需要注意。

2. 绘制构件

分内外墙装修点画在墙的内侧或外侧即可。

特别提示：单面装修是在房间装修的基础上的，软件的思路是先画房间，后画单面装修，如果大家在画单面装修的时候，汇总以后单面装修的量是 0，原因是没有画房间。

图 11-38

11.2.1.14 外墙面装修

与其他装修所不同的一点就是，外墙面装修不需要画出具体的构件来，代码可以直接在“其他项目”中找到，套用墙面装修做法后，在“工程量表达式”中点开三个点的标志，如图 11-39 所示。

注意：所有的构件画好之后，都需要在构件套好相应的定额项（也可以边画边套），然后整个楼层最终进行汇总计算，查看并打印报表。

软件分门别类地提供了很多报表，方便不同的需求，整体有两大类型。

（1）做法汇总分析，如图 11－40 所示。

（2）构件汇总分析，如图 11－41 所示。

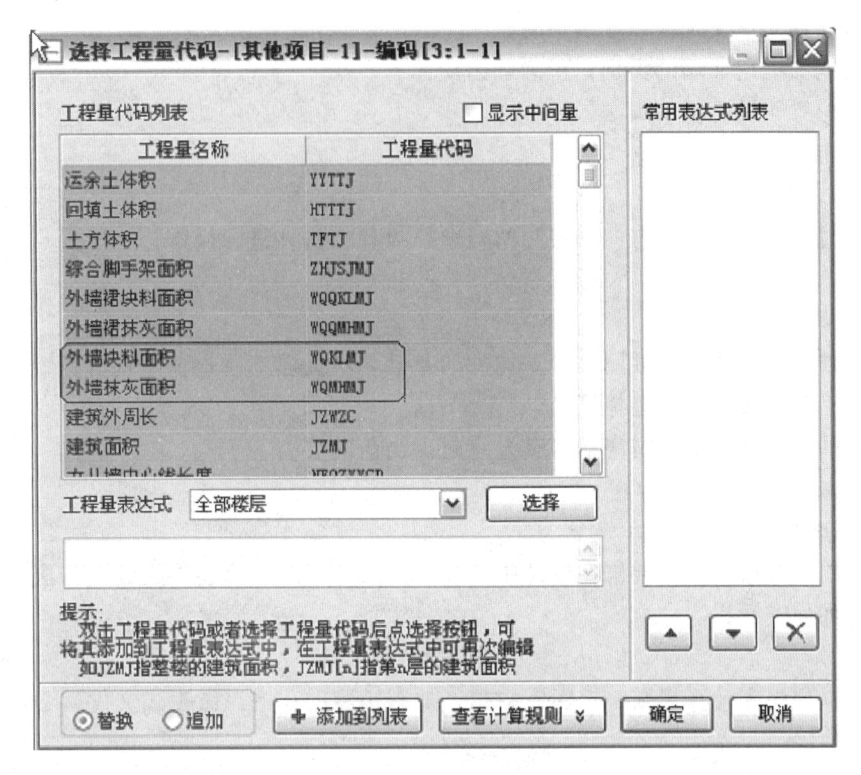

图 11－39

图 11－40

图 11－41

11.2.2 软件应用技能操作训练

11.2.2.1 技能训练一

1. 了解软件中如何定义和建立模型

了解软件中轴网和楼层的建立及墙、梁、板、柱等主要构件的定义和画法。

（1）正交轴网的建立及修改。

（2）了解墙的五种类别及墙的画法。

（3）了解梁、板、柱的定义和画法。

2. 环境的要求

安装 GCL7.0 程序和计算规则，定额库数据，加密锁驱动程序。做正式文件必须插加密锁（练习时可用学习版)。

3. 分项能力标准及要求

(1) 能够独立建立正交轴网和修改轴网。

(2) 能够根据图纸定义墙的类别，正确画出墙体。

(3) 能够掌握梁、柱、板的画法。

(4) 楼梯的定义和画法。

4. 步骤提示

在画构件的过程中，一定要有“图层”的概念，对什么构件进行操作，一定要点到相应构件的图层当中。

5. 注意事项

(1) 首先要准确定义轴网，轴网是建立构件的基础，不提倡不检查轴网就盲目绘制构件。

(2) 墙的类型和材质一定要选择正确。

(3) 注意窗的洞口高度加上窗离地高有没有超出当前的层高。

11.2.2.2 技能训练二

1. 了解软件中如何定义和建立模型

了解房间、单面装修，局部装修在软件中定义和画法，了解外墙装修的处理方法，以及如何快速有效的套做法，如何查看报表。

2. 环境的要求

安装GCL7.0程序和计算规则，定额库数据，加密锁驱动程序。做正式文件时必须插加密锁（练习时可用学习版)。

3. 分项能力标准及要求

(1) 正确定义房间，理解不同的房间装修做法要定义不同的房间。

(2) 理解吊顶高度的含义。

(3) 会使用“修改构件图元名称”。

(4) 理解单墙面装修的分类和用途。

4. 步骤提示

有关楼梯的装修可以用定义房间的方法来做（把楼梯看作一个房间）注意要先画房间再画单面装修。

5. 讨论与训练题

天棚装修是否需要绘制构件，如果不用，应在什么构件中体现？房间该套那些定额项？不套做法时如果想看计算结果。应该看哪个类型的报表？

本章小结

本章介绍了定额子目的输入方法、定额库的查询、定额的几种换算方法；“计价程序”的构成及作用；利用软件套定额编制施工图预算；工程概况的作用，三种轴网类型，正交轴网的绘制方法；楼层的建立及层高的设置，墙、梁、柱、板主要构件的属性定义和基本画法；房间的画法及房间内的装修做法在软件中的实现，以及外墙装修在软件中的操作方法。

思考题

1. 如何导入GCL7.0数据及导入Excel文件（导入外部数据)?
2. 定额项如何进行换算（举例说明)?
3. 如何进行分部整理?
4. 措施项目中三种组价方式的区别是什么?
5. 报表如何导入到Excel文件?

6. 如何建立和修改轴网？

7. 画图顺序对画图的影响有哪些（以墙为例）？

8. 如何精确定义门窗？

9. 举例说明构件位置的准确性对构件的计算有什么影响？

【推荐阅读书目】

[1] 广联达软件股份有限公司. 广联达工程造价类软件实训教程（2版）（图形软件篇）[M]. 北京：人民交通出版社，2010.

[2] 富强. 广联达GBQ4.0计价软件应用及答疑解[M]. 北京：中国建筑工业出版社，2012.

[3] 任波远. 广联达软件清单算量[M]. 北京：高等教育出版社，2011.

[4] 富强. 广联达GBQ4.0计价软件热点功能与造价文件汇编[M]. 北京：中国建筑工业出版社，2012.

[5] 郭甜. GBQ4.0计价软件应用与实例（装饰装修工程）[M]. 北京：中国建筑工业出版社，2013.

【相关链接】

1. 广联达软件股份有限公司（http：//www.glodon.com/）
2. 中国工程预算网（http：//www.yusuan.com/）

参 考 文 献

[1] 宋少沪，汪德江．装饰工程预算［M］．北京：中国铁道出版社，2001.
[2] 卜龙章．装饰工程定额与预算［M］．南京：东南大学出版社，2001.
[3] 陈建国．工程计量与造价管理［M］．上海：同济大学出版社，2001.
[4] 李飞．装饰工程预算速成手册［M］．北京：中国水利水电出版社，2002.
[5] 福建省建委．福建省建筑装饰工程预算定额［M］．北京：中国计划出版社，2001.
[6] 北京市建委．北京市建筑装饰工程预算定额［M］．北京：中国计划出版社，2001.
[7] 中华人民共和国建设部主编．GB 50500—2003 建设工程工程量清单计价规范［S］．北京：中国计划出版社，2003.
[8] 张秋梅．室内装饰工程管理及概预算［M］．北京：中国林业出版社，2006.
[9] 朱志杰．2008 版建筑装饰工程参考定额与报价［M］．北京：中国计划出版社，2008.
[10] 袁建新．工程量清单计价［M］．2 版．北京：中国建筑工业出版社，2007.
[11] 胡绍清，胡红政等．工程量清单在建筑工程造价中的应用［M］．北京：中国电力出版社，2007.
[12] 郭京，韩小平等．工程量清单计价［M］．上海：东华大学出版社，2004.
[13] 李宏扬．建筑与装饰工程量清单计价—识图、工程量计算与定额应［M］．北京：中国建材工业出版社，2010.
[14] 藤道社，张献梅．建筑装饰装修工程概预算［M］．2 版．北京：中国水利水电出版社，2012.
[15] 顾期斌．建筑装饰工程概预算［M］．北京：化学工业出版社，2010.
[16] 郭东兴，林崇刚．建筑装饰工程概预算与招投标［M］．广州：华南理工大学出版社，2010.
[17] 翟丽旻．建筑与装饰装修工程工程量清单［M］．北京：北京大学出版社，2010.
[18] 邱婷，杜丽丽．查图表看实例从细节学装饰装修工程预算与清单计价［M］．北京：化学工业出版社，2011.
[19] 张国栋．装饰装修部分（建设工程工程量清单计价规范与全国统一建筑工程预算工程量计算规则的异同）［M］．郑州：河南科学技术出版社，2010.
[20] 张毅．装饰装修工程概预算与工程量清单计价［M］．哈尔滨：哈尔滨工业大学出版社，2010.
[21] 本书编委会．全国一级建造师建设工程法规及相关知识重点内容解析［M］．北京：中国建筑工业出版社，2011.
[22] 郭洪武，李黎．室内装饰工程［M］．北京：中国水利水电出版社，2010.
[23] 刘雅云．家居装饰工程预算［M］．北京：机械工业出版社，2010.
[24] 北京市建筑装饰协会．家装管理指南［M］．北京：中国建筑工业出版社，2008.
[25] 郭洪武，张亚池，王超．室内装饰工程预算与投标报价（第二版）［M］．北京：中国水利水电出版社，2012.
[26] 郭洪武，刘毅．“装饰工程概预算”课程改革的研究［J］．中国林业教育．2012，30（S2）159－162.
[27] 郭洪武，沈化林，刘毅，王红英．室内装饰材料［M］．北京：中国水利水电出版社，2013.
[28] 郭洪武．室内装饰工程施工技术［M］．北京：中国水利水电出版社，2013.
[29] 广联达软件股份有限公司．广联达工程造价类软件实训教程（第 2 版）（图形软件篇）［M］．北京：人民交通出版社，2010.
[30] 富强．广联达 GBQ4.0 计价软件应用及答疑解［M］．北京：中国建筑工业出版社，2012.
[31] 任波远．广联达软件清单算量［M］．北京：高等教育出版社，2011.
[32] 富强．广联达 GBQ4.0 计价软件热点功能与造价文件汇编［M］．北京：中国建筑工业出版社，2012.
[33] 郭甜．GBQ4.0 计价软件应用与实例（装饰装修工程）［M］．北京：中国建筑工业出版社，2013.